U0358632

国家社科基金重大项目“中国古代环境美学史研究”
（13&ZD072）最终成果

中国古代环境美学史

陈望衡 范明华——主编

中国古代环境与城市形态图释

李军 黄俊 张娅薇 著

江苏人民出版社

图书在版编目(CIP)数据

中国古代环境美学史. 中国古代环境与城市形态图释/
陈望衡，范明华主编；李军，黄俊，张娅薇著. -- 南京：
江苏人民出版社，2024.1
ISBN 978-7-214-27205-8

Ⅰ. ①中… Ⅱ. ①陈… ②范… ③李… ④黄… ⑤张
… Ⅲ. ①环境科学—美学史—中国—古代 Ⅳ. ①X1-05

中国版本图书馆 CIP 数据核字(2022)第 082902 号

中国古代环境美学史
陈望衡　范明华　主编
中国古代环境与城市形态图释
李　军　黄　俊　张娅薇　著

项目统筹　康海源　胡海弘
责任编辑　张　欣
装帧设计　潇　枫
责任监制　王　娟
出版发行　江苏人民出版社
地　　址　南京市湖南路 1 号 A 楼，邮编：210009
照　　排　江苏凤凰制版有限公司
印　　刷　南京爱德印刷有限公司
开　　本　652 毫米×960 毫米　1/16
印　　张　172.75　插页 28
字　　数　2300 千字
版　　次　2024 年 1 月第 1 版
印　　次　2024 年 1 月第 1 次印刷
标准书号　ISBN 978-7-214-27205-8
定　　价　880.00 元(全七册)

总序：中国古代环境美学思想体系

中国古代有着丰富而又深刻的环境美学思想，这思想可以追溯到距今约七八千年的新石器时代，而其奠基则主要在距今 2 000 多年的先秦时代，其中春秋战国时代的“百家争鸣”对于中国古代环境美学思想的形成起了重要的作用。汉、唐、宋、明、清是中国历史上存在时间较长的朝代，它们于中国环境美学的建构与完善分别起着重要的作用。大体上，汉代主要体现在家国意识的建构上，唐代主要体现为山水审美意识的拓展与提升，宋代主要为新的城市观念的建构，明代主要为园林思想的成熟，清代主要为中国古代环境美学的总结以及向近代环境美学的过渡。探查中国古代环境美学的发展历程，我们认为中国古代有一个完整的环境美学思想体系。

一、汉语“环境”一词考辨

中国自远古起，就有环境思想，但“环境”这一概念产生得比较晚。构成环境一词的“环”与“境”，其出现时间则要早得多。

“环”字最早出现于金文中，写法不一。[1]《说文解字》把“环”归入

① 方述鑫等编：《甲骨金文字典》，成都：巴蜀书社 1993 年版，第 23 页。

"玉"部,称"环,璧也","从玉,睘声",《绎史》将"环"图示为◎。可见,"环"是璧的一种,指圆形的、中间有圆孔的玉器,孔的直径和周边的宽度相等。环是古代一种重要礼器。《王度记》云:"大夫俟放于郊三年,得环乃还,得玦乃去。""环"和"玦"(环形有缺口的玉)成为大夫能否得恩宠的信号。周朝设官职"环人",《周礼·夏官司马》云:"环人,下士六人,史二人,徒十有二人。"

离开讲礼的场合,"环"则显出其他的含义。

第一,从"环"的圆形生发出"环形"(圆形及类圆形)、"环绕"之义。《庄子·齐物论》云:"枢始得其环中,以应无穷。"《庄子·大宗师》亦云:"其妻子环而泣之。"又,《汉书·高帝纪》有语:"章邯复振,守濮阳,环水。"

第二,与"环绕"相近,"环"有"包围"义。《吕氏春秋·仲秋纪·爱士》有"晋人已环缪公之车矣"语。

第三,"环"有"旋转"义。《茶经·五之煮》说:"以竹策环激汤心。"

第四,"环"有起点与终点重合即无起点亦无终点义。《史记·田单列传》云:"奇正还相生,如环之无端。"《荀子·王制》云:"始则终,终则始,若环之无端也。"没有了起点与终点之别,"环"又发展出"连续不断"之义,如《阅微草堂笔记·如是我闻》有"奇计环生"语。

第五,从"环"外在形象的完满生发出"周全""遍通""周密"等义。《楚辞·天问》有"环理天下"语,此处的"环"有"周全"义;《文心雕龙·风骨》云"思不环周",又,《文心雕龙·明诗》云"六义环深",此两处的"环"均有"周密"义。

"环"与其他字组合,还会产生新义,如《韩非子·五蠹》"自环者谓之私",王先慎《诸子集成·韩非子集解》中引《说文解字》认为此"环"与"营"相通。

《说文解字》释"境"为"疆也。从土,竟声,经典通用竟"。何谓疆?界也。何谓界?画也。《后汉书·史弼传》云,古代先王"疆理天下,画界分境,水土异齐,风俗不同",可见"境"的意思是"划(画)出的边界"。围绕着边界,“境”生发出不同的意思。

第一,就边界本身而言,“境”释为“疆界”。《史记·晋世家》:“(晋)秦接境。”《春秋繁露·玉英》:“妇人无出境之事。”《韩非子·存韩》:“窥兵于境上而未名所之。”《礼记·曲礼下》:“大夫、士去国,逾竟(境),为坛位,乡(向)国而哭。”《史记·孝文本纪》:“匈奴并暴边境,多杀吏民。”对“边境”,《国语》有一生动比喻,其《楚语》曰:“夫边境者,国之尾也。”“境”还可析出细貌,如《资治通鉴·梁纪五》云:“魏敕怀朔都督简锐骑二千护送阿那瑰达境首。”境首,犹言边境也。

第二,把边界当作一条线,就相关话语者所持立场而论,边界的两边就有了不同的归属地,分出“境内”和“境外”。《礼记·祭统》云:“诸侯之祭也,与竟内乐之。”《史记·卫青霍去病列传》云:“以臣之尊宠而不敢自擅专诛于境外。”“境”的“内”“外”之别给人造成一种亲疏有别之感,边界成了时刻提醒人们危机将临的警戒线。

第三,不管“境内”“境外”,都是指“地方”。《论衡·书虚》:“共五千里之境,同四海之内。”《桃花源记》:“率妻子邑人来此绝境,不复出焉。”这“地方”由东、西、南、北来圈定,称为“四境”。《淮南子·道应训》:“诚有其志,则四境之内皆得其利矣。”

第四,“境”也与“环”一样,其义从有形的地方拓展到精神之域。《淮南子》有诸多这样的用法,如《原道训》:“夫心者……驰骋于是非之境。”《俶真训》:“定于死生之境,而通于荣辱之理”;“若夫无秋毫之微,芦苻之厚,四达无境”。《修务训》:“观始卒之端,见无外之境。”

最早把“境”的概念引入艺术理论中的是东汉学者蔡邕。他的论书著作《九势》云:“此名九势,得之虽无师授,亦能妙合古人,须翰墨功多,即造妙境耳。”

“境”与其他词义合作形成的语域,朝着诗学维度拓展,则产生了“意境”和“境界”。这两个语词不仅在诗论中,而且在画论、书论、文论中都成为评判作品是否达到最高水平的标准。“境界”还可指人生修炼达到精神通达的程度。

最早使用“意境”评诗的是唐代诗人王昌龄，传为其所作的《诗格》二卷中有“诗有三境”论，其中第三境即为“意境”。王昌龄还创“境象”概念，他在论第一境“物境”时说：“处身于境，视境于心，莹然掌中，然后用思，了然境象。”这“境象”与“意境”同义。

“境”从“身境”（物境）到“象境”（意境）的拓展，可以看作“境”在历史文化中，其精神因素不断增强的一个缩影。有学者认为，“境”从“实境”到“虚境”，在精神审美因素上的提升与佛教有关。佛教著名的“六境”说根据不同的对象分出六种识境（色、声、香、味、触、法）。佛学意义上“境”更多地偏向“境界”的含义。

“境界”，同样经过了从外在物理空间到内在精神空间的变化过程。汉代郑玄在《诗・大雅・江汉》“于疆于理”句下笺云：“正其境界，修其分理。”当中“境界”指“地方”。魏晋南北朝时期，佛学把“境界”引入精神领域，如《无量寿经》说“比丘白佛，斯义弘深，非我境界”，此处“境界”指的就是内在修炼所达到的程度。

真正在审美意义上使用“境界”概念的是近代的王国维。他的《人间词话》试图以“境界”为核心概念来把握中国古代诗词的主要精神。“境界”成为艺术之本，亦成为艺术美乃至美之所在。

“环境”是晚出词，据资料库显示，先秦至民国的文献中，“环”“境”组合使用大致有200多处。而在隋朝之前，“环境”用例至今没有发现。因此大致可以推断，“环境”最早可能出现在唐朝，进一步缩小范围，可认定在唐朝中后期。唐朝段文昌（773—835年）《平淮西碑》有“王师获金爵之赏，环境蒙优复之恩”。又，《唐大诏令集》卷一一八《令镇州行营兵马各守疆界诏》（下诏时间为大和年间）有“今但环境设备，使之不能侵轶，须以岁月，自当诛除。此所谓不战之功，不劳而定也”。此处的“环境”亦须作动宾短语理解，有“环绕某处全境”之意，不是合成词。

由上可见，唐代“环境”作为“地区”的用例还不太固定。宋代“环境”概念使用要多一些，且趋向于表示某个地区或地带。如北宋《新唐书・王凝传》曰：“时江南环境为盗区，凝以强弩拒采石。”（《新唐书》完成于嘉祐五年，即公元1060年。）与此差不多同时的《黄州重建门记》曰：“环境之内，皆若家视。”（作者郑獬自叙本文完成于治平三年，即公元1066年。）吕南公（1047—1086年）《上运使郎中书》曰：“使环境之俗，欢荣戴赖，如倚父母。”上述“环境”都指环绕某处之全境。

康熙时的《佩文韵府》《骈字类编》中举“环境”这一条目时都有个例句：“诸军环境，不得妄加杀戮。”引自《文苑英华·讨凤翔郑注德音》。《文苑英华》编纂于太平兴国七年至雍熙三年（982—986年），其所撷取的《讨凤翔郑注德音》一文来自唐代的“德音”（诏书的一种）。这样一来，“环境”的出现似乎要推到唐代。但仔细推敲“诸军环境”这句话，如把“环境”当成“某地”看，与“诸军”意思搭配不上。那么“诸军环境”该作何解呢？直接查《唐大诏令集·讨凤翔郑注德音》，其文字却是“诸军还境，不得妄加杀戮”，显然意思就较为清楚，“诸军还境”意为“各路军队回到凤翔这个地方”。古汉语“环”与“还”意义相通，《文苑英华》的写法是允许的，而清代的字书在收集“环境”这一词条时有些草率。即使唐代的说法成立，所引的例子也可能是孤证，况且《文苑英华》以及《唐大诏令集》都编定于宋代，因此，可以推定，“环境”用以指称地区，应是从北宋开始的。

有了北宋的发端，南宋使用“环境”一词就较为便当。南宋熊克《中兴小纪》卷四云：“时河东环境为盗区。”范浚《徐忠壮传》亦云：“当是时，河东环境，为敌区独。”都用了“河东环境”，意思也一样。李曾伯《帅广条陈五事奏》有“蛮傜环境，动生猜疑”。“环境”也见于诗作，李纲《闻建寇逼境携家将由乐沙县以如剑浦》：“纷然群盗起，环境暗锋镝。”刘克庄《送邹莆田》：“租符环境少，花判入人深。”

此后，元、明、清的文献均有“环境”的用例。从以上考证大致可以看出，在古文文本中，“环境”的使用不是太普遍，严格地说，它还没有形成一个概念，其内涵与外延都不够确定。只有到了近代，“环境”才真正成为概念。

作为概念的“环境”，其意义已经远不止于“地区”义，具有一定的人文内涵，凸显了地区与人生存发展的某种关系。鲁迅在《孤独者》中说："后来的坏，如你平日所攻击的坏，那是环境教坏的。"这"环境"的用法就与此前时代的用法完全不同。显然，将这里的"环境"解释成地区、地带就完全不妥。

到了当代，由于人与自然的关系成为生存的一大问题，人们的环境意识进一步加强：一是从自然科学的维度，创建了各种环境科学，如环境化学、环境物理学、环境生物学、环境土壤学、环境工程学等；二是开拓出"社会环境"概念，相应地创建了社会环境科学；三是从生态学维度，创建生态环境科学，生态问题不仅涉及自然问题，也涉及人文问题，因此，出现了诸多具有交叉性、边缘性的生态环境科学，如环境哲学、环境伦理学、环境美学等。

梳理中国文化视野下"环境"语词及概念的发生与发展过程，对于我们研究古代的环境美学思想是很有必要的：

第一，要区别"环境"语词与"环境思想"。虽然"环境"语词在中国文化视野中晚出，但不说明中国古代的环境思想晚出。中国古代的环境思想具有两种形态：一种是感性的物质的形态，另一种是概念形态。而概念是需要用语词来代表的。中国古代与环境相关的概念很多，主要有天、地、天地、自然、山水、山河、江山、田园、家园、国家等，这些概念各自指称古代环境思想中的某个部分。也就是说，中国古代的环境思想，包括环境美学思想，更多不是通过"环境"这一概念，而是通过天地、山水、家园等概念表达出来的。

第二，"环境"这一语词，作为概念来使用时，在中国古代更多指自然环境，而不是指社会环境。"社会"当然有"环境"义，但是，在中国传统文化中，"社会"主要是作为政治学—社会学的范畴来使用的。研究中国古代的环境思想，应该以自然环境为主要研究对象。更兼，虽然自然环境文化通常被视为物质文化，但是，中国文化中的物质文化均具有深厚的精神内涵。换句话说，中国文化中的自然均为文化的自然，因此，研究中国古代的自然环境，不仅不能忽视其文化内涵，而且需要将其作为自然环境的灵魂来看待。

第三，基于“环境”由“环”与“境”构成，这两个概念的含义均不同情况地渗入“环境”概念，成为“环境”概念的内涵成分。

“环”作为独立的概念，不仅重视范围与边界，而且重视中心。受此影响，中国环境思想的中心概念与边界概念都非常重要，中国古代有“大九州”之说，《史记·孟子荀卿列传》载：“（邹衍）以为儒者所谓中国者，于天下乃八十一分居其一分耳。中国名曰赤县神州。赤县神州内自有九州，禹之序九州是也，不得为州数。中国外如赤县神州者九，乃所谓九州也。于是，有裨海环之，人民禽兽莫能相通者，如一区中者，乃为一州。如此者九，乃有大瀛海环其外，天地之际焉。”“大九州”说强调中国是九州之中心，另外也强调九州外有大瀛海包围着。

“境”为域，此域虽也有“地域”义，但自唐开始，“境”越来越多地指精神之域，因此，它主要是一个文化概念，包含丰富的哲学、宗教、美学内容。“境”成为“环境”一词的重要构成部分后，将它的这一特质也带入“环境”概念，因此，研究中国古代的环境思想，不能不注意它的文化内涵、精神内涵。

第四，“环境”概念具有时代的变异性、承续性和发展性。尽管中国古代的环境概念与现代的环境概念不同，这种不同显示出环境概念的变异性，但是，古今环境思想更具有承续性。我们今天在使用天地、山水等古代的环境概念时，是在一定程度上接受了它们的古义的。当然，这其中也渗入了新的时代内容。这说明“环境”概念具有时代的发展性。

二、中国古代的“环境”概念系统

中国古代虽然没有“环境”这一语词，但有环境思想，而且还有类似“环境”的概念。这些概念大致可以分为两类：居室环境概念和自然环境概念。基于人们对环境的认识主要是指对自然环境的认识，加之居室类环境如都市、宫殿等所涉及的问题远不止于环境，且那些问题似比环境问题更重要，因此，讨论环境问题，一般将重点放在自然环境上。中国古代有关自然环境的概念主要有天地（天）、山水、山河（河山、江山）、家国（社稷、家园）、仙境（桃花源、瀛壶）等。

（一）天地（天）

"天地"在古汉语中最初是分开来用的，出现很早。甲骨文中有"天"字，画作正面站立的人：。人的头上有一四边形的圈，表示头顶的空间。已发现的甲骨文中没有"地"字，金文中有。《说文解字》释"天"："颠也，至高无上，从一大。"释"地"："元气初分，轻清阳为天，重浊阴为地，万物所陈列也。从土，也声。"最早将"天"与"地"合在一起且赋予其深刻哲学含义的是《周易》。《周易》的《经》部分，天、地是分用的；其《传》部分，既有分用，也有合用。分用的天有时相当于天地。合用的天、地则形成一个概念，相当于现今的"自然"。

作为宇宙的全称，"天地"概念更多用"天"来代替。这样做，是为了凸显天的至高性。

天地的性质有五：第一，天地是与人相对的，基本上属于物质的概念，但有精神性。第二，天地广大悉备。《中庸》认为天地无穷大，它说："今夫天，斯昭昭之多；及其无穷也，日月星辰系焉，万物覆焉。今夫地，一撮土之多；及其广厚，载华岳而不重，振河海而不泄，万物载焉。"（第二十六章）第三，天地是万物的母体。这句话一是指天地生万物。《周易·系辞下》云："天地之大德曰生。"二是指天地养万物。《周易·颐卦·彖辞》云："天地养万物。"第四，宇宙运动的规律为天地之道。《庄子》将天地之道概括成"正"，说要"乘天地之正"（《逍遥游》）。《中庸》说："天地之道，博也，厚也，高也，明也，悠也，久也。"（第二十六章）第五，天地具有神性。

自古以来，中华民族给予天地以崇高的礼赞。这种礼赞大体上有两种情况：其一，赞美天地兼赞美天道。《庄子》云"天地有大美而不言"，此天地既是物质性的自然界，又是精神性的天道——自然规律。于是，"天地有大美"既说自然界有大美，又说自然规律有大美。其二，赞美天地兼赞美天工。如《淮南子·泰族训》云："天地所包，阴阳所呕，雨露所濡，化生万物。瑶碧玉珠,翡翠玳瑁,文采明朗,润泽若濡,摩而不玩,久而不渝,奚仲不能旅,鲁般不能造,此之谓大巧。”这种“大巧”即天工。

天地如此伟大如此美,就不仅成为人膜拜的对象,还成为人效法的对象,于是,就有了天人相合的理论。

《周易·乾卦·文言》云:“夫‘大人’者,与天地合其德,与日月合其明,与四时合其序,与鬼神合其吉凶,先天而天弗违,后天而奉天时。”与天地相合,意义重大,不仅可以获得平安,获得成功,而且可以获得“大乐”。《乐记·乐论》云“大乐与天地同和”,而与天地同和的快乐,《庄子》称之为“天乐”,天乐为“至乐”。《庄子·至乐》云“至乐无乐”。之所以称之为无乐,是因为它是天之乐,天无所谓乐与不乐。人能达此境界必然“通于万物”(《庄子·天道》),而能通于万物,人真就与天地合一了。因此,人与天合,不仅具有实践上遵循规律的意义,而且还具有精神上通达天道的意义。

(二)山水

“天地”主要是哲学概念,而“山水”则主要是美学概念。作为美学概念的“山水”发轫于先秦。孔子云“知者乐水,仁者乐山”(《论语·雍也》),这水与山成为乐的对象,说明它们已进入审美领域了。

山与水合成一个概念,应该是在魏晋。此时出现了以山水为题材的诗歌和画作,后人名之为山水诗、山水画,应该说,在这个时候,山水就成为一个美学概念,它不再指称自然形势,而专指自然美本体。东晋的谢灵运是中国第一位山水诗诗人。他的名篇《石壁精舍还湖中作》用到了“山水”:“昏旦变气候,山水含清晖。”东晋另一位文学家左思的《招隐(其一)》亦用到了“山水”,云:“非必丝与竹,山水有清音。”

“山水”与“天地”存在着内在联系。天地是宇宙概念,山水是宇宙的一部分,将山水归于天地,是不错的,但一般不这样做。在天地与山水这两个概念间,人们的关注点是它们不同的意义。从总体上来说,天地是哲学概念,而山水是美学概念。言天地,总离不开言本,人们认为天地是人之本、万物之本。言山水,总离不开言美,人们认为山水具有最大、最高的美，并且认为它是人工美之母、之师。天地虽然兼有物质与精神、具象与抽象两个方面的意义，但是由于它在时空上的无穷性，人们更多地从精神上、从抽象意义上去理解它。而山水则不是这样。虽然它也兼有物质与精神、具象与抽象两个方面的意义，但人们更看重的是它的物质的、具象的意义。相较于天地，山水具体得多，感性得多，亲和得多。如果说天地给予人的更多是理，是启示，那么，山水给予人的更多是美，是快乐。

“山水”与“自然”也存在着内在联系。自然，就其作为性质来说，它说的是性质中的一种——本性。凡物均有其本性，不只是自然物有本性，人也有本性。所以，自然不是自然物。自然，也作为物来理解。作为物，名之曰自然物，自然物的根本性质是非人工性。山水属于自然物。自然物的价值可以从两个方面来理解：一方面，自然物具有对自身及对整个自然界的价值，其中包括生态价值；另一方面，它也具有对人的价值，是这种价值让它接受人的评价、利用。山水的价值，也有这两个方面，但是，山水作为美学概念，凸显的是审美价值。因此，言及山水，我们几乎完全忽视其对自身的及对整个自然界的价值。

相较于“风景”概念，“山水”又抽象得多。可以这样说，山水，当其进入人的审美视界就成为风景。我们通常也将风景说为“景观”，其实，风景只是景观中的一种——自然景观。

中国的自然环境审美早在先秦就有萌芽，但一直没有一个合适的概念来描述它。“山水”的出现，意味着自然环境审美独立了。

中国的山水意识，有一个发展的过程。大体上，先秦时注重以山水“比德”，至魏晋南北朝注重山水“畅神”，由“比德”到“畅神”，明显体现出山水审美的自觉性的出现。郭熙在《林泉高致》中探寻君子爱山水的缘由，云：“君子之所以爱夫山水者，其旨安在？丘园养素，所常处也；泉石啸傲，所常乐也；渔樵隐逸，所常适也；猿鹤飞鸣，所常观也。”明确将山水与人的关系归于人之“常处”“常乐”“常适”“常观”。如果说“常处”“常适”涉及居住，那么，这“常乐”“常观”就属于审美了。

关于山水画，郭熙说：“世之笃论，谓山水有可行者，有可望者，有可游者，有可居者。画凡至此，皆入妙品。但可行可望，不如可居可游之为得。”（《林泉高致·山水训》）这说明，在中国人的心目中，山水，不管是现实山水还是画中山水，都具有家园感，山水是环境的概念。

（三）山河（河山、江山）

中国传统文化中，除了“山水”这样倾向于表达纯审美意象的概念，还有一些注重在审美中凸显国家意识的环境概念，主要有“山河”“江山”“河山”等。

南北朝的文学家庾信在《哀江南赋序》中用到“山河”概念，文云：“孙策以天下为三分，众才一旅；项籍用江东之子弟，人惟八千，遂乃分裂山河，宰割天下。岂有百万义师，一朝卷甲，芟夷斩伐，如草木焉?”这里的“山河”指国土，也指国家。《世说新语·言语》也这样用“山河”概念，文曰：“过江诸人，每至美日，辄相邀新亭，藉卉饮宴。周侯中坐而叹曰：‘风景不殊，正自有山河之异！’皆相视流泪。”

与“山河”概念相类似的有“江山”。《世说新语·言语》中有一段文字：“袁彦伯为谢安南司马，都下诸人送至濑乡。将别，既自凄惘，叹曰：‘江山辽落，居然有万里之势！’”这里的“江山”从字面上看，似是赞美自然风景，但这不是一般意义上的自然风景，而是祖国、国家、国土等意义上的自然风景，江山成为祖国、国家、国土以及国家主权等意义的代名词。

“河山”原是黄河与华山的合称。《史记·天官书第五》：“及秦并吞三晋、燕、代，自河山以南者中国。”这里的“河”指黄河，“山”指华山。但后来，河山用来指称祖国、国家、国土以及国家主权。《史记·赵世家》：“燕、秦谋王之河山，间三百里而通矣。”这里的“河山”指国土。

山河、江山、河山等概念虽然能指称祖国、国家、国土、国家主权等，但一般不能在文中替换成这样的概念，主要是因为山河、江山、河山等概念除具有祖国、国家、国土、国家主权等意义外，还具有审美的意义，其审美特性为壮美、崇高。一般来说，在国家遭受外族入侵的形势下，人们多用山河、江山、河山来指称祖国、国家、国土及国家主权。南宋诗词用这类概念最多,显示出深厚的忧患意识和昂扬的爱国主义情感。

(四)家国(社稷、田园)

很难说"家国"是环境概念,但是在一定的语境下,可以将其看作环境概念。

"家国"是"家"与"国"的组合。分别开来,它们各是一种社会形态,将它们合为一体,意在强调它们的血缘关系,国是家的组合体,家是国的构成单元。家国既是实体存在,也是一种思想、情怀。"家国"概念系统主要有两个系列。

第一,由"地"到"社稷"等概念构成的"国家"系列。

《周易·乾卦·彖辞》云:"大哉乾元,万物资始。"《坤卦·彖辞》云:"至哉坤元,万物资生。""乾元"指天,"坤元"指地。这里,"始"是生命之始,"生"是生命之成。生命之成,重在养。坤,作为地,最为重要的功能是养育生命。《说卦》说:"坤也者,地也,万物皆致养焉。"养物的前提是载物。《周易·坤卦·象辞》说:"坤厚载物。"正是因为地能载物,故地"德合无疆。含弘光大,品物咸亨",如此,地就成为万物之母。

从这些表述来看,虽然是天与地共同作用生物,但地的作用更为人所看重。这种情况的出现,与农业社会有重要关系。农业社会虽然重视天象,但更重视大地。基于农业,让人顶礼膜拜的"大地"演化成了更让人感到亲和的"土地"。

大地是哲学化的概念,土地是功利化的概念。先秦古籍中,大地哲学主要集中在《周易》,土地功利则主要集中在《周礼》。《周礼·地官司徒第二》云"以土会之法,辨五地之物生","五地"指山林、川泽、丘陵、坟衍、原隰。土地功利,基础是农业,延伸则是政治,其中核心是国家、国土、国家主权。

正是因为土地有这样重要的功利,所以土地就成为祭祀的对象。于是,一个标志祭地的概念——"社"产生了。"社"与"稷"相联系,《孝经》云:"稷者,五谷之长。……故立稷而祭之。"社稷本来指两种祭礼,但此后引申出国家的意义,成为国家的另一称呼。

第二,由田园、园田、农家、田家等构成的"家园"系列。

这套概念系列衍生出了中国重要的诗歌流派——田园诗。田园诗产生的土壤是农业文明,浇灌它茁壮成长的雨露是环境审美。《诗经》中有诸多描绘农家生活的诗,应被视为田园诗的滥觞,但作为诗派,田园诗应该说是陶渊明开创的。田园诗在唐朝已相当兴盛,大诗人王维就写过诸多田园诗,如《山居秋暝》《桃源行》《辋川闲居赠裴秀才迪》《田园乐》《鸟鸣涧》《渭川田家》《田家》《新晴晚望》等。宋代田园诗写作蔚然成风。虽然田园诗也描写了农家生活的艰辛和官家对农民的压迫,具有揭示社会黑暗的价值,但是,田园诗的主体是展现田园风光之美,这无疑是最具农业文明特色的环境之美。

国家也好,家园也好,它们都由具有一定疆域的土地来承载。中华民族具有深刻的土地情结,这种情结与家国情怀复合在一起,具有极为丰富的文化内涵,成为中华民族的重要传统。

(五)仙境(桃花源、瀛壶)

中华民族理想的人物是神仙,神仙生活的地方为仙境。

神仙是自由的,可以说居无定所,但还是有相对比较固定的生活场所。神仙的居住场所大体上可以分为三类:一、天宫龙宫等;二、昆仑山、海上三神山等;三、桃花源之类。三类场所,第一类完全是虚幻的,人无法达到,值得我们重视的是二、三类,它们就在红尘中,诸多寻仙的人千方百计要寻找的就是这类仙境。

仙境中的风景极为优美,反映出中华民族崇尚自然美的传统。美好的自然风景总是以生态优良为首位的,因而所有的仙境中人与动物均和谐相处。

仙境常被人们用来作为园林建设的理想范式。最早将海上仙山引入园林的是秦始皇,据《元和郡县图志》卷一:"兰池陂,即秦之兰池也,在县东二十五里。初,始皇引渭水为池。东西二百丈,南北二十里,筑为蓬莱山。刻石为鲸鱼,长二百丈。"以后的各个朝代都情况不一地将各种仙境引入园林,"一池三神山"更是成为园林建设的一种范式,沿用至今。计成的《园冶》描绘了理想的园林。他认为理想的园林应具有仙境的品格:"莫言世上无仙,斯住世之瀛壶也。"(《卷三・掇山》)"漏层阴而藏阁,迎先月以登台。拍起云流,觞飞霞伫。何如缑岭,堪偕子晋吹箫。欲拟瑶池,若待穆王待宴。寻闲是福,知享既仙。"(《卷一・相地》)

仙境基本性质是在人间又超人间。在人间,指适合人居;超人间,指它具有人间不可能具有的优秀品质——快乐,长寿,没有苦难。

陶渊明的《桃花源记》描写的桃花源是仙境的典范。桃花源人本生活在世俗社会中,只是因为逃避战乱才迁到这里,与世隔绝,从而"不知有汉,无论魏晋"。他们的长相、穿着与世俗之人没有什么不同,"男女衣着,悉如外人",但他们"黄发垂髫,并怡然自乐"。桃花源与世俗社会也没有什么不同,"阡陌交通,鸡犬相闻"。如果要找出什么不同,那就是和谐,就是宁静,就是快乐,就是长寿。

仙境作为中华民族的环境理想,是中华民族建设现实生活环境的指导,具有重要的意义。

三、中国古代环境意识的基础:农业文明

中国古代有关环境问题的思考与实践由来已久,溯其源,可达史前。史前人类早期的生产方式是渔猎,基本上是在相对固定的地域或地区生活,或是依赖着一片草原,或是依赖着一片山林,或是依赖着一片水域。渔猎的地区能够让人对这片土地产生一定的亲和感、依赖感,但是不够稳定,因为渔猎生产受资源的影响,人们不得不经常性地迁徙。而农业则不同。农业需要固守一片田园,年复一年地耕作、经营。对这块土地每年都要有投入,只有这样,才能有所收获。与之相关,农业需要定居。除非有不可抗拒的原因,农民一般不会迁移。从事农业的人们在相对比较固定的土地上一代又一代地生产着,生活着,发展着。环境的意识,从本质上来说,就产生在农业这种生产方式之中。

考古发现,距今约 12 000 年前的湖南道县玉蟾岩遗址就有稻谷的遗

存，这属于旧石器时代向新石器时代过渡的时期。此外，在江西万年仙人洞遗址和湖南澧县彭头山遗址，也发现了史前人类种植水稻的证据，这两处遗址距今均约 9 000 年。在距今约 6 000 年（属新石器时代早期）的浙江余姚河姆渡遗址，考古学家发现了大量稻谷、谷壳、稻秆和稻叶堆积，最厚处达一米。在气候干燥的黄河地区，史前人类也早早进入了农耕时代。甘肃秦安大地湾遗址，就发现了炭化黍，距今约 8 000 年。这些史实证明中华民族很早就在创造着农业文明，而环境意识包括环境的审美意识就建构在农业文明的创造之中。

中国古代的环境意识，在农业文明的基础上，向着两个方面展开：

第一，家园意识。

谈环境经常要涉及的概念是自然。自然，只有当与人相关的时候，它才成为人的自然。人的自然首先是或者基本上是物质的自然。物质的自然，对于人的意义主要是两个，一是资源，二是环境。从理论与实践上来说，前者侧重于人的生产资料与生活资料的获取，后者则侧重于人身体上和心灵上的安顿。作为身体与心灵安顿之所的环境通常被称为“家园”。

农业生产的主要场所为田野，日出而作、日落而息的农业生产中，生产地与生活地一般不会分隔得太远，生产区与居住区总是挨着的，这两者共同构成了人们的家园。家园是环境问题的核心，环境审美的本质即是家园感。

农业生产是家庭产生的物质基础。渔猎生产中，人的合作不是生产必需的前提，即便有合作，这种合作也未必需要以家庭为单位。而农业生产是必须合作的，理想的生产单位是家庭。一般来说，男人从事较为繁重的田园劳作，女人则主要从事畜养和采集的劳动。有了孩子后，一般来说，男孩是父亲的帮手，女孩则是母亲的帮手。

在中华民族，一夫一妻的家庭究竟产生于何时，还是一个正在研究的课题，从理论上说，应该是农业社会。考古发现，西安半坡仰韶文化遗址存有大量房屋基址，房子分方形、圆形两类，面积不等，绝大多数屋子面积在12—20平方米。这正是对偶家庭所居住的屋子。严文明先生认为，半坡居民有300—600人，分为三级，最低级为对偶家庭，住12平方米左右的小屋子，数座小屋与中型屋子（面积20—40平方米）组成一个大家庭或家族，若干个大家庭组成氏族公社，三五个氏族公社组成胞族公社。[①] 考古发现，半坡人已经以农业为主要的生产方式了。可以说，中华民族最早的家庭就是应农业生产之需而建立的，并稳固地成为社会的基本单位。甲骨文中的"家"，上为屋顶形，有覆盖的意义；下为豕，即猪。"家"字的创造明显表现出农业文明的影响。

中华民族最早的国家形态应是由氏族公社构成的胞族公社，胞族公社的首长就是族长，因此，以胞族公社为基本性质的国家实际上就是放大的家。炎帝部落与黄帝部落在实现合并之前都是胞族公社，其合并后，性质有了变化，成为胞族公社的联盟。

尽管由胞族公社联盟所构成的国在性质上与家有了区别，但社会的基本单位仍然是家。重要的还不是家这样的单位的存在，而是家观念一直是社会的主导观念，血缘关系一直被视为社会的基本关系，这和儒家学说有着重要关系。进入文明社会后，儒家试图为社会制定行事规则。儒家的基本立场是家观念。儒家建构的公民道德，其基础是正确处理家庭人员的关系。家庭人员之间的良性关系建立在等级和友爱两重原则的基础之上，而等级与友爱均以血缘亲疏为最高原则。儒家将这套家庭伦理观念推及社会，建立社会伦理，于是国就是放大的家，君主是全国人民共同的家长，而全国人民均是这个大家庭中的成员。

家意识的扩大即为国意识，国意识的缩小就是家意识。儒家经典《大学》云："欲治其国者，先齐其家。""家齐而后国治。"齐家是治国之先，这"先"不仅具先后义，而且具习用义，就是说，齐家是治国的演习或者说练习，治国是齐家之后的大用。如此说来，治国与齐家在基本原则与方

① 参见严文明《仰韶房屋和聚落形态研究》，《仰韶文化研究》，北京：文物出版社1989年版，第180—242页。

式上是相通的。

中国文化中有两个重要概念——“国家”和“家国”。言“国家”，实际上说的是“国”，但要以“家”托着；言“家国”，虽然是既说“家”又说“国”，但是以“家”为先或者说为前的。不管是“国家”概念还是“家国”概念，“家”与“国”均密切联系，不可分割。

中华民族的环境意识具有强烈的家国情怀。这是中华民族环境意识包括环境审美意识的重要特质。这种特质的产生与中华民族以农为本的生产方式以及因此建构的家国意识有着重要关系。

第二，天人关系。

环境问题说到底还是天人关系问题。天人关系应该是人类共同的问题。天人关系中的“天”具有多义性，它可以理解成自然界，可以理解成上天的意旨、鬼神的意旨乃至不可知的命运等。从环境美学的维度来看，这“天”，只能理解成自然，但不能把所有自然现象都理解成环境，只有与人的生存、生活相关的那部分自然，可以被看作环境。

中国文化的以农为本，在很大程度上影响着中国人的天人关系。农业的基本性质是代自然司职，基于此，农业文明中的天人关系有两种形态：

其一，人与第一自然的关系。第一自然是人还不能对它施加影响的自然，而它可以对人的生产、生活产生影响。以人代自然司职为基本性质的农业，本就融会在自然活动的体系中，比如，春天，是万物生长的时节，也是播种农作物的时节。可以说，农作物及畜养物，都与自然共生，既如此，农业全面地接受着大自然的影响，包括有利的影响和不利的影响。对于这种影响，人们非常敏感。从农业功利的维度，人们形成了对于自然现象相对固定的审美观念。就天象景观来说，风调雨顺的景观是美的，狂风暴雨的景观就被认为是丑的。杜甫诗云：“好雨知时节，当春乃发生。随风潜入夜，润物细无声。”（《春夜喜雨》）这“雨”好是因为“润物”。就大地景观来说，膏壤沃野、新绿满眼，是美的；不毛之地、荒寒之地，就是丑的。虽然在自然景观的审美过程中，人们不一定都会想到农业,但潜意识中,农业功利已成为衡量自然景观美丑的重要标尺。或者说,农业功利意识早就化为中华民族的集体无意识。

其二,人与第二自然的关系。第二自然是人工创造的自然。对于人工创造的自然,人类对它们具有极为真挚深厚的情感。农业文明中第二自然的整体形象为田园。田园中既有庄稼、牲畜等人造的自然物,也有人造的自然活动,它们共同构成一种田园景观。这种田园景观成为农业环境审美的重要对象。与之相关,田园诗以及田园散文在中国文学体系中占有重要地位。中华民族其乐融融的天伦之乐以及耕读传家的传统都建立在田园生活的基础上。正是因为如此,中国古代环境美学的一大特点就是重视田园环境的审美。

中国人的环境观念虽然在很大程度上受到以农为本的影响,但亦不受其约束。中国人的世界观既有务实的一面,又有务虚的一面;既有执着的一面,又有超越的一面。表现在环境审美上,则是既重功利——潜意识中的农业功利,又重超越——主要是对物质功利包括农业功利的超越。陶渊明在这方面很有代表性。他的《读山海经(其一)》云:

> 孟夏草木长,绕屋树扶疏。众鸟欣有托,吾亦爱吾庐。既耕亦已种,时还读我书。穷巷隔深辙,颇回故人车。欢然酌春酒,摘我园中蔬。微雨从东来,好风与之俱。泛览周王传,流观山海图。俯仰终宇宙,不乐复何如!

诗中的景观审美明显具有田园风味,功利性也是有的,如“欢然酌春酒,摘我园中蔬”;但是,当说到“微雨从东来,好风与之俱”就已经实现超越了。诗人更多体会到的不是功利,而是自然风物与人身心合一的美妙,最后诗人上升到哲学的高度——“俯仰终宇宙,不乐复何如!”

陶渊明是一位具有多重身份的诗人。首先,他是农民,农作物长得好不好,直接关系着生存,因此,他在意“种豆南山下,草盛豆苗稀。晨兴理荒秽,带月荷锄归。道狭草木长,夕露沾我衣。衣沾不足惜,但使愿无违”[《归园田居(其三)》]。但是,他不只是农民,他还是诗人,因此,他能够说："翩翩飞鸟，息我庭柯。敛翮闲止，好声相和。"（《停云》）更重要的是，他是哲学家，他能超越一切功利，实现与自然之间心灵的对话："结庐在人境，而无车马喧。问君何能尔？心远地自偏。采菊东篱下，悠然见南山。山气日夕嘉，飞鸟相与还。此还有真意，欲辩已忘言。"［《饮酒（其五）》］

以农为本，说的只是经济基础，审美与经济基础是存在联系的，但是这种联系更多是间接的、隐晦的、精神的、超越的。基于此，虽然中华民族对于自然环境的审美的根基是农业，但其表现方式是多元的、丰富多彩的。

四、中国古代环境美学理论体系（一）：天人关系

如从黄帝时代算起，中华民族拥有五千年的文明，这文明中包含对环境美学问题的深层思考，形成了相当完善的理论系统。环境理论体系首先是环境哲学，环境美学是环境哲学的组成部分。环境哲学的核心问题是人天关系论。

（一）环境哲学中的天人关系

虽然人天关系不等于人与自然的关系，但人与自然的关系无疑是人天关系的主体。长期以来，中华民族对此问题有着诸多深刻的思考，大体上可以分为三个方面。

1. 天人合一论

张岱年先生说："中国哲学有一个根本思想，即'天人合一'，认为天人本来合一，而人生最高理想，是自觉地达到天人合一之境界。"①天人合一，有诸多理论。首先它涉及"天"的概念，天有自然义、本性义、天道（理）义、造物神义、鬼魅义，还有不可知义。其次，"合"亦有多种含义，有唯物主义的解释，也有唯心主义的解释，比如董仲舒的天人感应论，完全是唯心主义的。最后，这"合一"的"一"，究竟是天，还是人，并不定于一

① 张岱年：《中国哲学大纲——中国哲学问题史》，北京：昆仑出版社2010年版，第6页。

尊。为了强调天的权威性，天人合一，这“一”就是天；为了凸显人的主体性，天人合一，这“一”就是人。比如张载的“为天地立心”说，也是天人合一。在张载看来，天地只是物质，并无精神，而人有灵性、有心性。他的“为天地立心”说，实质是让自然为人造福，凸显的是人的主体性。他并不否定自然规律的客观性，也不反对遵循自然规律办事，只是在这一语境中他不强调这一点。

天人合一论的精华是自然的客观性与人的主体性的统一。《周易·革卦》说：“汤武革命，顺乎天而应乎人。”顺乎天，顺的是天理；应乎人，应的是人心。这句话也许是中国古代天人合一思想的最佳表达。

天人合一论最有思想性的观点，是老子的“道法自然”说。其全句为“人法地，地法天，天法道，道法自然”(《老子》第二十五章)。这种表述，是有深意的。“人法地”的“地”，是指大地。人的确只能效法或师法自然——特别是与人共同生活在大地上的自然物——进行创造。“地法天”的“天”不是指与大地相对的天空，而是指整个宇宙。作为部分的地，理所当然应服从整体的天。“法天”，服从天，遵循天。那么，“天”又应服从、遵循什么呢？老子说是“道”。道即规律。宇宙，即天，它的运行是有序的，有规律的。“道”从何来，又是什么？老子认为道就在事物本身，道不是别的，就是事物之本然/本质，也就是自然——自然而然。本然是外在形态，本质是内在核心，自然而然是存在方式。作为宇宙整体的“天”，究其本，是道的存在。人生活在地上，法地而生；地作为天的一部分，法天而存；天作为宇宙整体，循道而行；而道不是别的，就是事物自身的存在，包括它的内在本质与外在形态。说到底，人作为宇宙的一部分，其存在也应“法自然”。“法自然”，于人而言，即是尊重人自身的自然，同时也尊重人以外的他物的自然，包括环境的自然，实现两种自然的统一。只有这样，人才能生存，才能发展。老子的“道法自然”具有深刻的人与环境和谐论以及生态和谐论思想。

2. 天人相分论

与天人合一论相对立的是天人相分论。持此论者，最早是荀子。他说“天行有常，不为尧存，不为桀亡。应之以治则吉，应之以乱则凶”，强调要“明于天人之分”。（《荀子·天论》）庄子反对“以人灭天”，对于治马高手伯乐残害马的天性的种种作为予以猛烈抨击，他尖锐地嘲讽鲁侯“以己养养鸟”导致鸟“三日而死”的愚蠢做法（《庄子·至乐》）。高度重视民生的管子也谈天人相分，他的立论多侧重于生产与生活。管子认为“天不变其常，地不易其则，春秋冬夏不更其节，古今一也”（《管子·形势》），强调“天”即自然规律是客观的、不变的，人必须法天、遵天，“凡有地牧民者，务在四时，守在仓廪”（《管子·牧民》）。管子还谈到环境建设，说要“因天材，就地利，故城郭不必中规矩，道路不必中准绳”（《管子·乘马》），一切从实际出发，尊重自然。

天人相分是客观存在的，不需要人为，而天人合一，需要人为。只有承认天人相分，并且努力认识进而把握天地之道、实践天地之道，才能实现天人合一。天人相分的观点，中国历代均有人在谈，如唐代有刘禹锡的“天人交相胜”说、柳宗元的“天人不相预”说。宋明理学虽更多地谈天人合一，但首先肯定的还是天人相分，是在肯定天人相分的前提下强调天人合一。

3. 天人相参论

《周易》提出天人地“三才”说。“三才”说的伟大价值在于彰显人在宇宙中的地位。人不仅居于天地之中，而且参与天地的创造。《中庸》更是明确提出，人“可以赞天地之化育”，“与天地参”（第二十二章）。

人“与天地参”，有两种理解。按天人相分论，是天做天的事，人做人事，人不去干扰天地的运行。荀子说：“天有其时，地有其财，人有其治，夫是之谓能参。”（《荀子·天论》）按天人合一论，则是人一方面尊重天，循天而行；另一方面运乎心，逐利而行。天理与人利实现统一，天理为真，人利为善，两者的统一为美。

（二）环境建设与环境审美中的天人关系

中国古代的天人关系哲学是中国人的思维法则，也是中国人环境建设的指导思想。

中国人的环境建设开始于筑巢而居。《韩非子》云："上古之世，人民少而禽兽众，人民不胜禽兽虫蛇。有圣人作，构木为巢以避群害，而民悦之，使王天下，号之曰有巢氏。"(《韩非子·五蠹》)有巢氏的时代是巢居开始的时代，这个时代对于初民审美意识的生发具有极其重要的意义。居，是生存第一义。动物的居住，大体上有两种：一种基本上是利用自然环境，将就一个居住场所；另一种则是利用自然物质，建设一个居住场所。前者的特点是"就"，后者的特点是"建"。人类的居住场所，原来主要是"就"，比如，住在山洞里，为穴居。当人类觉得这种居住场所不理想，想自己动手盖一个屋子的时候，建筑就产生了。

从目前的考古发现来看，在旧石器时代，人类居住在洞穴里。而到了新石器时代，人类才开始建造属于自己的屋子，这距今大约一万年。

有两类建筑是值得格外注意的。一类是部落举行祭祀或集会的大房子，在距今 7 000—5 000 年的仰韶文化时期已有。在仰韶村遗址，考古人员发现一座面积在 130 平方米以上的大屋子；在半坡遗址，发现一座面积近 160 平方米的大房子；又在西坡遗址，发现一座面积竟达 516 平方米的房子。这更大的房屋，结构复杂，四周设有回廊，为四阿式建筑。我们有理由猜想，这大房子是部落最高首领举行重大活动的地方，相当于故宫中的太和殿。这样的建筑发现让建筑与礼制结上了关系，意义巨大。

另一类建筑为园林。园林的出现比较晚，考古发现，夏代、商代是有园林的。据甲骨卜辞记载，这样的园林，其功能是多元的，包括狩猎功能、种植功能、豢养功能，还有休闲观景等功能。这最后一项功能，我们可以将它概括为审美功能。此后的发展中，园林的狩猎功能、种植功能、豢养功能消失，园林成为人们的另一住所，这另一住所的最大好处是景观美丽，人们在这里可以放松身心，尽情地欣赏美景、宴饮欢乐。园林的审美功能日益凸显，成为园林的主导功能。园林，本来不是艺术，但因为审美功能成为园林的主导功能，而跻身艺术。如果要说这艺术与其他艺术有什么不同，那就是这艺术还保留着物质功能——可居。于是，园林成为艺术中唯一兼有物质功能的特殊存在。

城市是人类居住相对集中的地方，是一定区域内的政治中心、经济中心、交通中心和文化中心。城市出现得很早，距今约 6 000 年的凌家滩遗址出土了许多精美的玉器，其中有玉龙、玉冠饰、玉鹰、玉钺等只有部落首领及贵族才能拥有的玉器，专家认为，这个地方很可能就是古代的一座城市。无疑，城市是当时当地最为优越的生活环境。优越的生活必然不只是物质上富足，还包括精神上富足，而精神上富足，其最高层次无疑是审美。

就是在建设优秀的生活环境的过程中，人们逐渐形成了一些环境审美意识。这些意识，一方面是环境哲学的具体展开，另一方面，又是环境建设的理论指导。在中华民族长达五千年的环境建设实践中，有一些环境审美意识是最值得重视的。

1. 人为主体

环境建设中，人为主体。环境与自然不一样。自然可以与人不相干，而环境则不能没有人。人于环境不是被动的，而是可以按自己的需要选择并建设环境。前文谈到，环境于人的第一要义是居住，不是所有的自然环境都适合人居住，就是适合人居住的环境，其品位也有高下之别。这里就有一个人选地的问题。柳宗元在他的散文中说起一件逸事：潭州地方官杨中丞为名士戴简选了一块风景不错的好地建造住宅。在柳宗元看来，戴氏算是找到一块与他的心志相符的好地了，而这块好地也算是找对了主人，两者可说是惺惺相惜。于是，他说："地虽胜，得人焉而居之，则山若增而高，水若辟而广，堂不待饰而已奂矣。"（《潭州杨中丞作东池戴氏堂记》）在审美关系中，物与人两个方面，柳宗元更看重的是人。在《邕州柳中丞作马退山茅亭记》中，他明确地说："美不自美，因人而彰。"

人的主体性是环境审美的第一原则。主体性原则既表现在对自然的尊重上，也表现在对人的需要（包括审美需要）的充分考虑上。

2. 观天法地

环境建设中人的主体性突出体现在观天法地上。

观天法地有两个方面的意义：一、自然基础。天指天气，地指地理，二者都关涉到人的生存与发展问题。《周礼·考工记》就记载了营建都城时匠人对地形与日影的测量情况："匠人建国，水地以县，置臬以县，视以景。为规，识日出之景与日入之景，昼参诸日中之景，夜考之极星，以正朝夕。"二、礼制需要。中国人的环境建设重视礼制。都城是皇帝所居的地方，对于天象的观察尤其重要。皇帝居住的正殿应对应天上的紫微星。长安正是这样的："正紫宫于未央，表峣阙于阊阖。疏龙首以抗殿，状巍峨以岌嶪。"按张衡《西京赋》的说法，西汉的都城长安与刘邦还有一种特殊的关系："自我高祖之始入也，五纬相汁以旅于东井。"这是说"五纬"即金木水火土五星"相汁"（和谐），并列于"东井"（即井宿）。

3. 重视因借

中国的环境建设强调尊重自然。计成提出园林建设"因借"说，"因"的、"借"的均是自然："因者：随基势之高下，体形之端正，碍木删桠，泉流石注，互相借资；宜亭斯亭，宜榭斯榭，不妨偏径，顿置婉转，斯谓'精而合宜'者也。借者：园虽别内外，得景则无拘远近，晴峦耸秀，绀宇凌空；极目所至，俗则屏之，嘉则收之，不分町疃，尽为烟景，斯所谓'巧而得体'者也。"（《园冶·兴造论》）"因借"理论不仅适用于园林，也适用于一切环境建设。

4. 宛自天开

虽然总体上中国的环境建设以老子的"道法自然"说为最高指导思想，强调尊重自然格局、以自然为师，但是，也不是一味拜倒在自然的脚下，毫无作为。如《周易》的"三才"说，《中庸》的"与天地参"说。特别是荀子，其建立在"天人相分"哲学基础上的"有物"说，更是宣扬人的主体精神，强调向自然索取："大天而思之，孰与物畜而制之？从天而颂之，孰与制天命而用之？望时而待之，孰与应时而使之？因物而多之，孰与骋能而化之？"（《荀子·天论》）荀子的"骋能而化之"是对"道法自然"说的重要补充。事实上，中国的环境建设所持的建设理念正是"道法自然"与"骋能而化之"的统一。计成说园林"虽由人作，宛自天开"，堪为对这统一的精彩表述。

“宛自天开”既是对天工最高的赞美,也是对人工最高的赞美。除此以外,中国人的园林学说中还有“与造化争妙”(李格非《洛阳名园记·李氏仁丰园》)的观念。这与中国绘画理论中“画如江山”“江山如画”的说法完全一致。“画如江山”,江山至美;“江山如画”,画又成最高之美了。概括起来,我们可以这样表述:天工至尊,人工至贵。

5. 遵礼守制

中国文化的礼制精神可以追溯到史前,史前的彩陶、玉器就是礼器。进入文明时代后,夏、商两朝均有礼制的建构,只是不完善。到周朝,主政的周公花大气力构建礼制。从《周礼》一书,我们可以看出周朝的礼制是何等的完备!儒家知识分子极力鼓吹礼制。自汉代始,以礼治国成为中国数千年治国的基本方略。礼制对中国人生活的影响是广泛而又深刻的,不独在政治中,也在环境建设之中。《周礼·考工记》就明确地说匠人营建国都是有礼制规定的:“匠人营国,方九里,旁三门。国中九经九纬,经涂九轨,左祖右社,面朝后市……”礼制虽然渐有变异,但基本上是有承传的,像宫殿建筑群的设置,“左祖右社,面朝后市”被一直贯彻下来,没有改变。

中国古代环境建设的礼制有一个核心的东西,就是等级制。这种等级制在统治者看来归属于天理,也就是说,人间的秩序是对应着天上的秩序的,因而它具有神圣性,不可违背。这种等级制好不好,不是我们在这里要讨论的问题。从审美的维度来看这种等级制,我们只能说,它营造了一种秩序,这种秩序经过礼制制定者或维护者的阐述,显出它的庄严与神圣。于是,中国的宫殿建筑因这种秩序表现出一种美——崇高之美。这种崇高感,恰如张衡《西京赋》所言:“惟帝王之神丽,惧尊卑之不殊。”

中国礼制的等级制不仅表现为由百姓到天子的递升体系,也体现为天子居中、臣民拱卫的体系,因此,在中国古代的环境建设中,中轴线是非常重要的,因其体现了礼制的尊严。而于审美来说,中轴线的设置的确创造了一种美——“中”之美。审美意义上的“中”,具有稳定感、平衡感。人体具有中轴线,脊柱就是中轴,大体上两边对称。在中国,中之美不仅具有人体学的依据,还具有文化意义:中国自称中国,认为自己居世界地理之中,同时也是世界文化之中心,因此,中之美在中国特别受到青睐。

6. 活用风水

风水分为阳宅风水与阴宅风水,阳宅风水讲如何选择居住地,阴宅风水讲如何选择墓地。两者其实相通之处很多,基本原理一样。认真地研究风水的内容,迷信与科学兼而有之。从科学角度言之,它是中国最古老的建筑环境学、环境美学的萌芽。从迷信角度言之,它是中国古老的巫术文化的遗绪。而在哲学思想上,它是中国古老的天人合一论在地理学上的集中体现。

中国最古老的诗歌总集《诗经》中有关于相地的记载。《诗经·大雅·公刘》详细地描述了周人的祖先公刘率众迁居豳地的过程。公刘择地,注意到了这样几个方面:一、根据地的向阳向阴,辨别地气的冷暖,选择温暖的地方居住;二、根据地势的高低,选择干燥平坦的地方居住;三、根据山林情况,选择靠山的地方居住。从此诗的描绘来看,公刘择地既考虑到了实用价值又考虑到了审美价值。这些考虑可以视为中国风水学的萌芽。

中国风水学中的择地,虽然看起来很神秘,但其实不外乎两个标准,一是实用,二是美观。二者在风水学上是统一的。只要到通常视为风水好的地方去看看,不难发现,所谓风水好,好就好在对人的生存有利,对事业的发展有利,对审美的观赏有利,这三者缺一不可。

中国风水学,其实质是生命哲学,好的风水主要在于它有生命的意味或者说“生气”。《黄帝宅经》云:“宅以形势为身体,以泉水为血脉,以土地为皮肉,以草木为毛发,以舍屋为衣服,以门户为冠带,若得如斯,是事严雅,乃为上吉。”在中国风水学看来,美与善是统一的,就是说,凡风水好的地方均是风景美好的地方。《黄帝宅经》云:“《三元经》云:地善即苗茂,宅吉即人荣。又云:人之福者,喻如美貌之人。宅之吉者,如丑陋之子得好衣裳,神彩尤添一半。若命薄宅恶,即如丑人更又衣弊,如何堪也。”

中国人的哲学是面向未来的。为了今后的幸福,也为了子孙后代的幸福,甚至为了那不可知的来世的幸福,中国人用了一切办法,甚至包括相地这样的办法,来为自己以及死去的亲人寻找一个合适的长眠之地。风水学从本质上来说,是中国人特有的未来学。

风水学存在着道与术两个方面的内容。它的道主要是中国古代以阴阳为核心的哲学思想、天人合一思想、礼制思想。它的术则有重地形的“峦头”说和重推算的“理气”说。

风水学内容丰富,合理的、不合理的,乃至迷信的东西都有。它也存在理解与运用上的问题。事实上,古人运用风水理论就存在着诸多差别,宜具体问题具体分析,不可笼统论之。自古以来,关于风水学的争议不断,但其一直拥有旺盛的生命力。不管到底应对风水学作何评价,它的影响是客观存在的。今天我们有责任对它做深入的研究与分析。当代,最重要的是领会它的精神,是活用。

五、中国古代环境美学理论体系(二):家国情怀

环境美学的本质为家园感。在中国,家园感分为两个层次:一是家居,二是国居。家居与国居具有一体性,从而显示出一种情怀——家国情怀。

(一)中国古代环境美学中的家园意识

家园感,集中体现在以“居”为基础的生活之中。《说文解字》释“家”:“家,居也。”中国传统文化中的“居”,根据居住场所可分为城居、乡居、园居、山居等,根据居住的质量则可分为安居、和居、雅居、乐居四个层次。对于环境美学来说,我们关注的主要是居住的质量。中国古代环境美学理论体系的核心是家居意识,具体来说,有以下五个方面。

1. 安居

先秦诸子对于“安居”都非常重视,儒家最为突出。安居主要指人的

生命财产的保全。安或不安,一是取决于自然,二是取决于社会。对于来自自然的原因,因为诸多因素不可知,所以,诸子谈得不多,谈得多的,主要是社会的平安。社会的平安首先是政治上的,其中最重要的是没有战乱。孔子于此深有体会,他说:“危邦不入,乱邦不居。天下有道则见,无道则隐。”(《论语·泰伯》)逃避战乱,固然不失为明智之举,但反对战乱,消弭战乱的根源,更是儒家积极去做的。老子也是主张“安其居”的,他坚决反对战争,义正词严地警告统治者:“民不畏死,奈何以死惧之?”(《老子》第七十四章)社会的动乱不仅来自国与国之间的争夺杀戮,也来自统治者对人民的严酷的压迫与剥削。儒家主张仁政,反对苛政,意在让人民安居。中国古人所有关于安居的言论闪耀着人道主义的光芒。

2. 和居

和居,同样是侧重于社会上人与人之间的和谐。儒家于这方面贡献尤其突出。儒家认为和居的根本是尊礼重道:“有子曰:礼之用,和为贵。先王之道,斯为美。”(《论语·学而》)墨子主张以爱治国,他说:“诸侯相爱,则不野战;家主相爱,则不相篡;人与人相爱,则不相贼;君臣相爱,则惠忠;父子相爱,则慈孝;兄弟相爱,则和调。天下之人皆相爱,强不执弱,众不劫寡,富不侮贫,贵不敖贱,诈不欺愚。凡天下祸篡怨恨,可使毋起者,以相爱生也。”(《墨子·兼爱中》)墨子与孔子的和居思想都具有乌托邦的色彩,但精神非常可贵。

3. 雅居

雅居,源推隐士生活。中国的隐士文化源远流长,可追溯到商代的叔齐伯夷,而真正成为一种文化可能是在汉代。南齐文人孔稚珪作《北山移文》揭露隐士周颙“假步于山扃”“情投于魏阙”的虚伪,可见此时“隐”已经成为重要的社会现象了。隐士过着仙人般自由自在的生活,充分享受着山林泉石之乐。

欧阳修说“举天下之至美与其乐,有不得兼焉者多矣”(《有美堂记》),有两种乐——“富贵者之乐”和“山林者之乐”(《浮槎山水记》)难以兼得。这实际上说的是隐士生活与仕宦生活难以兼得。然而,就不能想办法吗?办法是有的,那就是建别业。官员的正宅一般设在官衙的后部,由于与官衙相连,受到诸多限制,风景不佳是最大的缺点。别业一般建在郊外风景优美之处,官员于办公之余或退休之后在此生活,则可以尽享“山林者之乐”。另外,还可以在此读书、弹琴、会友、宴饮,尽享文人的生活。别业起于汉末,兴盛于唐,最著名的别业为王维的辋川别业。可以说,别业开私家园林的先河。

私家园林的生活是真正的雅居生活。《园冶》说园林中的生活“顿开尘外想,拟入画中行”,“尘外想”即隐士情怀,“画中行”即游山玩水,无疑,这就是雅居了。当然,雅居生活不只是“画中行”,还有文人们醉心的其他生活,如弹琴吹箫、写诗作画等。文震亨的《长物志》描写园林中室庐、花木、水石、禽鱼、书画、几榻、器具、位置、衣饰、舟车、蔬果、香茗等种种设施,无不透出清雅高洁的情调。

雅居兼“山林者之乐”与“富贵者之乐”两种乐,又添加上文人情调,其环境之雅洁与人物之清高融为一体,如文震亨所说:“门庭雅洁,室庐清靓,亭台具旷士之怀,斋阁有幽人之致。”(《长物志·室庐》)雅居是中国知识分子理想的生活方式,与之相应,园林也就成为他们理想的生活环境。

4. 乐居

乐居,是中华民族最高的生活追求。它有两种哲学来源,一种是道家哲学。道家哲学认为,人生最大的问题是处理人与自然的关系,而处理好这一关系的关键,是“法自然”。这其中具有一定的生态和谐的意味,一是老子所说的“为无为”,强调本色生存;二是为了保护资源,对动物要有一定的关爱,不可竭泽而渔;三是在审美层面,强调人与自然的和谐,如辛弃疾所说的“我见青山多妩媚,料青山、见我应如是。情与貌,略相似”,又如计成所说的“鹤声送来枕上”“鸥盟同结矶边”。

另一种是儒家哲学。儒家哲学认为,人生最大的快乐是仁爱相处,其中统治者与被统治者的仁爱相处最难,也最重要。为此,儒家提出礼乐治国,以礼区别等级,保证统治者的利益;以乐和同人心,削减阶级对立。孟子提出“与民同乐”论，他的“乐民之乐者，民亦乐其乐。忧民之忧者，民亦忧其忧”(《孟子·梁惠王下》)成为几千年来儒家津津乐道的经典。

理学是综合了儒道释三家思想而以儒学为主干的思想学说，对于乐居，亦有着诸多言论，这些言论相对集中在关于“颜子之乐”的讨论之中。《论语》中的颜子，生活极端贫困，然而，生活得很快乐。为什么能这样？显然是精神在起作用，也就是说，他生活在一种精神世界里，是这种精神让他快乐。这精神是什么？有的说是“仁”，有的说是“天地”。凡此等等，均说明，乐居最重要的是要具有一种高尚的精神境界，对于现实有一定的超越。回到环境问题，人能不能乐居，关键是能不能与环境建构起一种良性关系，人在这种关系中实现精神上的提升与超越。

5. 耕读传家

“耕读传家”是中国儒家知识分子重要的精神传统，此传统发源于先秦，成熟于清代中期。左宗棠、曾国藩堪谓此中代表，这两位清朝中兴大臣，均有过一段时间家乡务农、躬耕田野、课读子孙的经历。因为这样一种传统是在农村培养的，对于农村的建设具有重要的意义，所以我们才将它归入环境美学范围。笔者曾经在广西富川县农村做过调查，清朝时凡是大一点的村子均有自办的书院，书院遗址大多尚存。

“耕读传家”中“耕”“读”二字是值得深究的。“耕”，凸显中国文化以农为本的传统。治国以农为本，治家也以农为本，乃至立身也以农为本。“读”在中国有着独特的意义，读书不只是一般的学习知识，而是“学成文武艺，货与帝王家”，即为国家效劳。

（二）中国古代环境美学中的国家意识

中国人的环境意识不仅具有浓郁的家园情怀，而且具有强烈的国家意识，特别是中国意识。其表现主要是：

1. 昆仑崇拜

中国人的环境观具有深厚的国家意识，这意识可以追溯到黄帝时代，突出体现是与黄帝相关的昆仑崇拜。昆仑在中国人的心目中，有着至高无上的地位。此山西起帕米尔高原,横贯新疆、西藏间,向东延伸到青海境内,全长 2 500 公里。被誉为中国母亲河的黄河、长江,其源头水系均可追溯到这里。从地理上讲,以它为主干的青藏高原是中国山河的脊梁,西高东低的格局对中国的气候乃至农业生产、中国人的生活、中国的城乡布局起着决定性的影响。因此,中国的风水学将昆仑看作中国龙脉之源。

尽管昆仑对于中华民族的生存具有重大的意义,但它成为中华民族的第一自然崇拜的根本原因还不在这里。昆仑之所以成为中华民族的第一自然崇拜,是因为昆仑是中华民族始祖黄帝最初生活的地方。《山海经·西山经》云:"西南四百里,曰昆仑之丘,是实惟帝之下都。"这段记载说昆仑之丘为"帝之下都","帝"指谁?历史学家许顺湛说是黄帝:"帝之下都即黄帝宫,其地望在昆仑丘。"①

2. "中国"概念

战国时邹衍提出"大九州"说,将全世界分为八十一州,中国为其中一州,称赤县神州。于是,"中国"的概念就有了着落。司马迁接受此种说法。他在《史记·五帝本纪》中说:"尧崩,三年之丧毕……舜曰'天也',夫而后之中国践天子位焉。""中国"这一概念在中国古籍中多有出现,一般来说,它不指具体的朝代(政权),而指以汉族为主体的中华民族所生活的这块固有的土地,因此,它主要是国土概念,同时也指在这块土地上建立的国家。

"中国"这一概念中用了"中",体现出中华民族对于自己的国土、自己的国家的珍爱。在中华文化中,"中"不仅指空间意义上的居中,而且还有正确、恰当、核心、领导等多种美好的内涵。此外,按中国传统文化的理念,"中"就是"礼"。"《周礼·疏》引云:'礼者,所以均中国也。'"《白虎通义·礼乐》云:"先王推行道德,调和阴阳,覆被夷狄,故夷狄安乐,来朝中国,于是作乐乐之。"可见,用今天的概念来解读,"礼"就是文明。

---

① 许顺湛:《五帝时代研究》,郑州:中州古籍出版社 2005 年版,第 60 页。

“中国”这一概念就是礼仪之邦、文明之邦。

3. “华夏”概念

中国又称夏、华、①华夏②、诸夏③。这跟中国古代部族三集团有关，三集团为华夏集团、苗蛮集团、东夷集团。华夏集团主要由炎帝部落与黄帝部落构成，两个部落之间曾发生过战争，后来实现了统一，建立了联盟。华夏集团与东夷集团、苗蛮集团也发生过战争，最后也实现了统一。按《山海经》中的说法，三大集团还存在着血缘关系，而且均可以追溯到黄帝，为黄帝的后人。虽然《山海经》具有神话色彩，不是信史，但其中透露的信息告诉我们，主要生活在昆仑山一带、黄河流域、长江流域的史前人类之间是有着各种联系的，考古发现也证明了这一点。历史学家徐旭生认为“到春秋时期，三族的同化已经快完全成功，原来的差别已经快完全忘掉”，由于华夏集团“是三集团中最重要的集团”，“所以它就此成了我们中国全族的代表”。④

中国大地上存在着诸多民族，大家之所以认同“中国”概念，不仅是因为上面所说的种族上具有一定的血缘关系，而且是因为在长期的相处之中，诸民族的文化相互交融，达到彼此认同，以儒家为主体的汉民族文化成为中华民族文化的核心。

“夏”“华”均是美好的词。“中国有礼仪之大，故称夏；有服章之美，谓之华。”（孔颖达《春秋左传正义》）将中国称为华夏，是中华民族对自己民族、国家、国土的赞美。蔡邕《郭有道碑文》云：“考览六经，探综图纬，周流华夏，随集帝学。”这“周流华夏”的意思是巡视中国美好的土地，因此，华夏不仅指中华民族、中国，还指中国的国土。

中国传统文化一方面讲“夷夏之辨”，坚持夏文化优秀论（这自然有大民族主义之嫌），另一方面也讲“夷夏一体”。孟子提出“用夏变夷”，主

---

① 《左传·定公十年》：“裔不谋夏，夷不乱华。”

② 《左传·襄公二十六年》：“楚失华夏。”

③ 《左传·僖公二十一年》：“以服事诸夏。”

④ 徐旭生：《中国古史的传说时代》，北京：文物出版社1985年版，第40页。

张以先进的夏文化改变落后的夷文化。而实际上夏文化也不断地学习夷文化中先进的东西,战国时始于赵国的“胡服骑射”就是一例。唐代,胡文化源源不绝地进入中原地区,成就了唐文化的博大与丰富。宋、元、明、清,夏文化与夷文化基本上就没有差别了。

应该说,世界上不论哪一个民族,其环境美学观念中均有家情怀和国情怀,但是,可以说没有哪一个民族能像中华民族这样,家情怀与国情怀达到如此高度的融会:国是放大的家,家是微型的国;国之本在家,家之主在国;国存家可存,国破家必亡。中国五千年来,虽政权有更迭,但基本国土没有变过,因此,家园、国土、国家,在中国文化中,其意义具有最大的叠合性。按中国文化,爱家不爱国是不可想象的,爱家必爱国,而爱国必爱国土。

中国古代的环境美学具有浓重、深刻的家国情怀,这是中国古代环境美学的本质性特点。

六、中国古代环境美学理论体系(三):准生态意识

科学的生态系统知识,中国古代应该是没有的,但这不等于说古人就没有生态意识。在长期与自然打交道的过程中,古人已经感到人与物之间存在着一种内在的联系,这种联系让人认识到,要想在这个世界上生活得好,就必须兼顾物的利益。人与物,不能是敌对的关系,而应该是友朋的关系。于是,准生态系统的意识产生了。这些意识大致可以归结为两个方面。

(一)中国古代环境美学中的物人共生观念

对于物与人的关系,中国古代有着极为可贵的物人共生观念。主要体现在如下一些命题上。

1. 尽物之性

中国文化中有着朴素的生态观念。《中庸》说:“唯天下至诚,为能尽其性。能尽其性,则能尽人之性。能尽人之性,则能尽物之性。能尽物之性,则可以赞天地之化育。”(第二十二章)将人之性与物之性作为一个

系统来考虑，并且认为它们的利益是一致的，这种思想明显体现出原始的生态意识，难能可贵。

2. 民胞物与

“民胞物与”是北宋哲学家张载在《西铭》中提出来的。原话是：“民吾同胞，物吾与也。”前一句是说如何处理人与人之间的关系：应将民看作同胞兄弟，既是同胞兄弟，就具有血缘关系，需要彼此关照。后一句是说人与物的关系，强调人与物是朋友、同事的关系，不仅共存于世界，而且共同创造事业。

“物吾与也”中的“与”有两义：

一为“相与”义。“物吾与也”即是说物是人的朋友。将物看作人的朋友，以待友之道来处理人与物的关系，说明人与物是平等的，人要尊重物，包括尊重物的利益。计成的《园冶》，说到园林景物时，云：“好鸟要朋，群麋偕侣。槛逗几番花信，门湾一带溪流。竹里通幽，松寮隐僻。送涛声而郁郁，起鹤舞而翩翩。”（《相地》）这是一种人与物和谐相处的景观，非常动人。

二为“参与”义。“物吾与也”即是说物是人的同事。人与物共同生存在这个世界上，共同从事生命的创造。这意味着人与物存在着生态关系：人与物共处于生态系统之中，为命运共同体。

3. 公天下之物

“公天下之物”是《列子》提出来的。《列子·杨朱》云：“身固生之主，物亦养之主。虽全生，不可有其身；虽不去物，不可有其物。有其物，有其身，是横私天下之身，横私天下之物。不横私天下之身，不横私天下物者，其唯圣人乎！公天下之身，公天下之物，其唯至人矣！此之谓至人者也。”《列子》认为，人是生命，要发展；物“亦养之主”，要滋养。人的发展，追求“全生”；物的滋养，同样追求“全生”。人要“全生”，会损害物的利益；同样，物要“全生”，会损害人的利益。怎么办？《列子》提出既“不横私天下之身”，也“不横私天下物”，让人与物各自受到一定的利益限制，同时又各自能得到一定的发展。这就是“公天下之身”“公天下之物”，其实质是生态公正。

4. 天下为公

“天下”这一概念,在中国古籍中出现得很多。天下,既可以指国家的天下,也可以是社会的天下,还可以是人与物共同拥有的天下。上述《列子》所谈的“天下”是人与物共同拥有的天下,即宇宙。而儒家经典《礼记》侧重于从社会的维度来谈“天下”,《礼记·礼运》说:“大道之行也,天下为公。选贤与能,讲信修睦。故人不独亲其亲,不独子其子,使老有所终,壮有所用,幼有所长,矜寡孤独废疾者皆有所养。男有分,女有归。货恶其弃于地也,不必藏于己;力恶其不出于身也,不必为己。”如果说《列子》谈天下,突出的是自然生态公正,那么,《礼记》谈天下突出的则是社会生态公正。社会生态公正的关键是人各在其位、各尽其职、各得其利,即“老有所终,壮有所用,幼有所长,矜寡孤独废疾者皆有所养。男有分,女有归”。

(二) 中国古代环境美学中的资源保护意识

中国古代的环境保护意识与资源保护意识是合一的,主要表现为以下三种观念。

1. 网开一面

《周易·比卦》说:“王用三驱,失前禽,邑人不戒,吉。”朱熹对此的解释是:“天子不合围,开一面之网,来者不拒,去者不追。”周朝对于保护资源有着明确的规定:“凡田猎者受令焉。禁麛卵者,与其毒矢射者。”“山虞掌山林之政令,物为之厉,而为之守禁。仲冬斩阳木,仲夏斩阴木。凡服耜,斩季材,以时入之。令万民时斩材,有期日。凡邦工入山林而抡材,不禁。春秋之斩木,不入禁。凡窃木者,有刑罚。”(《周礼·地官司徒第二》)当然,虽有这样的要求,是不是做到了,那是另一回事。事实上,在古代,对动物进行灭绝性屠杀的事时有发生。张衡在《西京赋》中就痛斥过这种行为:“泽虞是滥,何有春秋?擿漻澥,搜川渎。布九罭,设罜麗。摷昆鲕,殄水族……上无逸飞,下无遗走。擭胎拾卵,蚳蝝尽取。取乐今日,遑恤我后!”中国古代对于生态的保护,虽然为的是人的利益，但实际上兼顾了生态的利益。有必要指出的是，这种保护，主要是出于对资源的爱惜，还不能说是为了生态环境，只是客观上起到了保护环境的作用。

2. 珍惜天物

中国的环境保护思想还体现在对物的珍惜上。古人将浪费资源和劳动成果的行为称为“暴殄天物”。唐代李绅的《悯农》诗云：“春种一粒粟，秋收万颗子。四海无闲田，农夫犹饿死。/锄禾日当午，汗滴禾下土。谁知盘中餐，粒粒皆辛苦。”这诗已经成为蒙学经典。珍惜天物，虽然目的不是保护生态，但起到了保护生态的作用。

3. 见素抱朴

崇尚朴素生活，在中国有两个源头。一是道家的道德哲学。老子主张“见素抱朴”。“素”，没有染色的丝；“朴”，没有雕琢的木。两者均用来借指本色。“见素抱朴”，用来说做人，即要求人按照人性的基本需要来生活。这样做为的是养生，但反对奢华，有珍惜财物的意义，而珍惜财物的客观效果是保护生态。

另一源头是儒家的伦理学说——崇尚节俭。它的意义是多方面的，主要是政治方面。贞观元年，唐太宗想营造新的宫殿，但最后放弃了，他对臣下说：“自古帝王凡有兴造，必须贵顺物情。……朕今欲造一殿，材木已具，远想秦皇之事，遂不复作也。”不仅如此，他还说：“自王公以下，第宅、车服、婚娶、丧葬，准品秩不合服用者，宜一切禁断。”（《贞观政要·论俭约》）尽管唐太宗主要是从政治上考虑问题的，但不浪费、少奢华，对于资源和环境的保护还是很有意义的。

七、结　语

中国古代的环境美学是中国人在自己的生产实践与生活实践中创立的。这一历史可以追溯到史前。在进入文明时代之始，曾有过以大禹为首的华夏部落联盟与特大洪水斗争的伟大事迹。正是这场漫长的、最终以人类胜利告终的斗争，让“九州攸同，四奥既居，九山栞旅，九川涤原，九泽既陂，四海会同”（《史记·夏本纪》），中华民族美好的生活环境由此奠定，而治水的诸多经验也成为中华民族环境思想的重要组成部分。由于时代久远，我们只能凭现存的祖国山河，凭有限的文字记载，想象那场气壮山河的斗争如何再造山河。中华民族长期以农立国，以地为本，以水为命，以家国为据，以和谐为贵，以道德为理，以天地为尊，以动植物为友，以安居为福，以乐天为境。所有这些，是中国人基本的生活状态。中国古代的环境美学思想就寄寓在这种生活状态之中，并且是这种生活状态的经验总结。虽然由古到今，中国人的生活状况已经发生了巨大的变化，但是中国人的文化心理仍然保持着诸多传统的基因。更重要的是，中国人所面对的一些关涉环境的主要问题并没有发生根本性的变化，如何处理好人与自然的关系、文明与生态的关系、个人与社会的关系、家与国的关系、国与世界的关系，仍然困扰着当代的中国人。从中国古代环境思想中寻找美学智慧，以更好地处理当代环境问题，其意义之重大不言而喻。

值得特别提及的是，当代全球正在建设的生态文明与农业文明有着重要的血缘关系。如果说生态文明是工业文明批判性的发展，那么，可以说生态文明是农业文明蜕化性的回归。生态文明建设，核心是处理好环境问题，实现文明与生态的协调发展，共生共荣。这方面，农业文明会给我们诸多有益的启迪。有着五千年农业文明的中国，为我们准备了智慧的宝库，值得我们深入发掘、认真学习。

陈望衡

目　录

引　论

中国古代环境思想影响着中华民族对于环境的态度，引导着人们的行为，其落脚点是最终建设利于、宜于人们生活的人居环境。古代环境思想对人工环境与自然环境关系的探索最终都体现在古代城市的规划和建设当中，以城市空间形态作为最终表达。故而本卷旨在分析不同的历史时期，在特定的环境思想影响之下，古代具有代表性的城市蕴涵的生态智慧及其表现出的形态特征。

随着历史的发展，环境思想也在不断演变，不同朝代、不同地域形成的对待环境的思想及态度也有差异，这些都会在城市空间形态当中显现出来。但总的来说，环境思想影响下的古代城市空间形态特征都离不开三大纲领，即对地理环境的依顺、对宇宙环境的模拟和对精神环境的追求。

一、环境依顺观下地理环境与城市空间形态的关系

（一）因地制宜思想原则下顺应地理环境的城市空间形态

“因地制宜”的环境思想原则使得古代人们在居住地的选择过程中极为重视区域自然资源、山水地貌、气候条件等地理环境要素对人类生存、发展的作用与影响。《淮南子·泰族训》载：“俯视地理，以制度量，察

陵陆水泽肥墩高下之宜，立事生财，以除饥寒之患……乃裂地而州之，分职而治之，筑城而居之，割宅而异之，分财而衣食之。”①这是将“宜”的概念引入对空间环境的考察与规划当中。《汉书·艺文志》载：“大举九州之势以立城郭室舍形。”②它讲的就是将观察山川之形态与走势，贯穿于从宏观到微观、从整体到局部的城市营建过程当中。在这种思想原则下，中国古代城市空间形态是以对地理环境的顺应为核心建构形成，表现为：城市选址依山傍水、趋利避害；城郭、路网、水系要顺应地形地貌；城市轴线结构依据山水体系建构；各功能区的空间布局做到“人地耦合”；建筑形态适应不同地域的气候特征，尊重南北的气候差异。

（二）尚俭适度思想原则下珍惜自然资源的城市空间形态

“尚俭适度”的核心内涵有两点，一是强调人工环境的建设要考虑自然环境的承载力，避免过度消耗自然资源，造成生态环境的破坏，是一种可持续发展的理念。反映在空间形态上，就是考虑自然资源的承载能力，采用适度的城市规模；城市的空间布局与组织注重对土地资源的集约利用。二是人工环境的建设要考虑与自然环境的互融共生，人工与自然之间要维持适宜的尺度，避免过度冲突，以实现景观功能性和审美性的结合。反映在空间形态上，就是通过就地取材的土木构筑、模拟自然的园林空间，减少人工投入，拉近与自然环境的距离，做到契合自然。

二、环境秩序观下宇宙环境与城市空间形态的关系

（一）尊天重地思想原则下效法宇宙的城市空间形态

在“尊天重地”的环境思想原则下，中国古代历来有人间制度和结构取法于自然的传统。人们将“天”看作最高的象征，古代城市空间形态，无不体现着对“天地”的尊重、对与宇宙沟通的追求，具有明显的“象天法地”的图式语言与象征意味。《周易》讲“天尊地卑”③，《中庸》讲“上律天

---

① 〔西汉〕刘安等著，许匡一译注：《淮南子全译》，贵阳：贵州人民出版社 1993 年版，第 246 页。

② 〔汉〕班固撰，〔唐〕颜师古注：《汉书》，北京：中华书局 2012 年版，第 1565 页。

③ 赵克强：《周易解析》，北京：华夏出版社 2015 年版，第 464 页。

时，下袭水土”[①]，都是古代人们对天地等级、天地对应、和谐共生关系的基本认识。尤其是古代君王被认为是“天子”，努力追求天地对应，与天同构，将神权象征转化为君权象征，以彰显统治百姓的天然的合理性。因此，将人间帝宫与宇宙天象相对应，在“人间环境”中体现天体的空间序列与日月星辰的运行规律成为规划的重要依据及摹本。大到城市的整体结构、城郭形态，小到建筑形态，都是采用象征的手法，模拟宇宙的空间图式，使得与天的交流不再遥不可及。

（二）尚中重序思想原则下遵从等级秩序的城市空间形态

古人对天地的原始崇敬逐渐走入文明，转变为一种社会伦理，“礼”的思想应运而生。《礼记・礼运》言：“夫礼，必本于泰一，分而为天地，转而为阴阳，变而为四时。”[②]礼源自周易哲学中对天地自然的认识，探讨的是礼与自然、社会的规律与秩序，古代人们认为凡是合乎天地自然变化规律的都是礼的范畴。《大戴礼记・礼三本》言：“礼有三本：天地者，生之本也；先祖者，类之本也；君师者，治之本也。”[③]这是将礼的范围从天地扩展到祖先、君师。礼也成了古代统治者治理国家、规范社会行为的最高准则，天地自然之序被转化为人间社会之序，成为管理百姓的重要工具。而“尚中重序”的环境思想原则所传达的就是“礼”在空间环境中的体现。中国古代人们在“尚中重序”的环境思想原则下，将对“中之方位”的推崇，对“等级秩序”的重视都反映于城市空间的营造当中，形成了“择中求序”的图式化表达。追求城市整体均衡、中正端正的布局模式，寻求一种从空间形态到社会关系上的稳定，具体表现为清晰的方位尊卑概念、中轴对称的平面构图，以及明确的等级性与秩序性。

---

① 王国轩译注：《大学・中庸》，北京：中华书局 2006 年版，第 139 页。

② 胡平生、陈美兰译注：《礼记・孝经》，北京：中华书局 2016 年版，第 162 页。

③ 汪德华：《中国城市规划史》，南京：东南大学出版社 2014 年版，第 59 页。

三、环境理想观下精神环境与城市空间形态的关系

（一）阴阳和合理念下追求阴阳平衡的城市空间形态

“阴阳和合”的思想原则基于对中国古代天地事物二元对立与统一的宇宙认知，表达了自然的终极规律。敦煌卷本《黄帝宅经》云：“若一阴阳往来，即合天道自然，吉昌之象也。”①可见阴阳相生是吉祥昌荣的前提，是符合古代人们的环境愿望与精神需求的。因此，“阴阳和合”的环境思想原则就是将自然之道投射于人间之道当中，人工环境的建设同样要注重两极的对照，更要注重事物的融合。孔子在《论语·学而》中提出了“礼之用，和为贵”②的观点，董仲舒在《春秋繁露·循天之道》中则直接指出：“然则天地之美恶，在两和之处，二中之所来归，而遂其为也……而和者，天地之所生成也。”③他认为“和”所在的地方是天地最为美妙的地方，“和”是天地的生长与成熟。可见对照是方式，融合是目的，“和”也是中国古代环境思想的核心“天人合一”的精神所在。只有阴阳互补、对照融合才能使得事物完整与稳定、协调发展。反映在空间形态上，就表现为“负阴抱阳、山水封合”的选址模式，以及“对照平衡”的空间组织与建筑形态。

（二）悟道修心思想下向往佛道意境的城市空间形态

“悟道修心”的环境思想原则形成于中国古代儒、道、佛三教鼎立的宗教文化背景，展现的是古代人们对于自然神灵的崇拜，对神仙仙境与佛国境界的精神追求。虽然是超脱于物质形态之外的思想意识，然而这种精神理想最终反映于城市的物质空间形态之中，变相地实现了古代人们的环境愿望。具体表现为以下几个方面：人们对自然神灵的敬畏催生了古代的坛庙空间，影响了其选址与分布；人们对仙境神域的模拟直接影响了古代园林空间的营造；同时将这种思想抽象于文字语境，同古代

① 张述任著，张怡鹤绘：《黄帝宅经：风水心得》，北京：团结出版社 2009 年版，第 27 页。

② 陈晓芬译注：《论语》，北京：中华书局 2016 年版，第 7 页。

③ 张世亮、钟肇鹏、周桂钿译注：《春秋繁露》，北京：中华书局 2012 年版，第 606 页。

建筑结合，展现了高度的神形合一。

中国古代都城是中国古代历史的缩影，是国家核心文化的物质空间载体，在世界城市史中独树一帜、大放异彩。中国古代都城崇高的价值与地位不仅仅源于其独特的形态特征和建筑艺术，更重要的是其形态背后博大精深的传统文化内涵。中国古代环境思想作为传统文化的重要组成部分，凝聚着中国古代先辈们处理人工环境与自然环境关系的宝贵经验和智慧，它无疑对中国古代都城形态特征的形成有着重要的影响。当我们从古代环境思想的视角，回头审视古代都城的形态特征时，不难发现，古代都城中无处不体现了以“天人合一”为本位的建设原则，实现了生态主义与人文主义的统一。

本卷通过分析大量典型的古代城市案例，探究城市空间形态与环境的关系，注重古代环境思想的梳理及研究，在自然环境与城市空间环境同构和谐关系分析的基础上，进一步深入认识不同朝代、不同地域下城市空间形态，从而把握其形态特征、变异与发展规律，以期给当今城市规划设计与城市建设提供借鉴。

第一章　先秦两汉时期

第一节　先秦时期环境思想与城市形态分析

一、夏商周时期城市发展的环境思想背景

夏商周时期亦称先秦时期，是中华民族思想文化的源头。其历史上限可以追溯到距今5 000至8 000年前，而其历史下限则可延伸到秦的建立（前221年）。这一阶段以农业文明为基础的准封建或封建制建立，百姓定居，主要从事农业生产。其中最为重要的文化发展时期是商代末期与周代末期。商末产生了《易经》，周末出现了百家争鸣，儒道两家从争鸣中胜出。夏商周时期是环境思想的奠基期，也是城市发展的萌芽时期，主要受到农耕文明、封建制度、儒道哲学的影响。

一方面，由于社会动乱，生产力水平低下，农业社会面临的首要问题就是寻找有利的自然资源，抗击自然灾害，以求生存，解决人们最基本的农业生产与生活需求。这一时期资源与环境在认识上没有区分，人们对环境的关注侧重于与农业息息相关的自然要素，如水源、土壤、天象、气

候，等等。夏代为了改善农业发展条件，开始大面积的治水、勘测土地，进行天文与授时的研究，其目的是使人们能够在安全、稳定、利于耕种的地方定居下来。《尚书·益稷》言："禹曰：洪水滔滔，浩浩怀山襄陵，下民昏垫，予乘四载，随山刊木，暨益奏庶鲜食。予决九州，距四海，浚畎浍距川。"《史记·五帝本纪》载："乃命羲和，敬顺昊天，数法日月星辰，敬授民时。"虽然夏代在城市建设、材料使用方面比较原始，但夏代对治水、天文、农业生产的关注影响了早期城市的选址与形态特征，展现出对良好自然资源的依赖与顺应以及对自然灾害的规避和防治，也为殷商、西周城市的兴起与规划积累了经验。

另一方面，先秦百家思想当中多有对"天地"的认知，古代学者赋予"天"意志与精神，将"天"看作最高的象征。他们认为"天"统治万物，创造世界，无所不能；"地"孕育生物，造福人类。由此，自然环境被赋予了等级观念，"天地"成为自然界中统领一切的存在，"尊天重地"的环境观念因此形成。古代帝王被认为是"天之子"，自古便形成了"天子受命于天""君权神授"的观念。"尊天重地"的环境观念也因此成为古代帝王维护自身无上权威、统治百姓的政治思想工具。神权向皇权的转移使得社会制度建立，封建等级形成，都城作为古代统治者的所在地，其首要目的就是为君王服务，突出统治权威。因此古代城市尤其是都城，自夏商开始就"筑城以卫君，造郭以守民"，形成了大城套小城的形态特点，至西周时已经发展成为一套严谨规整、中轴对称的模式，如西周陪都洛邑，后成为东周都城。从西周到春秋战国时期，一般的都城大多是由一个城发展为城与郭联结的结构，这是出于政治与军事的需要。在朝向上采用坐西朝东的布局，就是把宫城或者宫室布局在西部或者西南部，在东方、北方设置正门，这是依据周人礼制而设计的。《礼记·曲礼上》言："为人子者，居不主奥。"郑玄注："谓与父同宫者也，不敢当其尊处。室中西南隅谓之奥。"即，室之西南角，是尊长居住之处。正是基于这样的规则，春秋战国时期诸侯的都城，几乎是由西城与东郭结合，坐西朝东，如齐临淄、郑韩都城新郑、楚国都城郢、赵国都城邯郸等。

此外，风水学说萌芽。《诗经·大雅·公刘》提出“相其阴阳”的命题，这就使得夏商周时期的城市择址将“阴阳”的方位观念与文化内涵考虑其中，所推崇的城址模式为尽可能在封闭地形或盆地中。山的模式是左青龙，右白虎，前朱雀，后玄武，四面围合；水的模式是弯曲的河流形成“凸岸”，呈环抱之势，呈封闭特征。封闭性的地形称为太极，太极之处就是风水宝地。

总的来说，在城市建设方面，虽然夏商周时代历史久远，且当时城市建筑材料简陋，遗留下来的建设痕迹极为有限，但从为数不多的遗迹考古及历史文献当中，我们可以大致了解这一时期的城市规划与环境的关系。这一时期城市选址的地理环境，以满足农业灌溉需求、生活用水、城市防御为主要目的，往往濒临水边或是在广川之上；城址的迁徙也与黄河有着密切的关系，往往是为了躲避洪水，争取最为有利的水源条件。它体现了早期人们对于城市与水系位置关系的充分考量。这一时期的选址特征一方面靠近水源，便于取水灌溉、生活饮用，同时又不紧邻水源，以避免洪水灾害。此外，在风水术的影响下，这一时期城市的选址还考虑与山水环境的阴阳关系，遵循“聚风藏气”“负阴抱阳”的环境模式。夏商周时期城市的空间形态特征有两种类型，一类是对地形地貌进行考虑，形成背山面水的基本格局。城市轮廓因地制宜，往往不太规则，城墙较为曲折，城内外水系河道较多，以齐临淄、楚都郢城为代表。另一类是受到《周礼·考工记》的影响，依据“方九里，旁三门。国中九经、九纬，经涂九轨，左祖右社，前朝后市”的规制进行营造，展现出较为规整方正的城市形态，如曲阜鲁城、东周王城等。[①] 本章节将商朝殷都、东周王城、齐临淄作为典型案例进行分析。

---

① 汪德华:《中国城市规划史》，第 69 页。

二、夏商周时期城市形态与环境关系

（一）商朝殷都安阳城市形态分析

1. 殷都选址与环境的关系

（1）天下之中

夏商时期“尚中”思想已经十分明晰，到东周洛邑营建时，“天下之中”的建都理论被提出，都城择中而建的思想自此正式确立下来。据顾颉刚、史念海先生研究，商代后期，殷商王朝的势力范围“东起自山东滨海之地，西至湃陇，北至河北及山西北部，南不出今河南

图 1－1　商时期行政区域示意图

（引自罗光乾《走近古都》，北京：京华出版社 2009 年版）

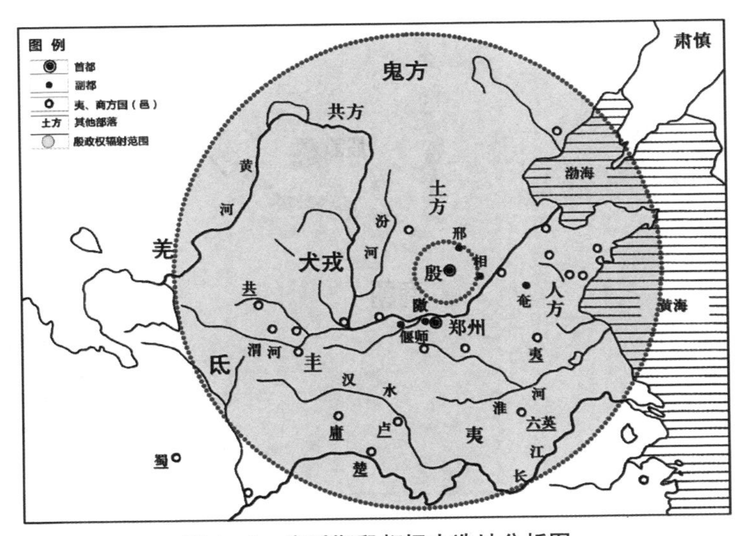

图 1－2　商时期殷都择中选址分析图

（根据罗光乾《走近古都》中的《商时期行政区域示意图》绘制）

省界，西北至包头，东南至淮水流域”，据此看来，今安阳西北郊的殷都遗址正好居于当时的疆域中央（如图1－1、1－2）。西汉时期，司马迁在《史记·货殖列传》中言：“昔唐人都河东，殷人都河内，周人都河南。夫三河在天下之中，若鼎足，王者所更居也。”这说明司马迁认为殷人所居之河内地区是天下之中，今天来看，殷都遗址位于西汉时期的河内地区，自然也是天下之中。

（2）资源依赖，定都黄河流域

夏商时期，由于工具所限，生产力低下，人们的日常生活与生产极度依赖自然。这一时期的都城主要集中在黄河流域中下游地区。商朝殷都作为“现在已经发现且经过确定的最早的古都”，其选址除了追求天下之中，还与上古时期安阳一带的地理形势、自然资源有着极为紧密的关系（如图1－3）。

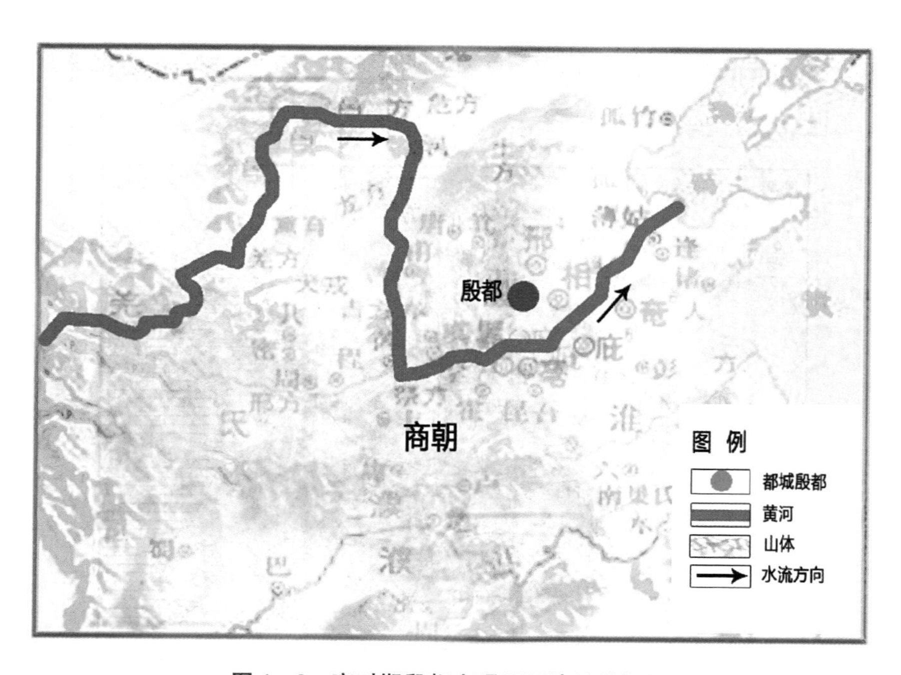

图1－3　商时期殷都宏观层面选址分析图

（根据《商时期全图》改绘，见谭其骧主编《中国历史地图集》第1册，北京：中国地图出版社1982年版，第11—12页）

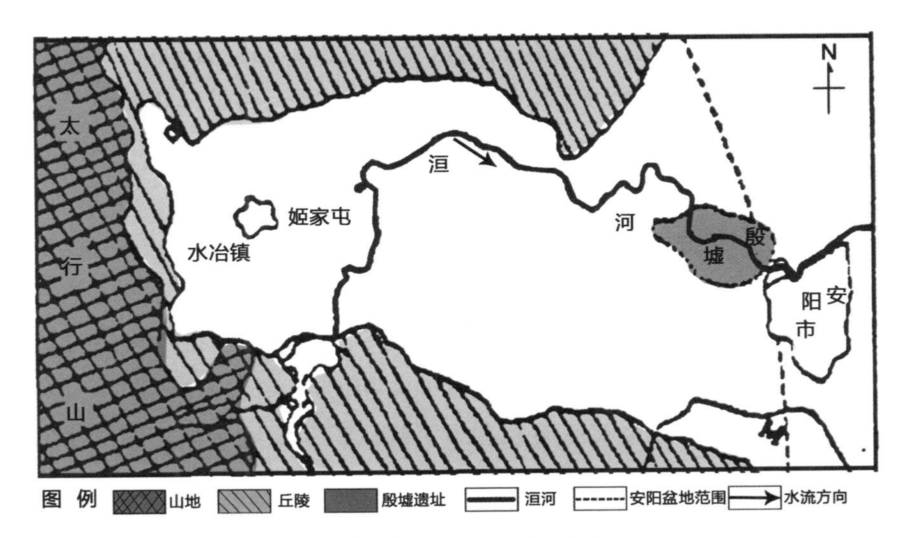

图 1-4　商时期殷都中观层面选址分析图
（作者自绘）

从军事防御的角度来看,《战国策·魏策一》言殷都一带“左孟门而右漳滏,前带河,后被山”。据考古可知,殷都西面 19 公里有太行山绵延阻隔,南北两侧为海拔约 200 米的低山丘陵,东部有古黄河形成天堑,南有沁水、淇水,北有漳水、洹水,如此便形成了相对封闭的天然山水防御环境,起到拱卫都城的作用(如图 1-4)。

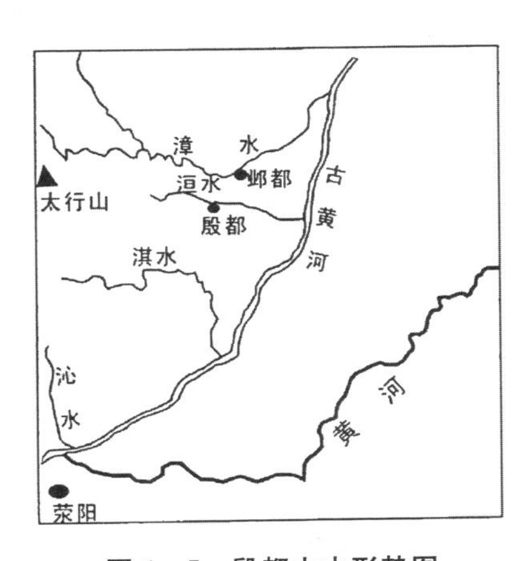

图 1-5　殷都山水形势图
（引自赵芝荃《论二里头遗址为夏代晚期都邑》,《华夏考古》1987 年第 2 期,第 198 页）

从生产生活看,近年来的研究表明,上古时期北方黄河流域的气候类似于今天长江流域,温暖湿润。黄河流域地势较高,水源充足,排水较好,地面堆积的土壤肥沃。太行山区的野生林木与动物资源丰富,这些都为原始农业生产与人类生活提供了有利条件。

(3) 临近支流,以避水患

从中观层面考察殷都的选址特

征，不难发现，殷都对于地理位置的选择展现出趋利避害、临近支流的特征。殷都遗址附近河流众多，尤其是古黄河穿流而过。然而据考古可知，殷都遗址并未临近古黄河，而是位于黄河的支流漳水、洹水之南，且更靠近洹水。之所以如此选址，是因为黄河流速过快不易取水，且大型水系的泛滥造成的威胁较大。同时，支流漳河也不平稳，极易泛滥成灾，而洹水自史前时期以来无明显变化，是一条相对稳定的河流。因此殷都择址临近洹水，洹水除了起到浇灌农田的作用，还是城市生活用水的主要来源，可以说是后期商朝的母亲河。这表明从夏商开始，古人对河流和聚落的关系有了明确认识。城址所在之处往往临近大型水源的较为平稳的支流，这样不仅便于取水，还能够有效地避免水患(如图 1-5、1-6)。

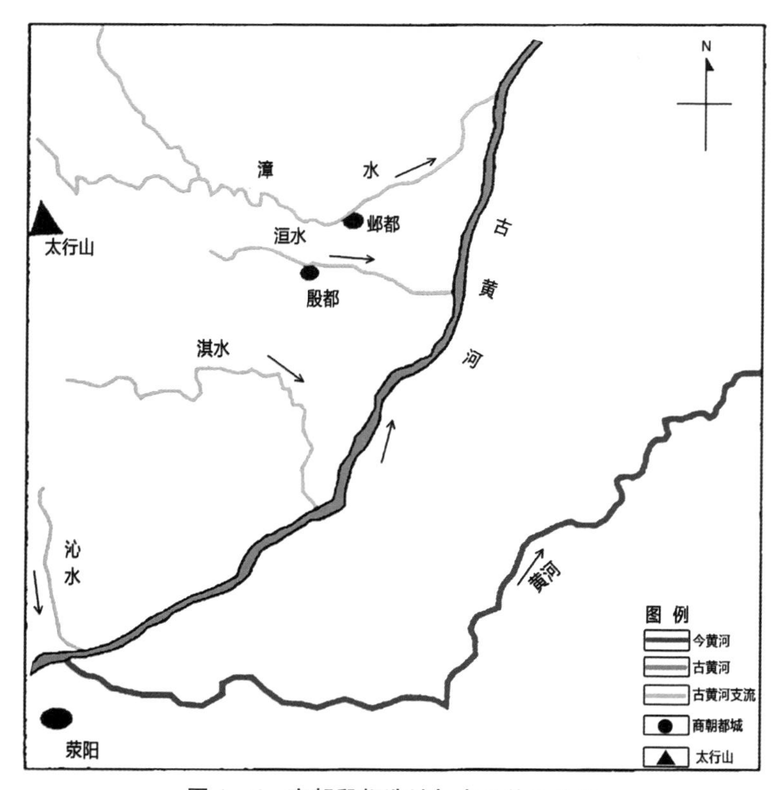

图 1-6　商朝殷都选址与水系关系分析

(根据赵芝荃《论二里头遗址为夏代晚期都邑》中的《殷都山水形势图》改绘)

2. 殷都的功能布局与环境的关系

(1) 巧占凸岸，合于风水

洹河流经殷墟段多有弯曲，形成若干个凸岸与凹岸。据考古资料，殷墟重要的建筑都集中在洹河的凸位，如宗庙、宫殿以及祭祀坑。一方面，古人认识到由于水流的冲击，弯曲河流的发展规律是凹岸蚀退、凸岸堆积，凸岸相对于凹岸地质更为稳定，拥有更多丰富的泥沙淤积，土壤更为肥沃。另一方面，受风水阴阳观念的影响，古代重要建筑选

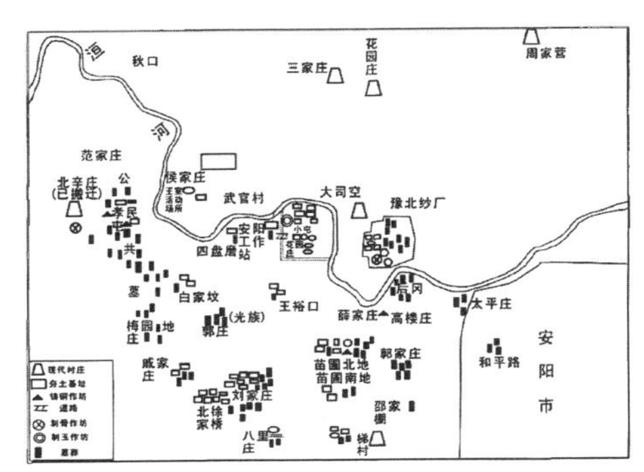

图 1-7　安阳殷墟遗址平面图

(引自中国社会科学院考古研究所编著《殷墟的发现与研究》，北京：科学出版社 1994 年版，第 41 页)

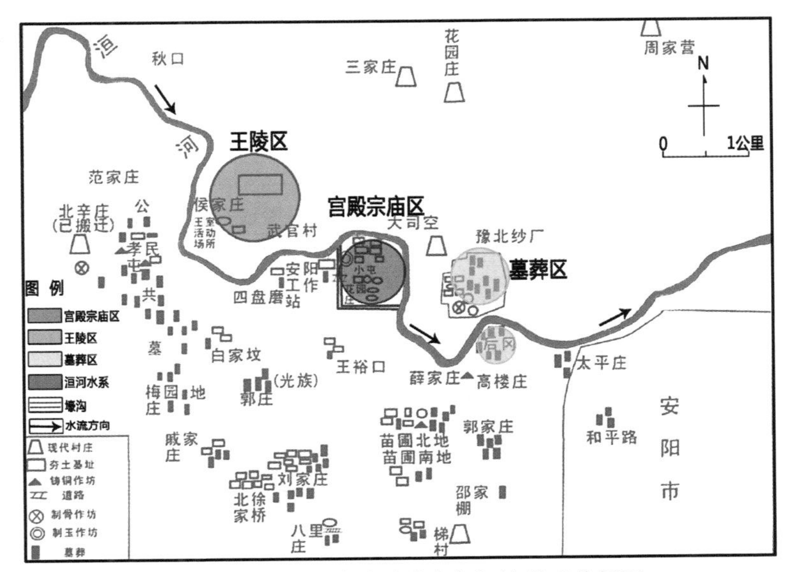

图 1-8　安阳殷墟遗址分布与河流关系分析图

(根据中国社会科学院考古研究所编著《殷墟的发现与研究》中的《安阳殷墟遗址平面图》绘制)

址对周边山水的位置以及山形水形有着特定的要求，流经建筑物周边的水形以弯环怀抱状为吉昌之象。因此，将重要功能区布局于河流凸岸，成为商代都城空间组织的一大特征。殷都的王陵区位于今侯家庄西北冈和武官村一带，布局在洹河北岸，因为商人尚鬼神、敬祖先，遂将他们的陵寝建在高于都城之处。另外据考古资料，侯家庄西北冈和武官村一带既是殷都的高地，又濒临洹水，且与之保持一定的距离以避水灾，洹水在王陵区南面呈弯环状，符合风水意象。综合考虑，实为王陵区的最佳选址（如图 1－7、1－8）。

（2）趋利避害，因借自然

殷墟宫殿宗庙区域的布局还展现了古人趋利避害，对自然环境的充分利用。殷墟一期早段，殷都的宫殿区位于洹河北岸，即洹北商城，后因火灾被烧。商人便又向洹水南岸小屯东北地区一带迁移，兴建了新的宫殿区。因为从整体地势上看，小屯一带洹河北岸高于南岸，洹水缓缓向南流去，布局于南岸更加便于利用洹水防备火灾。考古还探明了宫殿区四面临水，形成了平面长方形的防御范围，不仅能有效防备火灾，也可阻敌患。同时小屯东北地区正好是一块高地，海拔为 78—79 米，这就使得整个宫殿区防备火灾的同时又不惧怕水灾。且这处高地东西宽约 450 米，南北长约 600 米，空间宽敞，地势开阔，是修建新城的最佳之地（如图 1－9、1－10）。

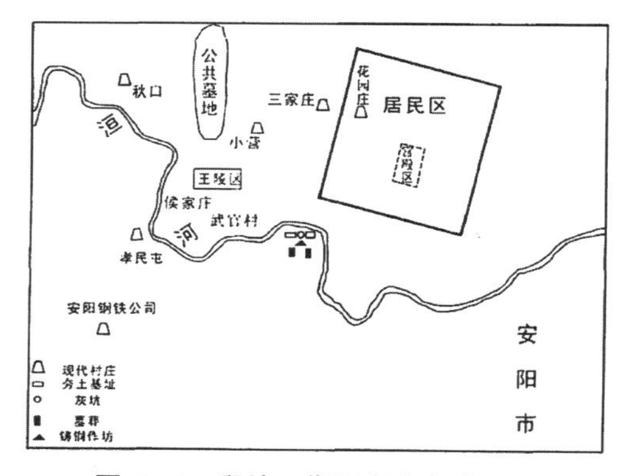

图 1－9　殷墟一期早段殷都布局图

（引自中国社会科学院考古研究所安阳工作队《河南安阳市洹北商城的勘察与试掘》，《考古》2003 年第 5 期，第 388 页）

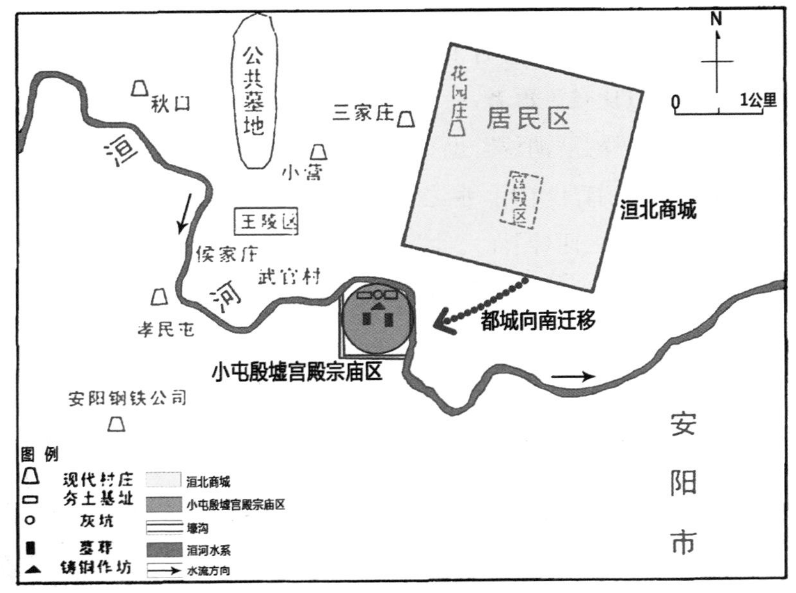

图 1－10　殷墟宫殿迁移分析图

（根据中国社会科学院考古研究所安阳工作队《河南安阳市洹北商城的勘探与试掘》中的《殷墟一期早段殷都布局图》绘制）

(二) 东周王城城市形态分析

1. 周王城选址与环境的关系

古代都城选址，对山河交汇的封闭地带十分青睐。流水环抱形成的“凸岸”，古书称之为“汭位”，《尚书·召诰》曰：“太保乃以庶殷攻位于洛汭。”《尚书·禹贡》曰：“弱水既西，泾属渭汭。”早在先秦时期，就有在河曲之内建宅为吉的说法。《史记·周本纪》对营建洛邑有详细的记载，其中

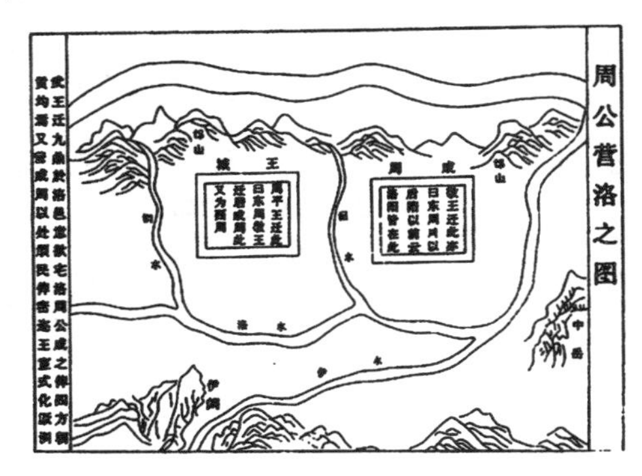

图 1－11　周公营洛之图

（引自〔清〕孙家鼎、〔清〕张百熙等纂辑：《钦定书经图说》，清光绪三十一年）

武王命周公“自洛汭，延于伊汭”的记述，说明洛邑城址是从洛河汭位迁到伊河汭位的。一条河流有若干支流注入，就有多个“汭位”，有的在南，有的在北，要加以比较。再者，一条北来的支流注入自西向东的河流，如涧水注入洛水，同样是“汭位”，也有东西之别。从最终的选址结果来看，周人的阴阳观念发挥了作用，水之北（阳性）要优于水之南（阴性），水之东（阳性）要优于水之西（阴性）。因此，洛邑最终选址于黄河支流洛水北岸、洛水与支流交汇地带的东部，北依邙山，前有嵩山，东有成皋，西有渑池，形成了一个山河拱载、四面封闭、曲水环流的形胜之地（如图 1－11、1－12）。

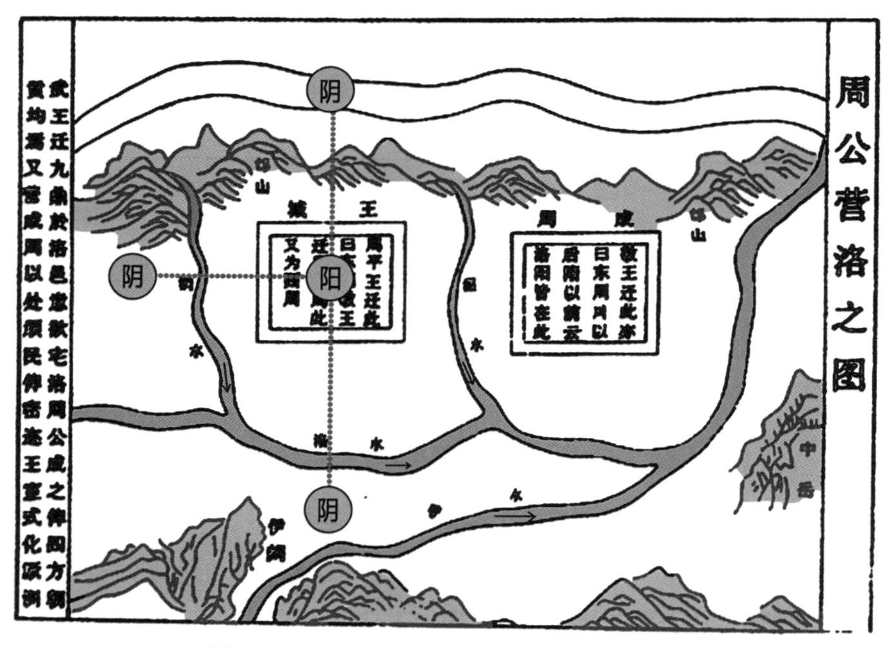

图 1－12　周王城选址的阴阳方位关系分析图

（根据〔清〕孙家鼐、〔清〕张百熙等纂辑《钦定书经图说》中的《周公营洛之图》改绘）

2. 周王城城郭形态与环境的关系

东周王城东西宽度约计 3 公里，南北长约 3.25 公里，基本为方形。根据史料与考古资料，洛河于城东南角流过，涧河于城西穿城而过，谷水位于王城北，并东入于瀍。东周王城的城郭形态与涧河、洛河、谷水河道走向关系密切，王城充分利用了天然水系，结合城墙共同组成了全城的防御体系。

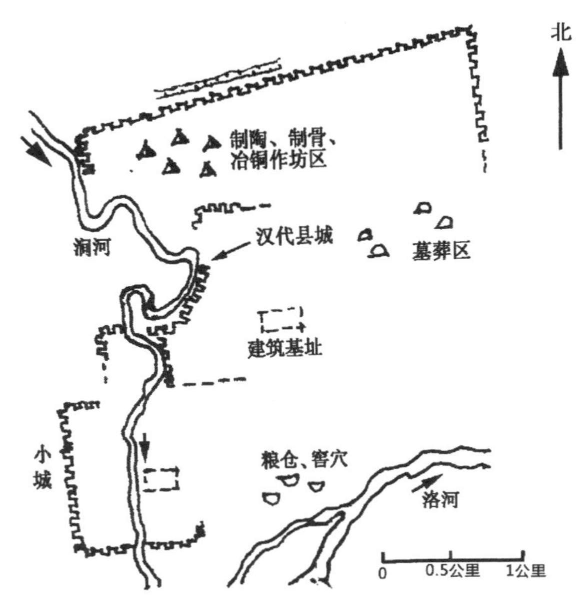

图 1-13　东周王城遗址平面图

（引自考古研究所洛阳发掘队《洛阳涧滨东周城址发掘报告》，《考古学报》1959 年第 2 期，第 62 页）

东周王城的四面城墙明显受到河道的制约，总体呈现出不规则的四边形城郭形态。东城墙向南段略为东斜，后段逐渐消失，东墙东侧也发现南北向渠道，应该为当时的护城壕；南城墙比较平直，但受到洛河的影响，南墙东端尚未探测；西城墙沿着涧河沿岸进行布局，由于涧河的弯曲河道流经城中，又转向南流，所以西城墙全线曲折多变，呈阶梯形，并有几段拐入城中；北城墙与谷水河道并行，走向并非完全呈东西方向，而是与东墙夹角为 87 度。① 这就形成了南、北、西三面依托自然水系，东面、西面人工开挖城壕的四面环水的城市防御系统。城市周边的自然水系

① 王炬：《谷水与洛阳诸城址的关系初探》，《考古》2011 年第 10 期，第 79—84 页。

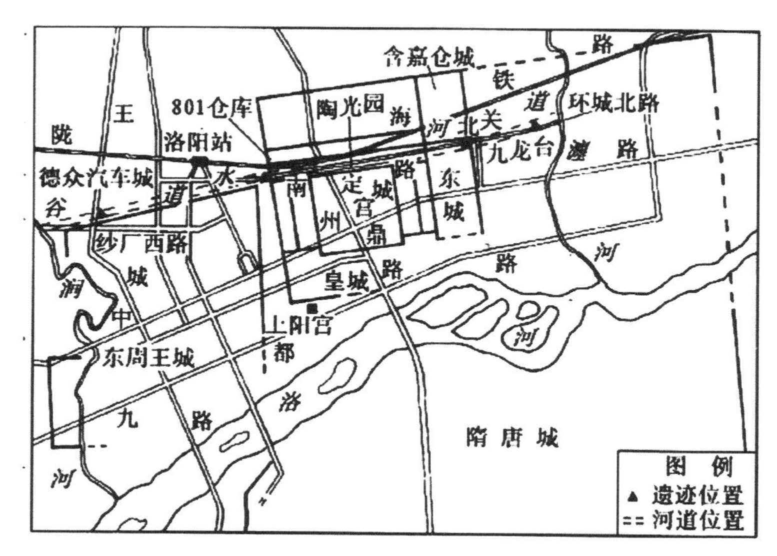

图 1-14 谷水河道位置示意图

（引自王炬《谷水与洛阳诸城址的关系初探》,《考古》2011 年第 10 期,第 80 页）

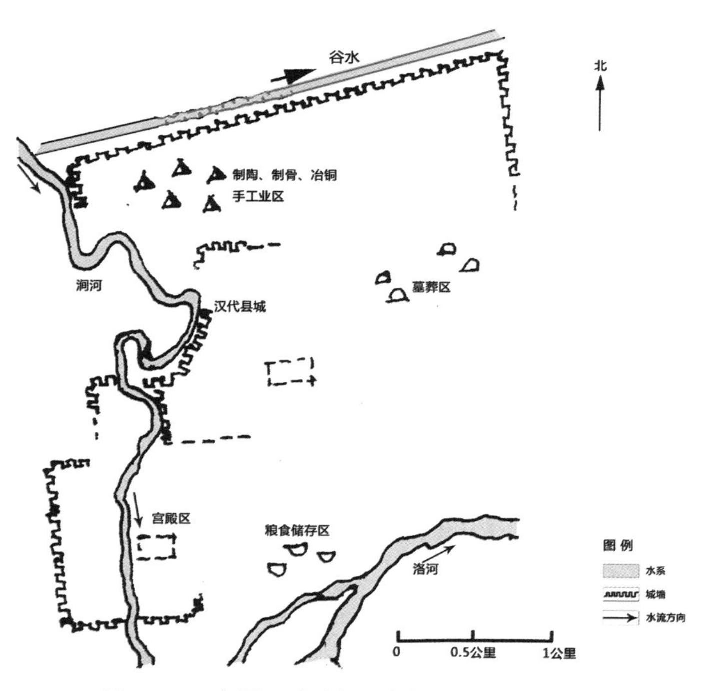

图 1-15 东周王城城郭形态与环境关系分析图

（根据考古研究所洛阳发掘队《洛阳涧滨东周城址发掘报告》中的《东周王城遗址平面图》改绘）

不仅同城墙一起构成了都城的防御系统，还影响着都城轮廓形状的特征，更重要的是为城市提供了防御、漕运、给排水等功能，体现了周代都城规划中人地关系和谐统一、设计结合自然的思想理念（如图 1－13、1－14、1－15）。

3. 周王城布局与环境的关系

“礼”的思想在古代便有，并渗透于古代社会的各个方面，也影响着古代城市的规划与空间形态。

成书于东周时期的《周礼·考工记》追述了周时都城的规划制度：“匠人营国，方九里，旁三门，国中九经、九纬，经涂九轨，左祖右社，前朝后市。”它展现的是周人以宫城为核心，前朝后寝、各有九室、轴线居中、宗庙和社稷对称设置在宫城前方的左右两侧，道路网络讲求泾渭分明、秩序井然的理想国都特征，奠定了中国古代城市规划的基本雏形。从史料记载的周王城形制可知，全城四面各开 3 个城门，共计 12 座城门，城内有东西、南北道路各 9 条。王宫修建在中央大道上，左有宗庙、右有社稷，前面是朝会群臣诸侯的各种殿宇，后部则是商业市场。可见早在 3 000 多年前，都城规划已达到合理的布局，而且是“前朝后市”的规制。东周王城的布局虽与《周礼·考工记》记载的规定要求不完全一致，却大体上符合这一理想化的模式（如图 1－16、1－17、1－18）。

另外，风水学说在周代发轫。在周人的阴阳观念里，南为阳，北为阴；东方居左，属阳，西方居右，属阴。他们形成了以东、南方位为尊，西、北方位为卑的方位尊卑意识。因此，东周王城的布局在遵循礼制的基础上，还受到阴阳观念、风水术的影响，须充分考虑方位的象征含义，结合地理环境进行合理的功能组织。根据考古资料，周王城的宫殿区位于城址西南，以商业为中心的市与手工业区位于城北。这是因为宫殿属于权力的象征，等级高，居南方尊位，市民聚集区等级低，则布局于北部卑位，也符合“前朝后市”的原则。王陵区为安放祖宗的地方，位尊，故布局于城址的东部，即宫城之“左”。

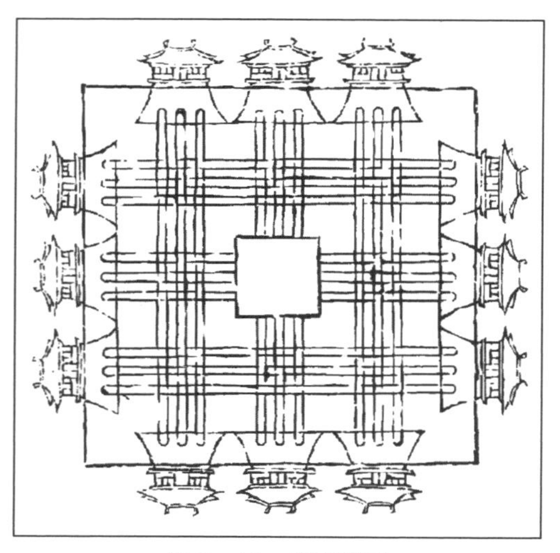

图 1－16　周王城图

（引自〔宋〕聂崇义集注《新定三礼图》第 1 卷，上海：上海古籍出版社 1985 年版，第 58 页）

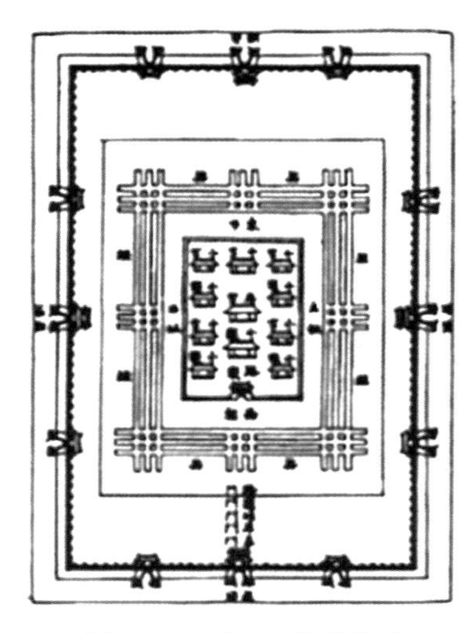

图 1－17　周王城平面图

（引自宫大中《洛都美术史迹》，武汉：湖北美术出版社 1991 年版，第 14 页）

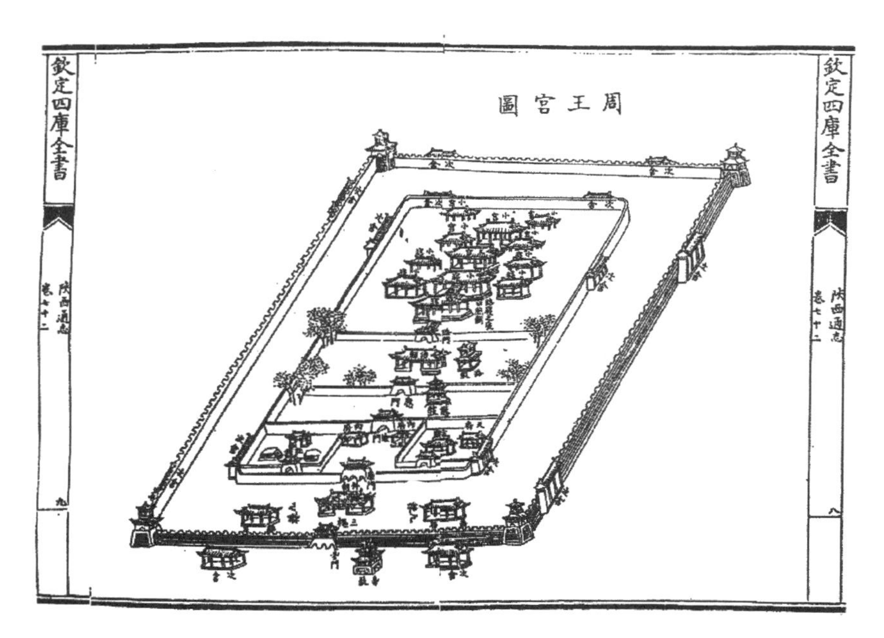

图 1－18　周王宫想象图

（引自王皓编《四库全书图典》(4)，北京：商务印书馆 2017 年版，第 1516 页）

从风向方面考虑，周王城所在的洛阳地区从气候类型上来说属于温带季风气候，冬季吹西北风，夏季吹东南风。王城所在地北面与西面有邙山进行阻隔，因此周王城的小气候以东南风为主。将有所污染的手工业区与墓葬区布局于主导风下风向即城市北面，减少了对宫殿区的干扰。

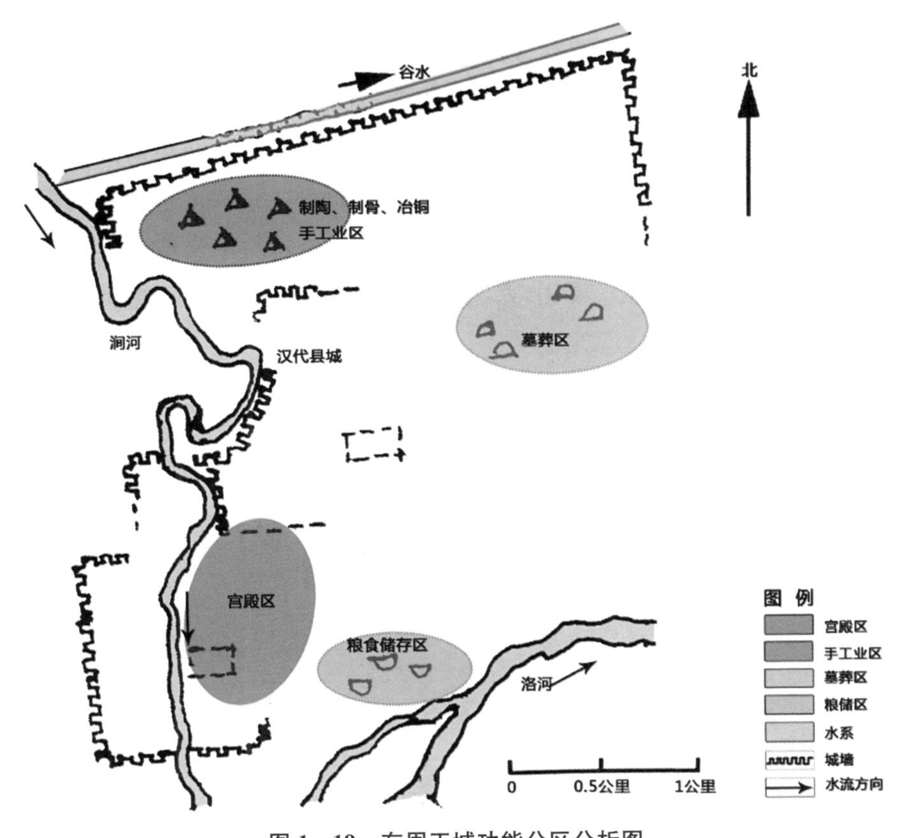

图 1－19　东周王城功能分区分析图

（根据考古研究所洛阳发掘队《洛阳涧滨东周城址发掘报告》中的《东周王城遗址平面图》改绘）

东周王城的粮仓分布于南城墙北边，在王城内的宫殿区东南部，相距约 900 米。从性质来看，该处粮仓应该是皇家储藏粮食之所，一方面，这样的布局有利于统治阶级对粮食的统一管理与便利使用。另一方面，据考古资料分析，粮仓区地势高，黄土直立性强，土质坚实，周边又有缓坡，排水快速、不易积水，能够保证粮食存储的干燥与安全。同时，粮仓区南距洛河很近，漕运方便，减少了交通成本，若发生战乱，立国之本的粮食也容易转移。综合考虑，粮仓在周王城中的布局充分考虑了周边的地理环境，是因地制宜思想的体现（如图 1－19）。

（三）齐临淄城市形态分析

1. 齐临淄选址与自然环境的关系

临淄在今山东省中部，位于青州之北，淄博市之东，地处淄河之畔。根据考古资料，临淄东面紧临淄河，西依系水，位于淄河冲积扇的前缘，地势较高，地形向北方微微倾斜。地质稳定，可在一定程度上免于洪涝。城址北侧为水草丰美的天然牧场，东北是多产鱼盐的莱州湾，城南是矿藏丰富的山区，有牛山、稷山，都能为城市的长期发展提供物质保障。

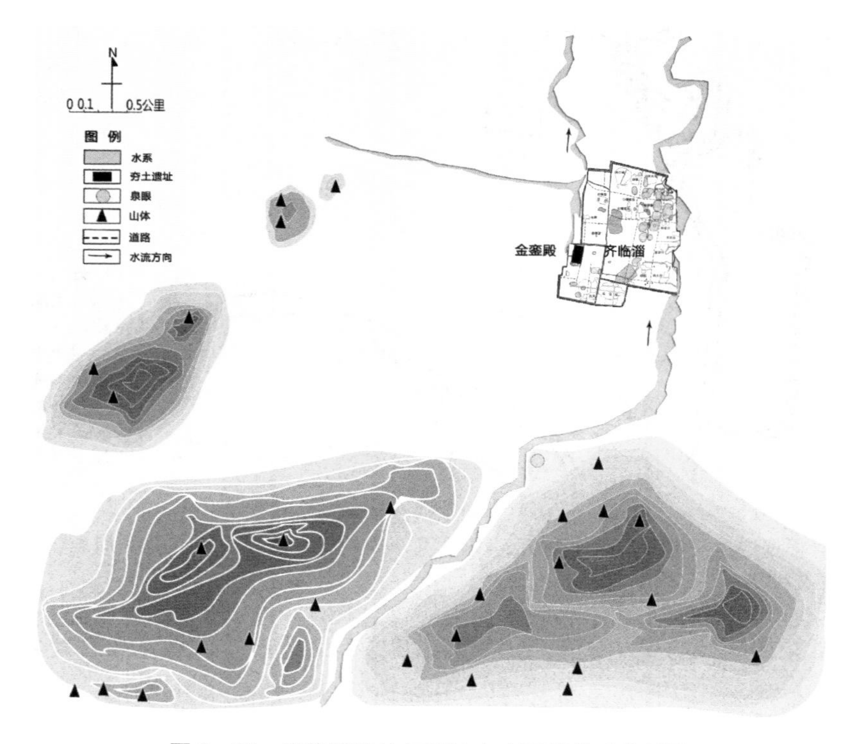

图 1－20　齐临淄选址与周边山水环境关系分析图

（根据韩欣宇、董瑞曦《两周时期齐临淄城市山水格局营建研究》中的《两周时期齐临淄山水环境》绘制）

东、北两面是辽阔的原野，北距渤海百余里，整体形成了“海岱合围”的地理特征。这种区域层面的围合式空间格局，可以有效地避免战争、自然灾害等对城市的破坏(如图 1－20)。

从风水环境来看，淄河自南侧群山之中穿行而出，为“气”的流入开辟了通道。而“气乘风则散，界水而止”，城北侧的乌水与东、西两侧的淄河、系水一道构成了半围合状的枕水格局，保证“气”聚于城市，不至消散。①

2. 齐临淄城郭形态与淄河河道的关系

《管子·乘马篇》载：“因天材，就地利。故城郭不必中规矩。”东汉赵晔在《吴越春秋·阖闾内传》中言：“夫筑城郭，立仓库，因地制宜，岂有天气之数以威邻国者乎?”二者讲的都是城郭的形态不应拘泥于简单、标准

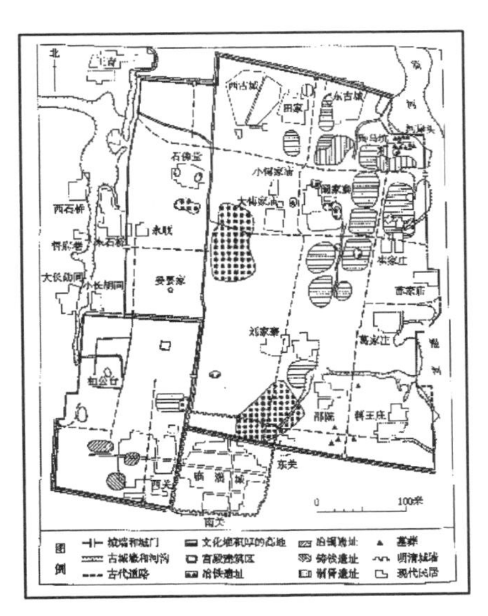

图 1－21　临淄齐国故城平面图

(引自群力《临淄齐国故城勘探纪要》,《文物》1972 年第 5 期,第 46 页)

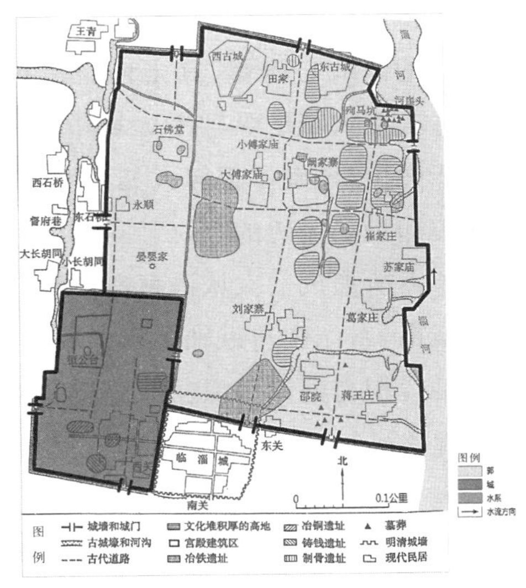

图 1－22　临淄齐国故城城郭形态分析图

(根据群力《临淄齐国故城勘探纪要》中的《临淄齐国故城平面图》绘制)

① 韩欣宇、董瑞曦:《两周时期齐临淄城市山水格局营建研究》,《新建筑》2016 年第 5 期,第 116—120 页。

的几何形式，而应充分遵循和利用自然。齐临淄城正是如此，由西南小“城”和东北大“郭”两部分连接而成，皆筑有城墙。小城呈长方形，嵌筑在大城西南隅，南北 2 公里余，东西近 1.5 公里。大城呈不规则长方形，多有拐弯，西墙与小城北墙衔接，南墙西端与小城东墙衔接。南北近 4.5 公里，东西 3.5 公里余。大城东墙与其他三面完全不同，它不是尽量取直，而是随处凹凸，极不规则，受东面淄河走向影响。淄河河道多有弯曲，在顺应自然的规划思想影响下，齐临淄的城郭形态不求方正，城墙走向因地制宜，顺应河道，并充分利用自然河道作为护城河，城市防御因东部的淄河而设防（如图 1－21、1－22）。

3. 齐临淄城市定向与山水的关系

临淄城市朝向的确定与周边的山水环境密切相关，即通过与周边山体的朝对关系，城市与周边的山水环境相契合。齐临淄城相对平直的南垣与西垣，其走向也有据可依，均受到山水朝迎关系的影响。临淄大城的纵轴沿大城中部南北向大道向南延伸，经大城南门抵于稷山，该轴不仅与大城南垣近似正交，而且其穿越大城南门的事实也印证了流传的“稷门”得名之说。临淄大城的横轴是以大城西门为原点所形成的大城西垣的法线（如图 1－23）。该轴线的西端正对凤凰山，东端则与纵轴相交于城内春秋时期宫城遗址，符合古代城市于轴线相交处设置宗法礼制建筑的典型手法。经考证，城内探出九条道路，道路走向亦有规律可循。除南垣内侧东西向大道和西垣内侧南北向大道外，其余大道并非正南北走向，而是明显偏向西南，与南垣呈直角相交。这充分体现了道路、城门与城外山体相对，将山景引入城内的规划手法（如图 1－24）。

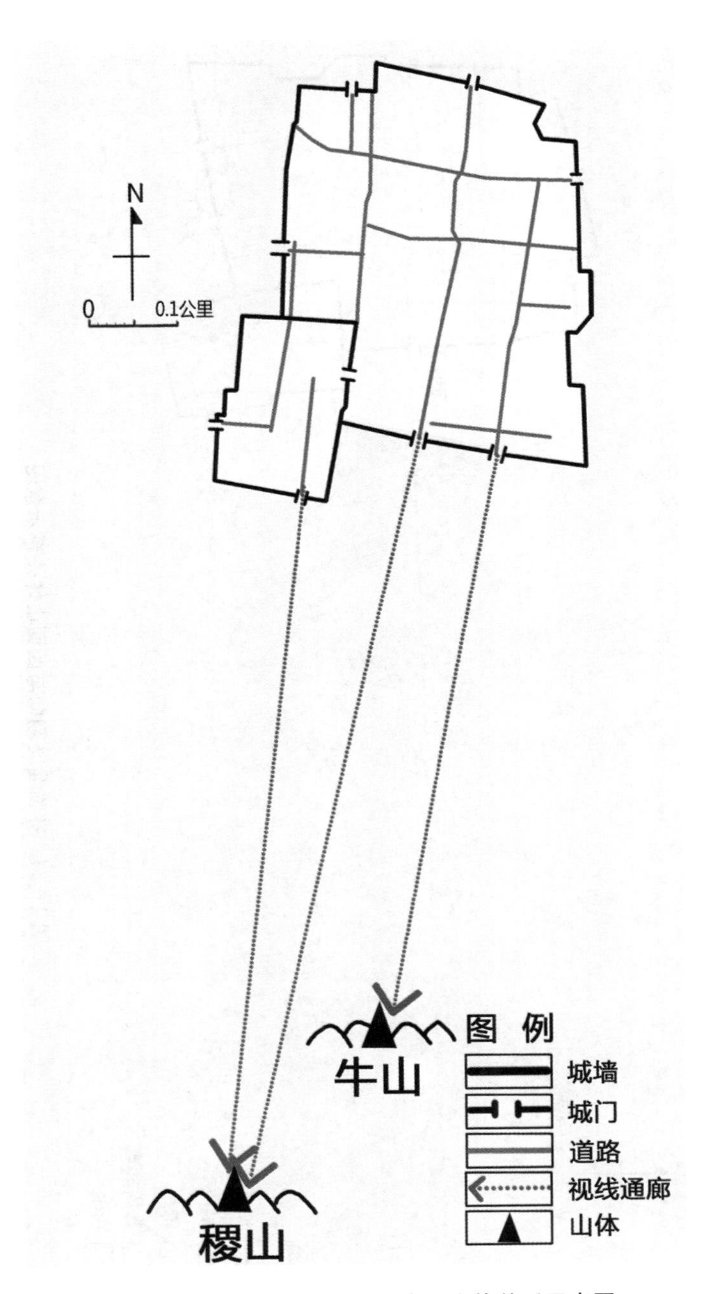

图 1－23　齐临淄城朝向与南面山体关系示意图
（作者自绘）

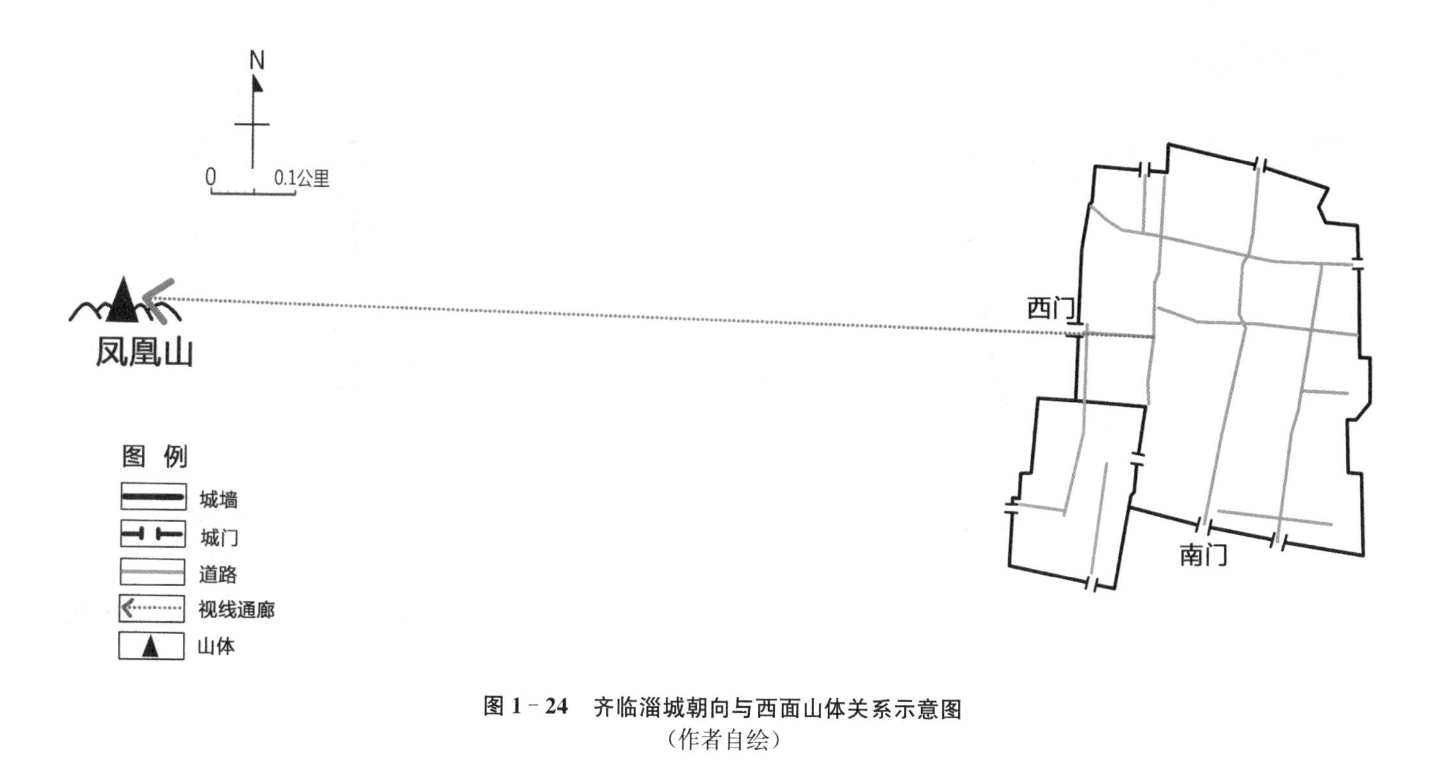

图 1－24　齐临淄城朝向与西面山体关系示意图
（作者自绘）

4. 齐临淄城市布局与自然环境的关系

齐临淄的城市布局体现了周礼与军事防御两方面结合的特点。据史料记载，战国时期齐国建立之后一直受到东部敌对势力的威胁。齐国建都临淄，成为控制东方的重要据点，因此临淄的政治威胁也主要来自东面。从整体格局来看，齐临淄城由大小两城构成，小城位于大城西南角，且小城西、南两侧直接面向郊外。从城门和道路的布局看，城市坐西朝东，以东门、北门为正门。这种朝向起到把控东部政局的目的，若政局不稳有所战乱，统治者即可从西、南两侧撤离。齐临淄的功能分区是周礼制度与因地制宜思想共同作用的结果。小城为君王所居之处，据考古资料显示，宫殿的基址在小城北部偏西的地方，以桓公台为中心。小城的交通大道也是以宫殿为中心构建的。考古还发现了若干小面积的冶铁、冶铜、铸钱的作坊遗址分布于小城东南部，应该是专门为宫廷服务，

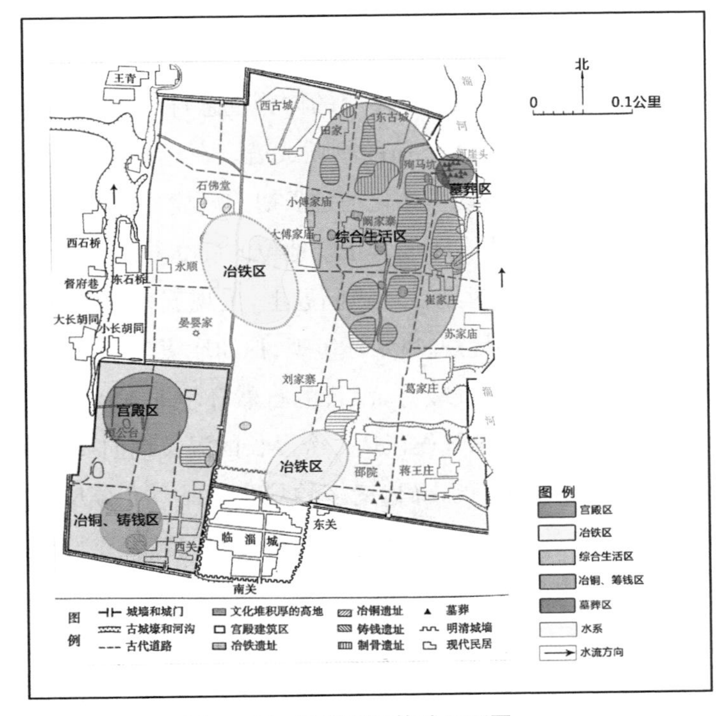

图 1-25　临淄齐国故城平面图

（根据群力《临淄齐国故城勘探纪要》中的《临淄齐国故城平面图》绘制）

它们靠近宫殿区以便统治者使用与管理，同时又保持一定的距离，避免相互干扰。这种以宫殿为核心，以统治阶级利益为先导的功能布局是周礼规划思想的表达。大城为贵族、官吏与平民的主要生活区。考古发现了大量冶铁、冶铜、制骨等手工业作坊，墓葬遗址以及居民点，它们在大城东北部靠近淄河地段以及西部南北河道以东地区最为集中，这是由于大城地形以西部南北河道以东地区较高，其中尤以大城东北部地势最高。占据高地有利于防洪，靠近淄河、系水，又利于取水，这种布局展现了对地形地貌、水源环境的充分考虑（如图 1 - 25）。

第二节　秦汉时期环境思想与城市形态分析

一、秦汉时期城市发展的环境思想背景

秦汉时期，结束了先秦列国长期的纷争，基本上建立了高度集权的大一统政治体制。汉初经过 70 多年的休养生息，社会生活趋于稳定，各大经济区互通互助，创造了空前的物质成就。在思想文化上，原先各具特色的秦、楚和齐鲁等各区域文化经过长期的碰撞、融合，逐渐形成了统一的汉文化，其突出标志在于儒学正统地位的确立并成为配合专制统治的思想意识形态。这一时期在环境问题上，出现五种环境观：自然环境观、生活环境观、礼制环境观、风水环境观、神仙环境观。

自然环境观：由于气候较好，汉代的自然环境非常美好。历史地理学研究表明，在汉代，全球气候正从一个漫长的温暖期向寒冷期转变，但整体上气候暖和，植被丰茂，汉代诸多的辞赋作品也充分反映了南方森林遍布、动物成群的美好景象。因此，秦汉时期的城市建设展现了对自然资源的有效利用与充分尊重，城市选址与布局往往依赖良好的自然环境，顺应地形地貌，并将区域山水资源纳入城市建设的考量当中，追求与自然和谐共生。例如，秦朝都城咸阳南临渭水，北至泾水；汉长安城位于渭水南岸的台地上，受周边地形的影响，城市平面呈不规则形态，这些充

分体现了儒道文化当中适应自然及顺应自然的环境美学思想。

生活环境观:“安居”成为汉代人的重要信念。汉初统治者以黄老哲学为治国理念,实施有利于人民的休养生息政策,重视农业生产。“安居乐业”这一概念出现,“安居”成为人们的生活信念。农业生产的繁荣带来环境的新景观,北方大地到处是牛马羊骡,“渭川千亩竹”“齐鲁千亩桑麻”。在城市建设方面,人们基于自然而高于自然,涵养水源、引水灌溉,极大地提高了农业种植水平与生活质量。

礼制环境观:古代人们对天地、自然的尊重与崇敬逐渐转变为一种社会伦理,“礼”的思想也随之产生。这种思想渗透于古代社会的各个方面,也影响着古代城市的规划与空间形态。宫苑建筑全面讲究礼制,王莽时代,在都城郊外大兴礼制建筑,成为规划上推行周礼思想的首创实例。秦汉时期,统治者对宫殿园林建设注重宏大华美,开“象天法地”“据礼重制”之先河,城市规划建设规模也由于秦砖、汉瓦以及冶铜炼铁技术的提高,而逐渐扩大。例如,秦阿房宫、始皇陵,汉长信宫、汉陵的规划建设,都是宏大无比的建筑群。城市规划追求“非壮丽无以重威”,一反夏、周时期崇尚实用、朴素的传统。在秦汉,由于天文科学的发展,城市和建筑也开始追求模拟天体的一些想法,并得到实际的应用,对后代有很大的影响。① 汉长安南郊礼制建筑建在方形夯土台上,周边方形围墙以外则是圆形水渠环绕,它也体现了中国古代“天圆地方”象征自然宇宙的美学特征。此一时期的园林以台榭苑囿为主,《荀子・成相》中“大其园囿高其台”能充分反映其基本的美学特征。“高台榭”,如章华台、姑苏台等极其高峻,体现自然崇拜、沟通天人的美学思想。“秦宫汉苑”,秦之阿房宫、汉之上林苑则体现以大为美的思想,同时园内汇合宫馆、禽兽、林木、山水等要素,基本体现天然和人工的统一。

风水环境观:产生在先秦的阴阳学说(《周易》)和五行学说(《尚书・洪范》、邹衍“五德终始说”)为儒学所吸收并进一步合流为阴阳五行说,

① 汪德华:《中国城市规划史纲》,南京:东南大学出版社2005年版,第5页。

整个宇宙被描述为“天地之气,合而为一,分为阴阳,判为四时,列为五行”。王充在《论衡》中批驳阳宅中的“图宅术”和搬迁时的“太岁禁忌”,可见汉代已有较成熟的风水学。程式化环境是秦汉环境美学的特色。中国人的环境观明确地走向神秘化、程式化,风水环境观成为中国环境观的主导思想。注重“阴阳和合”“四象拱卫”的形式语言在秦汉都城的建设当中表现出来,尤其是礼制空间的规划与布局,如汉朝的王莽九庙居于都城南面尊位,以四象瓦当装饰门庭,将这种风水观念表现得淋漓尽致。

神仙环境观:汉代道教创立,神仙学流行。道教描述出一个迥异于人间的神奇世界,以仙境为人居理想环境。于是,在人们的环境观中,就有了于自然环境、生活环境、礼制环境、风水环境之外的第五种环境——神仙环境。神仙环境得到上至统治者下至百姓的普遍认同,成为中华民族所追求的理想环境,并在秦汉园林营造中体现出来。兰池宫的挖池堆山、建章宫的一池三山等模仿东海仙山的举措,可体现追求神仙境界的环境美学思想。

二、秦汉时期城市形态与环境关系

(一) 秦咸阳城市形态分析

1. 秦咸阳选址与环境的关系

(1) 定都关中,择中选址

宏观层面,咸阳位于关中,即今陕西省秦岭北麓渭河冲积平原(渭河流域一带),有着优越的地理条件。从地理位置来看,关中地区位于陕西黄土高原南端,黄河西岸渭水中下游平原,为“天下之中,四方入贡道里均”,是东、南、西、北四方的水陆交通枢纽。从区域资源禀赋来看,关中有膏腴的土地、“荡荡乎八川分流”的充足水源、温暖湿润的气候,有“陆海”“天府”之美称(如图1-26、1-27)。

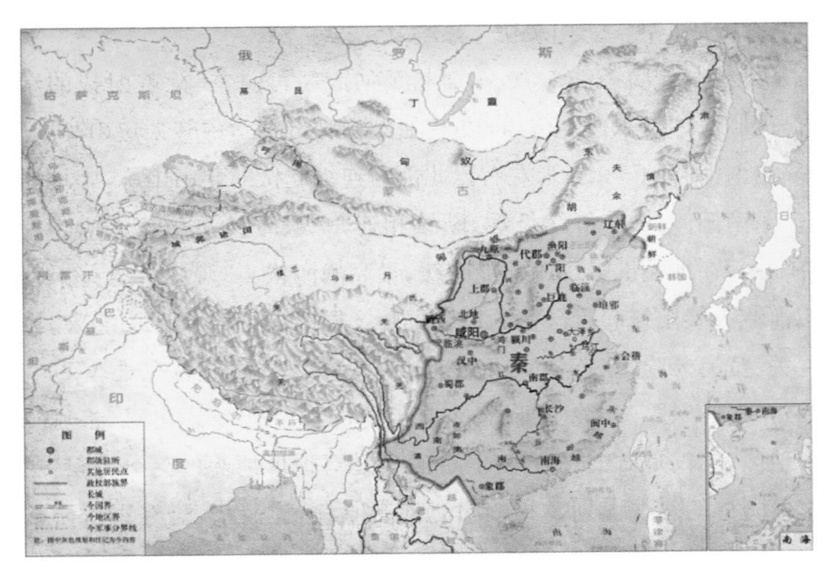

图 1 - 26　秦朝形势示意图

（引自中国历史地图集编辑组编《中国历史地图集》第 2 册，北京：中华地图学社 1974 年版，第 3—4 页）

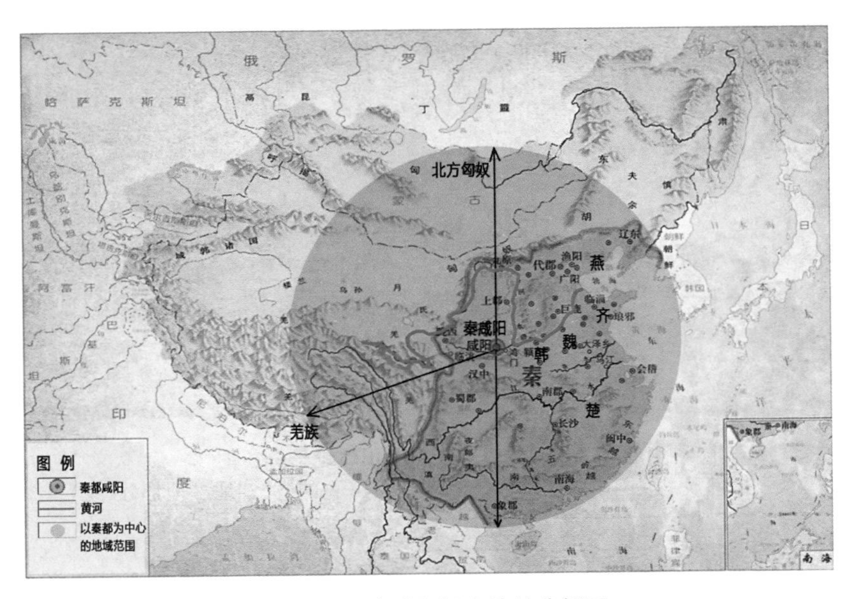

图 1 - 27　秦咸阳择中选址分析图

（根据中国历史地图集编辑组编《中国历史地图集》第 2 册中的《秦朝形势示意图》绘制）

(2) 山势重围,利于防御

从地形与城防条件来看,东面是黄河天堑,南面是险峻挺拔的秦岭山脉,山脉大体呈东西走向,海拔多在 2 000 米左右,主峰太白山高 3 767 米,高出渭河谷地 3 000 米左右。北部为连绵起伏的北山山脉,山地西北仰起、东南俯倾,山势舒缓低矮,断续相连,一般海拔 900—1 300 米。东面临骊山,在地貌上表现为北陡南缓,最高峰海拔 1 300 米。这些天然的山川河流为咸阳筑起了严密的地理屏障。同时四面还有四关之险,东有函谷关、黄河天险,东南有武关,西有散关,形势险要,易守难攻。①《史记》载:"秦四塞之国,被山带渭,东有关河,西有汉中。"②可见,都城择址关中地区,不仅是对中之方位的崇尚,还是对地形地貌的充分考量,更是对军事防御的宏观谋划。秦咸阳北依高原,南临渭水,既有军事防御优势,又是关中地区的交通枢纽;既能东出函谷关与诸侯争锋,又能确保渭水流域丰厚的农业收成(如图 1-28)。

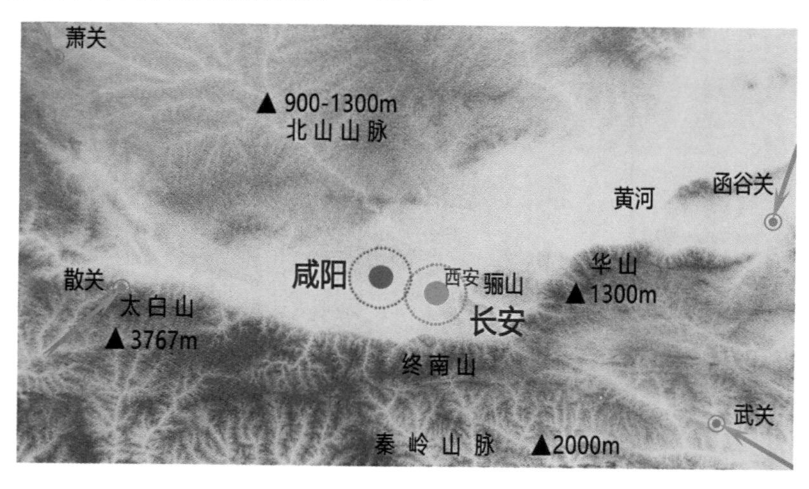

图 1-28　关中宏观层面山体地形分析图
(根据韩茂莉《中国地理历史十五讲》第 240 页的《关中地区地形》改绘)

① 徐卫民:《秦汉都城与自然环境关系研究》,北京:科学出版社 2011 年版,第 85 页。
②《史记》卷 69《苏秦列传》,北京:中华书局 1959 年版,第 2242 页。

（3）八川分流，跨渭而兴

中观层面，秦咸阳的选址与周边水系尤其是渭河关系密切。渭河是关中盆地最为重要的河流，其长期冲积泛滥，形成了肥沃的关中平原。南北两岸又吸收了泾、渭、浐、灞、沣、滈、涝、潏等数条支流，奔涌至潼关流入黄河。这些丰富的河流犹如条条血脉，提供了充沛的水源与便利的水上交通条件，并且滋润出两岸膏腴的土地。我国最早的历史地理著作《尚书·禹贡》以“厥土惟黄壤，厥田惟上上”来赞颂关中优等的土壤条件。秦都咸阳最初兴建于渭水北岸，九峻山之南。按古人的阴阳观念，山之南、水之北这些日照时间较长的地方属“阳”，而咸阳具有“山水俱阳”的地理特点，故名咸阳。随着秦国力的不断壮大，秦咸阳的城市规模也在发展。到了昭襄王时，咸阳逐渐向南扩展，越过渭水，成为横跨渭水两岸的大都会。秦始皇更是在南岸大兴土木，建宫筑殿，其所建宫殿中规模最大的就是阿房宫。由于渭河不断北移，咸阳宫已被冲毁，但通过相关图片，还是能清楚地看见秦都于渭河两岸修建宫殿的盛况（如图1－29、1－30）。

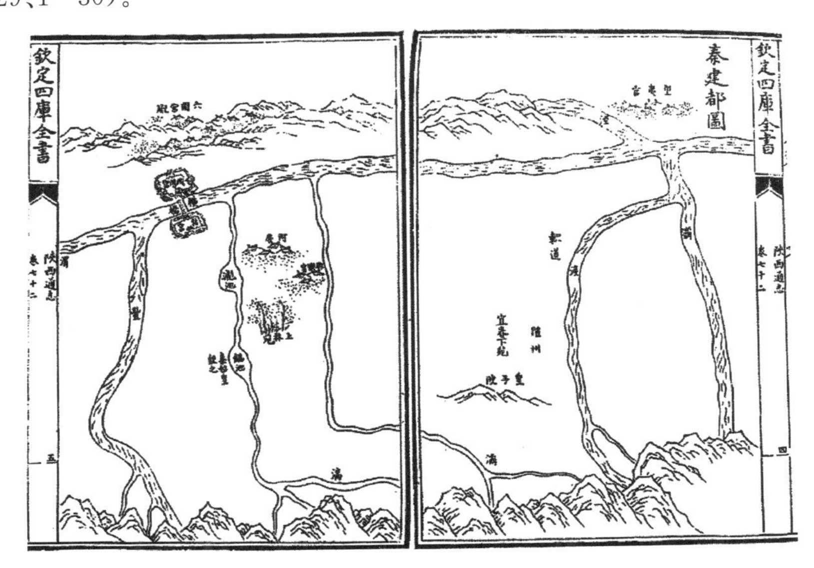

图1－29　秦建都图

（引自〔清〕沈青崖、〔清〕刘于义《钦定四库全书·陕西通志》卷72，第4—5页）

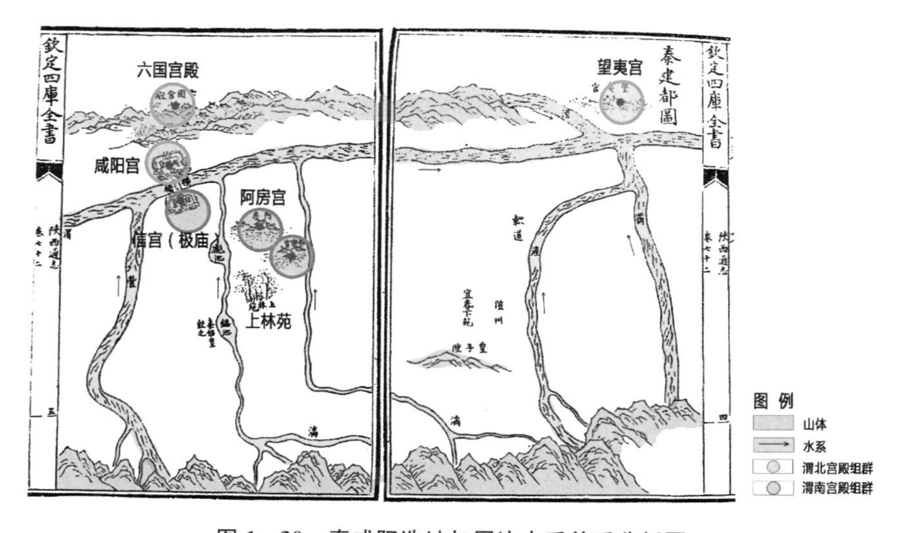

图 1－30　秦咸阳选址与周边水系关系分析图

（根据〔清〕沈青崖、〔清〕刘于义《钦定四库全书·陕西通志》卷 72 中的《秦建都图》改绘）

2. 秦咸阳的空间组织对天地的效法

“象天法地、模拟宇宙天宫”的都城结构规划模式在秦汉时期极度盛行，秦咸阳空间布局的结构就是采用了“法天”思想，即模拟星象，依赖优越的自然条件，将城市结构与地形紧密结合。秦始皇一方面仿造六国宫殿于渭水北岸大造宫室，另一方面于渭水南岸建新宫，形成以阿房宫为主体，由章台、兴乐宫、信宫以及祠庙组成的庞大建筑群。咸阳以各宫比拟星座，横跨渭河的两大宫殿群的布局，与每年十月的天象完全吻合，一时“宫观

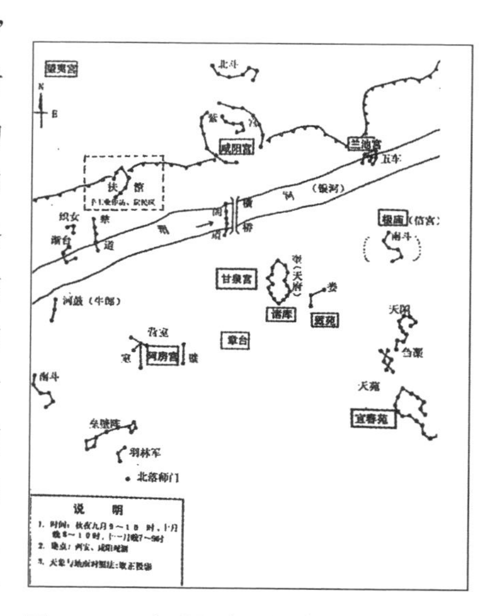

图 1－31　秦咸阳布局与天象对应分析图

（引自徐卫民《秦汉都城研究》，西安：三秦出版社 2012 年版，第 67 页）

阁道相连三十余里”，形成“渭水贯都，以象天汉，横桥南渡，以法牵牛”的格局。[①]《三辅黄图》载：“筑咸阳宫，因北陵营殿，端门四达，以则紫宫，象帝居。”[②]这指的是在咸阳于渭水北面高地依山修筑宫殿，四面有门，仿效天上的紫微宫，象征皇帝居住之所。同时将居住区、市场和手工业区布局在地势较低的位置，形成众星拱卫的天体意象，既做到了功能区分，也凸显了“天威”（如图 1－31）。

与渭水北岸相比，渭水南岸河流密布、地形平整，因此在后期，秦咸阳过渭水在南岸扩展，形成了以渭水为纽带的整体格局，渭水象征着天上的银河，而周边的宫殿则象征着璀璨星辰。《史记·秦始皇本纪》载：“焉作信宫渭南，已更命信宫为极庙，象天极。”秦咸阳将渭水南岸的信宫改名为极

图 1－32　秦王宫想象图

（引自王皓编《四库全书图典》(4)，第 1517 页）

① 徐卫民：《秦汉都城研究》，第 66 页。

② 何清谷校注：《三辅黄图校注》，西安：三秦出版社 1995 年版，第 54 页。

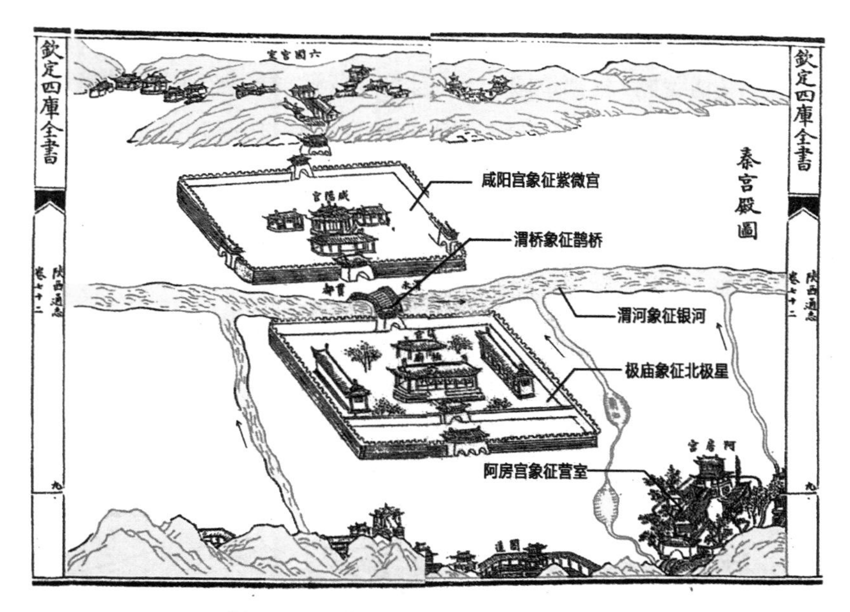

图1-33　秦王宫象天法地空间分析图
（根据王皓编《四库全书图典》(4)中的《秦王宫想象图》绘制）

庙，象征天上的北极星。《三辅黄图》记载："为复道，渡渭属咸阳，象天文阁道绝汉抵营室也。"秦人根据天极星中的帝星星位，在渭水上驾设复道，过渭水之南建阿房宫，以形成天地譬喻的格局。渭水两岸以横桥相连，又称渭桥，象征银河边上的鹊桥。秦咸阳的城市结构，"以天相比，以山代阙"，城市与山和水交织在一起（如图1-32、1-33）。

（二）汉长安城市形态分析

1. 汉长安选址与环境的关系

汉长安城是中国历史上建都朝代最多、历时最长的都城。其遗址位于今陕西省西安市西北约3公里、渭水以南约2公里。汉长安同样定都于关中地区，刘邦大军平定中原初建西汉王朝时，娄敬力谏建都关中，云："且夫秦地被山带河，可进可退，四塞以为固。卒然有急，百万之众可具。因秦之故，资甚美膏腴之地。此所谓天府。"他不仅道出了关中利于农业生产的自然环境基础，还强调了其周边山体环境所带来的城防优势。渭河南面的秦岭与北边的山地地势险要,成为关中地区都城的天然屏障。

不同于秦咸阳大手笔依据天象进行城市定位、营建于渭水两岸,汉长安的选址充分考虑了与周边山水以及前朝遗址的关系。宏观层面,分析考古资料与示意图的地理信息,可以看到汉长安所在地与南、北、东面山体形成朝对关系。汉长安城南北向轴线南出安门,直接指对子午口,与子午谷高峰形成对景;轴线向北延伸,与北面海拔 1 520 米左右的武王山高峰形成对景,后建的汉安陵与吕后陵选址于该轴线两侧,是对南北轴线的强化;汉长安城东面指向骊山,又形成一组朝对关系(如图 1 - 34)。

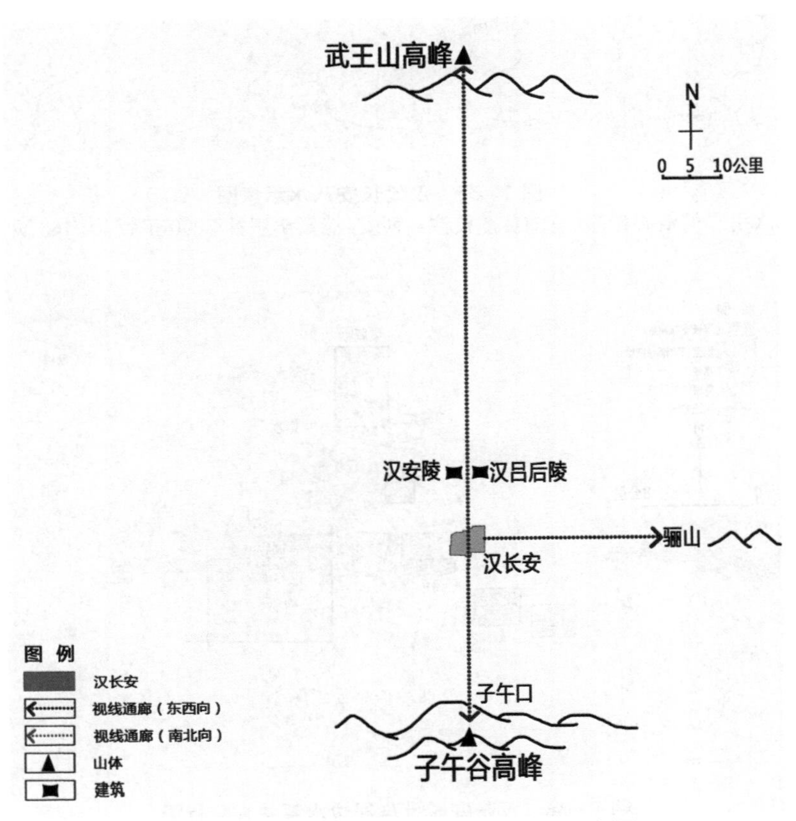

图 1 - 34 汉长安选址与周边山体关系示意图
(作者自绘)

中观层面，考古资料显示，汉长安位于渭水以南，周边水系发达，若利用河流开凿护城河，不仅可以使其成为防御的一道屏障，还可以为城市居民提供生产与生活用水。汉长安城的北面与西面以渭水支流泬水

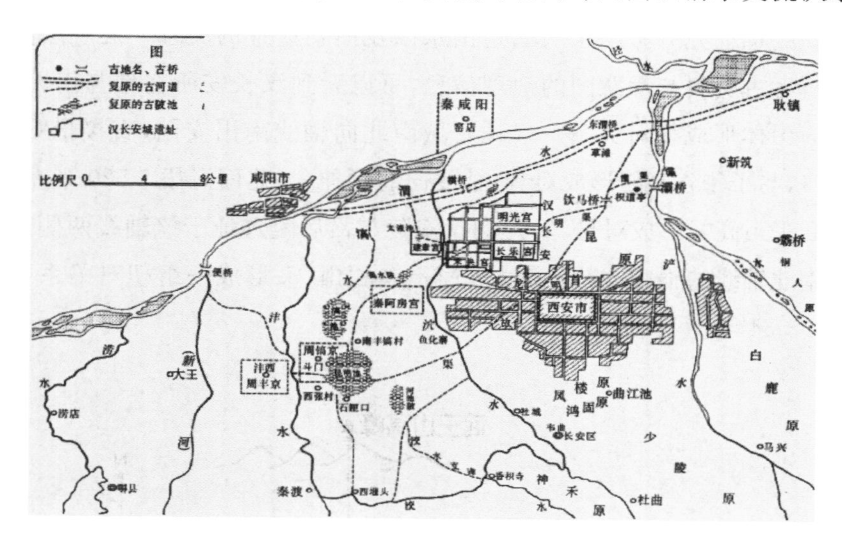

图 1－35 汉代长安八水示意图

（引自何清谷校注《三辅黄图校注》，西安：三秦出版社 2006 年版，第 463 页）

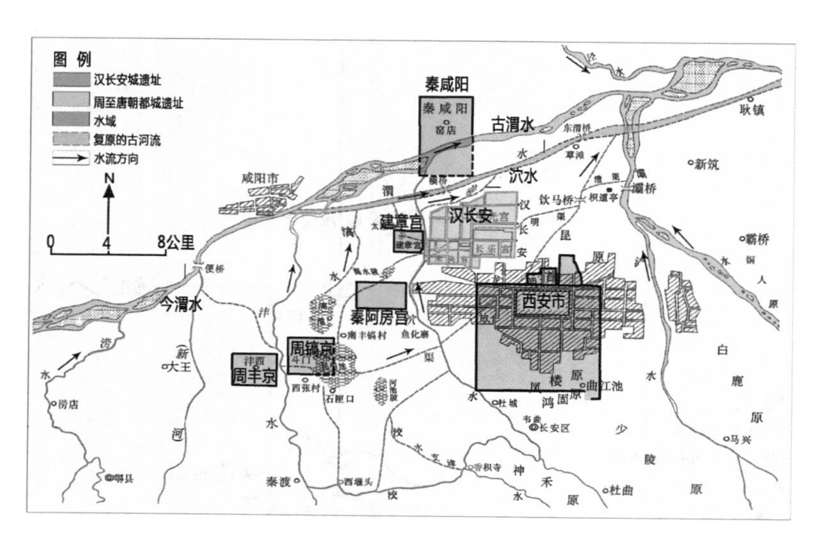

图 1－36 汉长安城址与周边水系关系分析图

（根据何清谷校注《三辅黄图校注》中的《汉代长安八水示意图》绘制）

为界，并将其作为主要供水水源。另外，汉长安选址于秦咸阳宫南面，可以充分利用秦朝未被焚烧的建筑基址进行城市建设。营造初期以秦朝兴乐宫为基础兴建皇宫，即长乐宫，又以秦朝章台为基础兴建未央宫（如图 1－35、1－36）。

2. 汉长安城郭形态与环境的关系

同秦都咸阳宫室分散布局于渭水两岸不同，汉长安有着明确的城市边界。封闭的城郭将城市框定为紧凑的整体，也限定了城市内外空间。

汉长安城除东墙为一南北向直线外，其他三边城墙多有曲折，特别是北墙、南墙最为突出，弯曲达六七处之多（如图 1－37、1－38）。① 这种城郭形态是“象天法地”与“因地制宜”思想影响下的综合体现。

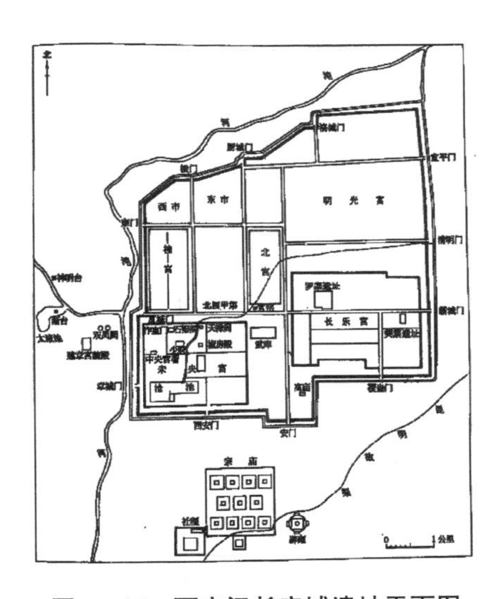

图 1－37　西安汉长安城遗址平面图
（引自中国社会科学院考古研究所编著《中国考古学·秦汉卷》，北京：中国社会科学出版社 2010 年版）

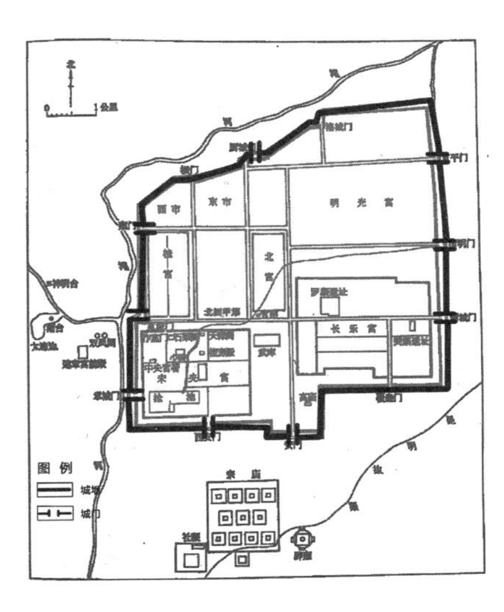

图 1－38　西安汉长安城郭形态图
（根据中国社会科学院考古研究所编著《中国考古学·秦汉卷》中的《西安汉长安城遗址平面图》绘制）

① 董鸿闻等：《汉长安城遗址测绘研究获得的新信息》，《考古与文物》2000 年第 5 期，第 39—49 页。

一方面，汉长安城南、北城墙的转折形态与天上的南斗星与北斗星相似，因此，汉长安也被称为“斗城”。《三辅黄图》指出：“城南为南斗形，北为北斗形，至今人呼汉京城为斗城是也。”认为当时的汉长安修筑者为了神化皇权，以天象为蓝本进行城市轮廓的设计，追求天与地、天宫与地宫的对应。

另一方面，汉长安不规则的城郭形态是对地形地貌环境充分考虑之后形成的。汉长安城为便于取水，北部临近沉河，沉河河道下游向东偏移，故北墙顺应沉河西段曲折，否则必然会导致都城被水系冲刷，也会增大施工的难度。长安城的西墙形态则是地形条件与建设现状综合作用的结果。汉长安城在秦都咸阳的基础上修建，受咸阳旧址影响较深，桂宫、未央宫为秦代宫殿遗址，为了将其包含进来，故顺应其宫墙修建城

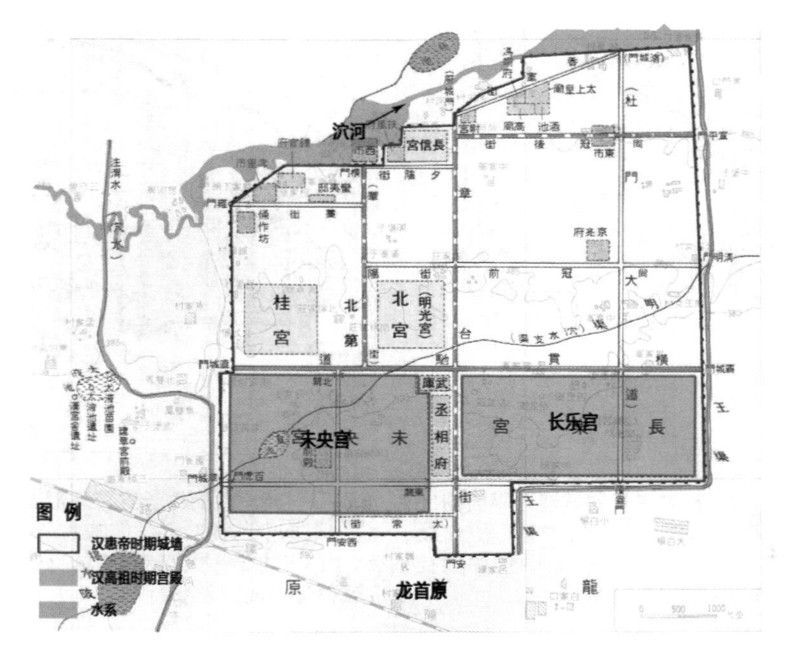

图 1－39 汉长安周边环境分析图

（根据中国社会科学院考古研究所编著《中国考古学·秦汉卷》中的《西安汉长安城遗址平面图》绘制）

墙①,再加上北面泬河河道走向的影响,就形成了南段偏西,北段偏东的城郭形态。南面城墙则是受到龙首原地形与未央、长乐两宫的南面城墙的影响,呈现出三段曲折的形态(如图 1-39)。可见,汉长安的城郭形态“因天才,就地利”,不拘泥于方城形制,巧于突破,尊重环境,是“天人合一”精神的完美体现。

3. 汉长安的布局与环境的关系

汉长安的宫苑、建筑布局全面讲究礼制。礼制虽由来已久,但汉以前没有得到统一,也没有完备,更没有被充分实施。及至汉代,礼制才进一步完善并实施。汉代统治者崇尚“象天法地”,建立起恢宏繁复的宫殿群落。在整个庞大的建筑群中,设置有高台、明堂、辟雍、驰道等富有特色的空间造型,以体现经天纬地、包裹古今、笼络四方的精神意向。即使修建陵墓,也使其石雕简朴古拙,画像饱满灵动,充满张力和生气,体现出壮志豪迈、积极进取的帝国心态。

(1) 汉长安长乐宫、未央宫空间组织

汉长安长乐宫与未央宫在布局形制上是最为正统的宫城,整体平面呈方形,大朝正殿——前殿位于未央宫正中,宫城内其他的宫殿、官署等均在其两侧或后部,符合“前朝后寝”的观念。从《四库全书图典》中的宫殿想象图中可以清晰地看出,长乐宫、未央宫规模宏大,由一条南北向轴线引领全局,建筑物沿中轴线对称布局,形成若干条东西向次要轴线,对主要轴线与主体建筑进行烘托;坐

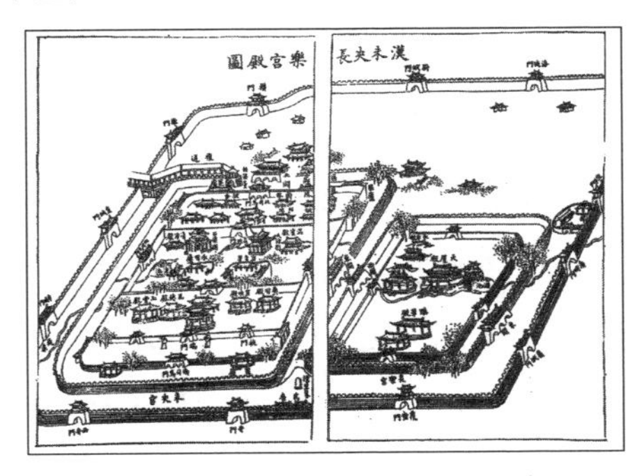

图 1-40 汉长乐宫、未央宫想象图
(引自王皓编《四库全书图典》(4),第 1517 页)

① 刘庆柱:《汉长安城布局结构辨析——与杨宽先生商榷》,《考古》1987 年第 10 期,第 937—944 页。

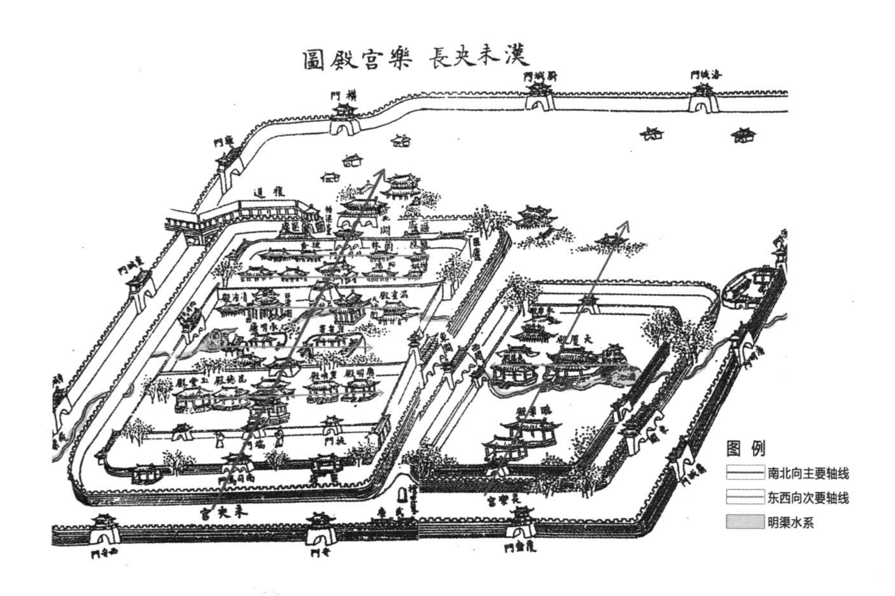

图 1-41　汉长乐宫、未央宫空间分析图

（根据王皓编《四库全书图典》(4)中的《汉长乐宫、未央宫想象图》绘制）

北朝南，争取最好的朝向。建筑整体体现了皇权礼制之下，注重等级与秩序的空间序列（如图 1-40、1-41）。

据考古复原的未央宫平面图可知，宫城核心——前殿是一组大型宫殿建筑群，由南北向平行分布的三座大殿组成，大殿基址分别为 3 476 平方米、8 280 平方米、4 230 平方米。中殿面积最大，三座大殿之前都有宏大的庭院。三座大殿遗址皆位于高台之上，呈现出自南向北逐渐升高的趋势。① 未央宫这种以皇帝大朝主体建筑居中、南北向排列三大殿的布局对后世宫城的空间组织影响深远，如汉洛阳城南宫的前殿、曹魏邺北城宫中的文昌殿、东晋建康城、东魏和北齐邺南城、隋大兴城、唐长安城宫城中的太极殿、北宋开封宫城的大庆殿、明清北京紫禁城中的太和殿，都是位于宫城内居中的位置，其南与宫城正门相对，其他重要殿堂均在

① 李毓芳：《汉长安城未央宫的考古发掘与研究》，《文博》1995 年第 3 期，第 82—93 页。

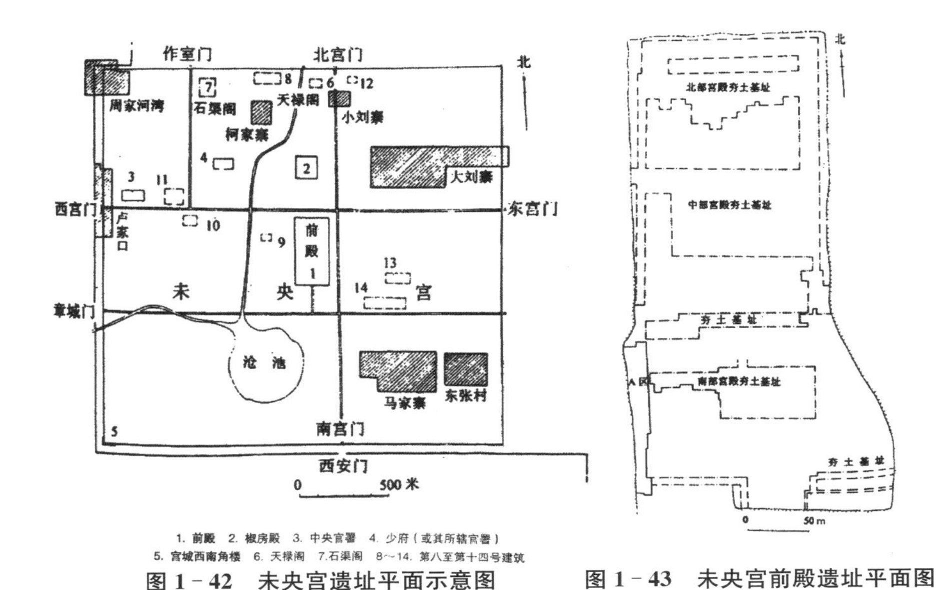

图 1－42　未央宫遗址平面示意图　　**图 1－43　未央宫前殿遗址平面图**

（图 1－42、1－43 引自贺从容编著《古都西安》，第 83 页）

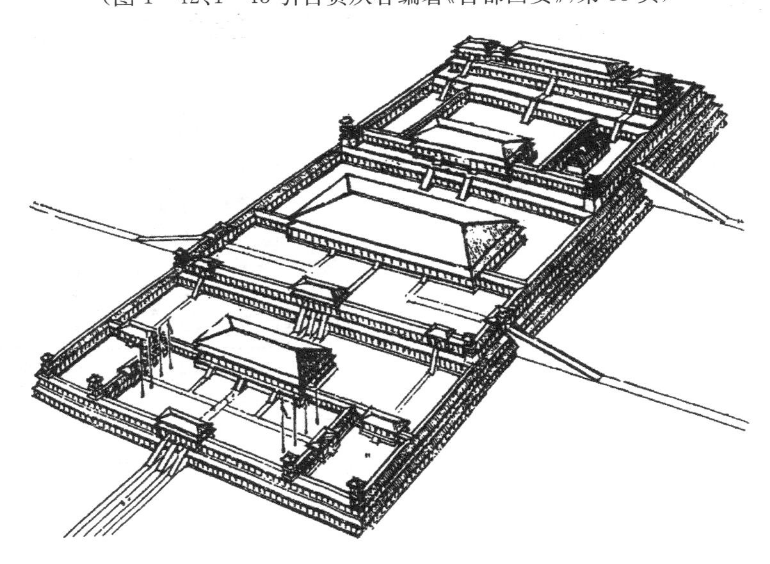

图 1－44　西安汉长安未央宫遗址前殿复原设想图

（引自杨鸿勋《杨鸿勋建筑考古学论文集（增订版）》，北京：清华大学出版社 2008 年版，第 237 页）

其后或在其东西两侧。① 唐长安城宫城中的太极殿、两仪殿、甘露殿，北宋开封宫城的大庆殿、文德殿、紫宸殿等都是采用的南北布局三大殿的形制（如图 1－42、1－43、1－44）。

（2）沟通天地的礼制建筑空间组织

汉长安的礼制建筑位于故城南郊，为新莽时期的宗庙建筑群，史称“王莽九庙”。这一建筑群择址于都城郊外，源于古代的自然崇拜思想，因为人们认为神灵来自自然，亲近自然就是靠近祭祀对象。其空间组织符合礼制思想与阴阳五行学说。首先，该建筑群中共有 11 组建筑，呈四三四排列，纵横两条轴线贯穿，在正中心布置一高大的正方形夯土台，台上建有方形平面木构房屋。建筑组群四周有墙垣围合，每面正中有门房，四角有隅房，完全是中心四方式布局。这种布局与《汉书·郊祀志》

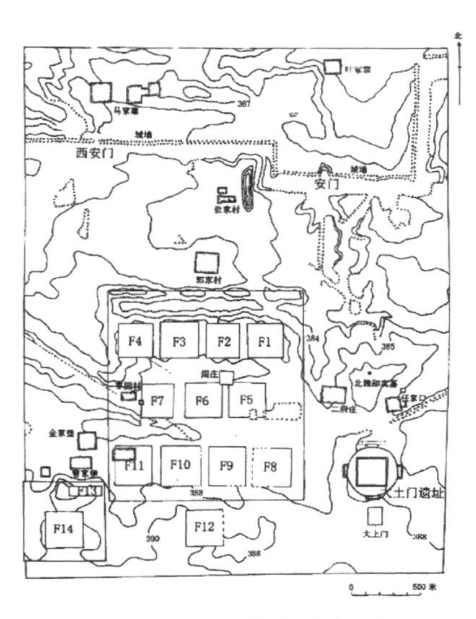

图 1－45　汉长安南郊地形及礼制建筑遗址

（引自徐卫民《西汉未央宫》，西安：陕西人民出版社 2008 年版，第 53 页）

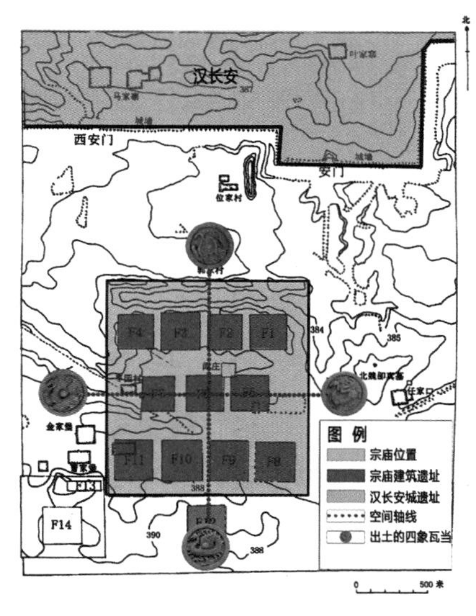

图 1－46　汉长安南郊地形及礼制建筑遗址空间分析图

（根据徐卫民《西汉未央宫》中的《汉长安南郊地形及礼制建筑遗址》绘制）

① 贺从容编著：《古都西安》，北京：清华大学出版社 2012 年版，第 84 页。

中所描绘的汉武帝时期的泰山明堂相类似，与该建筑群东侧的汉平帝明堂遗址布局也十分相似，说明宗庙建筑形制在王莽时期有过新的尝试，即试图引进最古老的礼制建筑“明堂”的形制。其次，考古工作者在九庙宫门遗址发掘出四象瓦当，即东门用青龙、西门用白虎、北门用玄武、南门用朱雀瓦当。这是古代人们沟通天地的意愿在物质空间中的表达。古代将天空分为四宫，把大地划分为四方，并用“四神兽”来表示。四神与五行、四季、四方、色彩和天空的二十八星宿相对应，体现了东方文化独特的时空结合的整体思维模式，并在空间实体当中表达出来。汉长安的礼制建筑用四象瓦当装饰四门，用“四灵”命名宫殿建筑等，体现了天人沟通的愿望（如图 1－45、1－46）。

（3）规模庞大、功能众多的汉长安上林苑

秦汉时期的苑囿建设形成了中国古代园林的第一个高潮。上林苑是一座巨型皇家禁苑，位于汉长安城西南郊。由于地处郊外，不受城池所限，它依托周边的山水资源，圈山纳水，规模十分巨大。从其占地范围与周边资源的关系看，上林苑将汉长安城西南的山水禀赋全部纳入其中。司马相如的《上林赋》记载：“终始灞浐，出入泾渭。沣镐潦潏，纡余委蛇，经营乎其内。荡荡乎八川分流，相背而异态。东西南北，驰骛往来。”[①]灞、浐二水自始至终不出上林苑；泾、渭二水从苑外流入又从苑内流出；沣、镐、潦、潏四水迂回曲折，周旋于苑中。扩建后的园林东起灞、浐二水，南傍终南山，西至盩厔县长杨、五柞，北跨渭水包含黄山宫，然后沿渭水向东，周回 300 余里[②]，绕苑还修建了苑墙和苑门。考古显示，汉上林苑的范围东以灞河为界，西到周至终南镇的田溪河，南到终南山北麓，北至渭河，与《汉书》《汉宫殿疏》等文献所载相符（如图 1－47）。

---

① 王思豪、许结：《圣域的图写：从〈上林赋〉到〈上林图〉》，《复旦学报（社会科学版）》2015 年第 5 期，第 97 页。

② 王社教：《西汉上林苑的范围及相关问题》，《中国历史地理论丛》1995 年第 3 期，第 223—233 页。

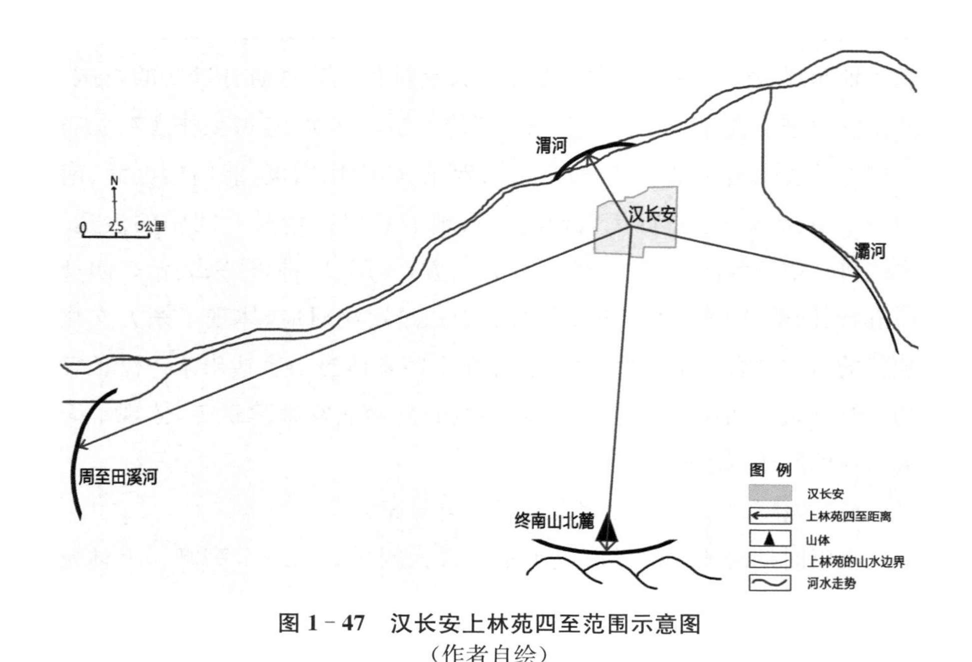

图 1－47　汉长安上林苑四至范围示意图
（作者自绘）

上林苑功能丰富，主要供皇帝游乐、休闲、狩猎、祭祀、求仙、听政受贺所用，且依托自然水源建造昆明池，既为皇家苑囿构建水景奠定了基础，还解决了宫城的水源供应与园林的农业种植和灌溉。《汉书·旧仪》《关中记》等史料记载，苑区内有大量农田草地、林木蔬果、珍奇鸟兽，是京郊附近一座巨大的皇家生产基地与狩猎场所，能为皇家提供粮食、蔬果、肉类等食品以及各种原材料。① 上林苑西部多为皇家狩猎之处，有大面积的猎场和众多宫观建筑。皇帝每年秋冬都要带领文武大臣到上林苑狩猎，司马相如的《天子游猎赋》、扬雄的《校猎赋》都曾对皇家狩猎的盛况有过渲染和描述。

① 《汉书·旧仪》载："苑中养百兽，天子春秋射猎苑中，取兽无数。"另从《关中记》的描述看，上林苑除饲养走兽、鱼、鸟、桑蚕外，还栽培了多种果树和谷物，甚至引种了西域的葡萄和南方的奇花异木。

（4）涵养水源、连接成网的园林水系

秦汉时期园林的营造区别于先秦时期的重要特点是不仅仅一味地依赖自然环境，而是有目的、有意识地利用自然资源，改造自然环境，从功能上、审美上极大地丰富人们的生活。例如，汉代充分利用周边丰富的水系资源，在上林苑中开挖了许多池沼，以涵养水源。通过人工沟渠、水道将河流、池沼相联系，形成了完整的水网体系，从而促进了区域水循环与生态连通。其中，最为著名的就是昆明池的建设。

昆明池为汉武帝元狩三年（前 120 年）于长安西南郊所挖，利用了从终南山流下来的大量水源，池周长为 20 公里，面积为 332 顷。它可以作为汉武帝实行水战的场所，也可作为上林苑的主要休闲区，更是长安的主要水源地。长安城位于几大河流的中心，以这些天然河流为防御线，加强防护。这是汉武帝为改善当时长安城市环境所作出的重要贡献之一（如图 1－48、1－49）。

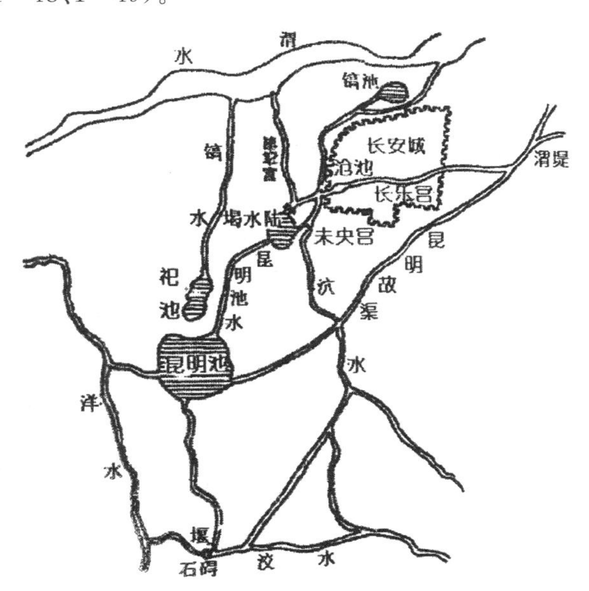

图 1－48　上林苑中的昆明池及周边水系情况
（引自罗光乾《走近古都》，第 63 页）

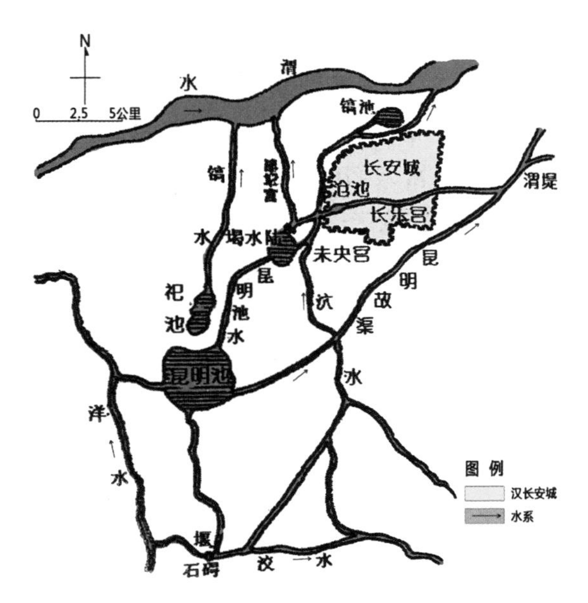

图 1－49　上林苑中的昆明池及周边水系网络分析图
（根据罗光乾《走近古都》中的《上林苑中的昆明池及周边水系情况》绘制）

（5）宫苑相参、模拟仙境的建章宫

秦汉时期的园林空间布局形成了宫苑结合的特点，一方面是因为政治上推行高度统一的中央集权制度，皇帝政务繁忙，为了免于外出奔波，便在苑中修筑皇宫，也在宫中修筑庭院，将处理政务、饮食起居、休闲娱乐集中起来。另一方面，汉代道教创立，神仙学流行。《山海经·海内西经》与《河图·括地象》构筑了一幅神山圣水、仙气缭绕的理想景象。神仙环境成为人们追求的理想环境。出于对仙居的向往，古人从远赴郊野自

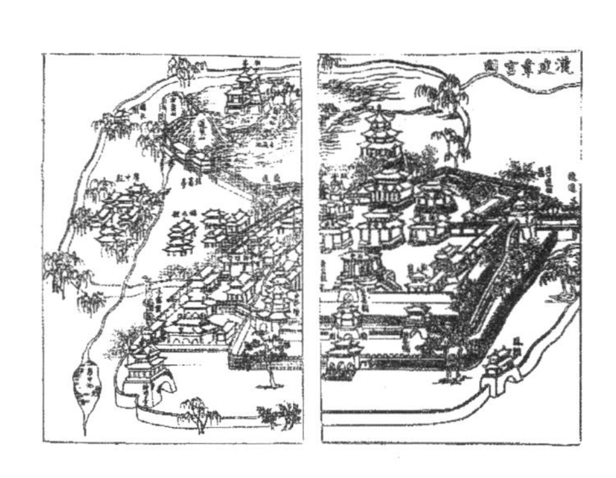

图 1－50　汉建章宫想象图
（引自王皓编《四库全书图典》(4)，第 1518 页）

然努力找寻，到在人工环境中复制模拟，更有统治者将神山仙水引入皇宫之中，模拟神仙仙境。建章宫就是汉代宫苑相参、模拟仙境的典范。

建章宫采用前宫后院的布局形式，宫殿区宏伟大气、布局规整，园林区堆山理水，开启“一池三山”园林布局模式。古代人们通过挖池筑岛来模拟神山与圣水，以此满足对神仙生活的向往（如图 1－50、1－51）。

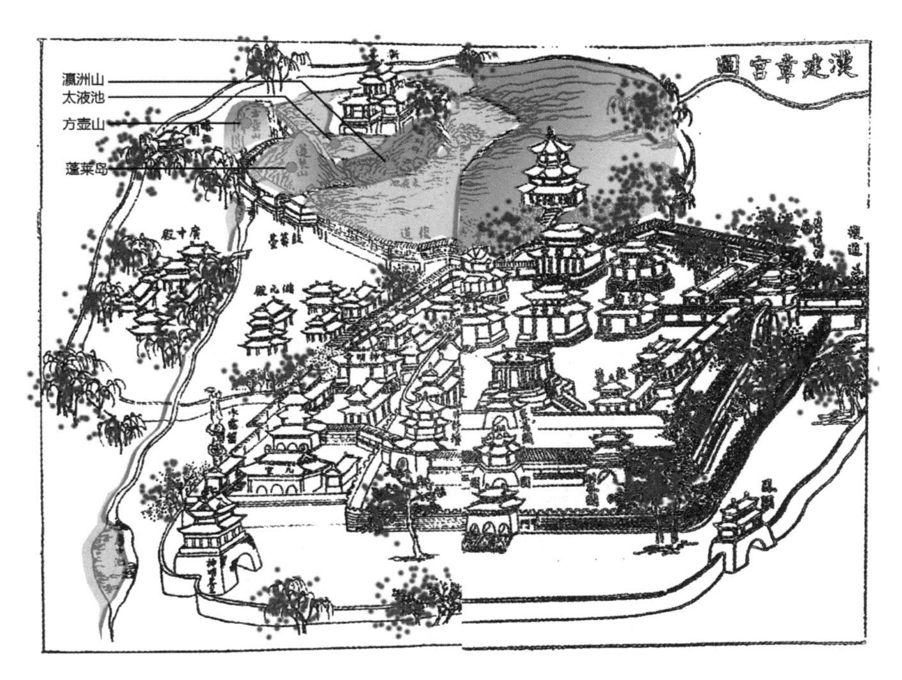

图 1－51　建章宫“一池三山”布局图

（根据王皓编《四库全书图典》(4)中的《汉建章宫想象图》绘制）

第二章　魏晋南北朝时期

第一节　魏晋南北朝时期城市发展的环境思想背景

魏晋南北朝时期，社会再次出现动乱、分裂，战争不断，民生窘困。前朝积累的丰硕的建筑成就也大多在战火中销毁。然而只要是朝代的更替与新城的建立，大多会除旧立新，魏晋南北朝时期新的城市营建数量与规模并不小，不仅体现了对前朝建设技艺的继承，也展现了革新与进步，为隋唐盛世城市建设艺术的高峰打下了坚实的基础。本章节主要以六朝建康、北魏洛阳城为研究对象，总的来说，这一时期的城市形态特点主要表现在以下几个方面。

第一，由于社会动荡、战争频繁，魏晋南北朝时期的城市建设尤为重视军事防御目的。从城市的选址到布局，城防都是首要考虑的因素，需充分利用周边的山水形胜，结合人工城墙、沟壕等建设防御体系。例如，虎踞龙蟠的六朝建康城，筑石头城，据长江之险，守重峦叠嶂，形成两重环护的防御格局，地势险要，自古以来就是兵家相争之宝地。

第二，“风水学”流行，魏晋时期，出现了中国历史上第一部风水名著——《葬书》。《葬书》虽偏重阴宅，但基本思想与阳宅相通。《葬书》首次归纳出与人有关的居住处须“藏风纳水”，这一基本主题展开为“前朱雀，后玄武，左青龙，右白虎”。其构造过程对于选址的水源、水质、藏风、纳气、采光、土壤、生物和人文等因素十分讲究，实际上形成了一种理想的人居环境模式。例如，建康城的选址讲求风水形胜，不仅地处山环水抱的形胜之地，周边的山水资源还符合风水择址中的象征含义，形成四象齐全、朝对分明的空间格局。

第三，重视礼制。汉武帝之后“罢黜百家，独尊儒术”，儒学成为统治阶层主导意识形态，城市的形态也随之发生了根本变化。尽管两汉时期还来不及将儒家礼制完全贯穿于城市规划与建设中，但这一理念深入人心，因此至魏晋南北朝时期，不管是六朝建康，还是北魏洛阳，都力图展现出儒家礼制，追求规整的城郭、明确的轴线、居中的宫城、对称的格局，都是天地秩序、君臣伦理意识具体化的表现。尤其是北魏洛阳，堪称当时最能体现《周礼·考工记》的作品。①

第四，以自然为本源，对自然进行改造的实践丰富。在“以玄对山水”的视野下，人们发现山水不但可以“澄怀味像”“铺采摛文，体物写志”，而且“极视听之娱”“质有而趣灵”“有清音”，依“性分之所适”，可以从山水中找到“知己”（“山水有灵，亦当惊知己”——《水经注·江水》）。基于对山水志趣的深刻体会，古人在自然中创造出人工自然。因此，城市的选址依山傍水，城市建设注重对周边水系的疏导与连通。园林营造不仅要纳自然山水入园，还要集自然山石花木之清雅。例如，六朝建康城的引水入城以造园林，北魏洛阳的水系改造、内外贯通，都是这一时期人们充分利用自然资源、改造自然以追求更为美好的生活环境的表现。

---

① 张晓虹：《古都与城市》，南京：江苏人民出版社2011年版，第3页。

第二节 魏晋南北朝时期城市形态与环境的关系

一、六朝建康城市形态分析

(一) 六朝建康选址与环境的关系

1. 顺应山势,气势磅礴

宏观层面,从整体的山水走势来看,南京形成了三道山水脉络,而六朝建康正好与中路山脉相衔接,充分利用山水资源成为内外两重环护格局。内层冈峦环拱,东有玄武湖、紫金山,北有幕府山,西有石头山,南有淮水;外层西北有长江天堑,近江诸山西行,至狮子山折而南行,经马鞍山、四望山、石头山,势接三山,逆江而上。整体上自然山川周遭回环,气势浩大(如图 2-1)。

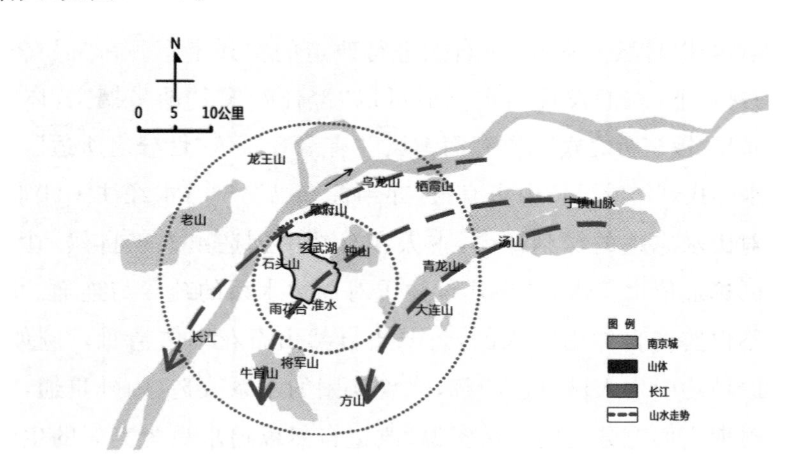

图 2-1 南京周边山水走势与城市关系示意图
(作者自绘)

2. 背山面水,四象齐全

中观层面,六朝建康城的选址讲求风水形胜。诸葛亮曾途经今南京,赞叹:“钟阜龙蟠,石城虎踞,真帝王之宅。”这一论述凸显了形胜学里“虎踞龙蟠”的帝王霸气和峰峦雄伟的形胜之势。陈亮曰:“旧日台城,在钟阜之侧，据高临下，东环平冈以为安，西城石头以为重，带玄武湖以为险，拥秦淮、青溪以为阻，是以王气可乘，而运动如意。”体现了建康城山环水抱、自然聚气的风水格局。在地理上，建康三面环山一面临水，宁镇山脉，分南、北、中三支楔入城中，中支钟山山势巍峨，似“蟠龙”呈昂首之姿俯视城中；西延低山丘陵直楔入城，北为富贵山成玄武，西为石头山俯伏如虎，南对淮水弯道，象征曲水来朝，又以南面牛首山为朝山。南支呈“青龙”蜿蜒之态，北支呈“白虎”驯俯之势，环抱护围中支“龙蟠走势”，集中体现了山水形胜、地势险要（如图 2－2、2－3、2－4、2－5）。

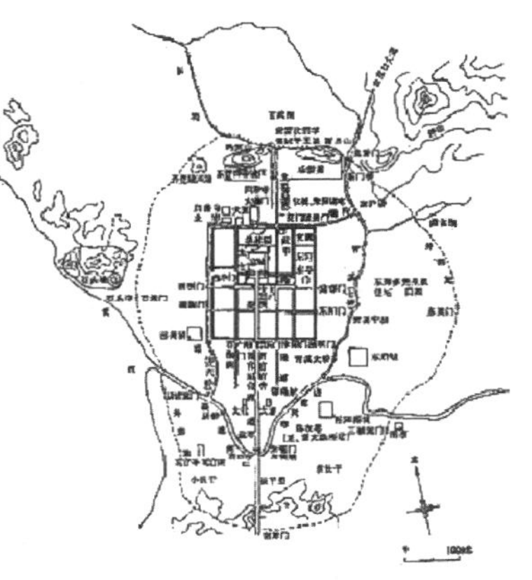

图 2－2　六朝建康平面图

（引自潘谷西编著《中国建筑史》，北京：中国建筑工业出版社 2004 年版，第 58 页）

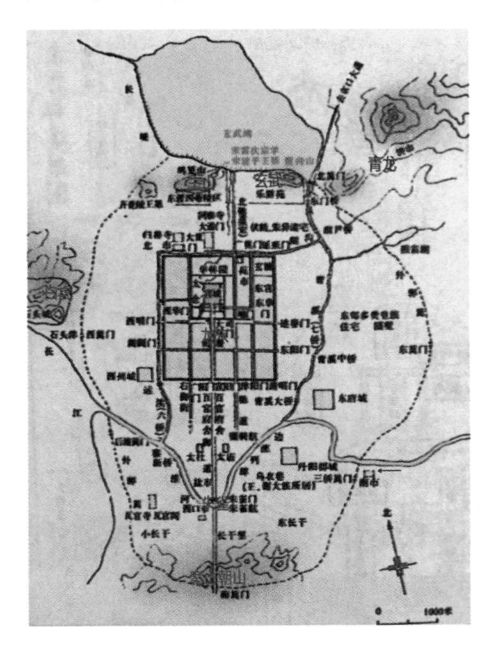

图 2－3　六朝建康选址风水格局平面分析图

（根据潘谷西编著《中国建筑史》中的《六朝建康平面图》绘制）

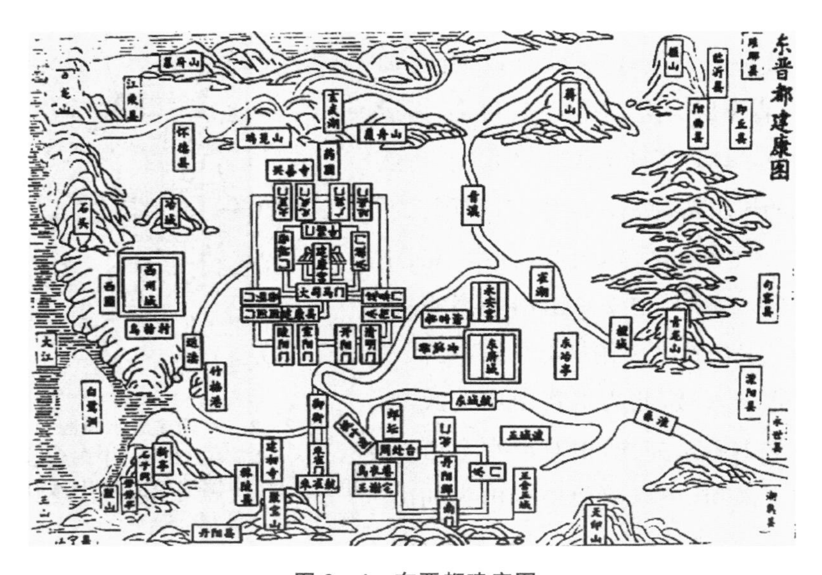

图 2－4　东晋都建康图

（引自〔明〕陈沂《金陵古今图考》，南京：南京出版社 2017 年版）

图 2－5　东晋建康风水格局图

（根据〔明〕陈沂《金陵古今图考》中的《东晋都建康图》绘制）

(二) 六朝建康空间结构、布局与环境的关系

1. 山水定轴,规整有序

六朝建康在长期的发展过程中,利用城市周边特殊的自然环境,结合山水形势,因地制宜地建构了鲜明的城市中轴线。

东吴营建太初宫时期,宫殿轴线南对淮水弯道,象征曲水来朝;东吴营建昭明宫时,在原轴线东面,正对淮水,形成了平行于太初宫轴线的新轴线;东晋时期,以牛首山为天阙,轴线的南端融入自然,北端指对玄武湖,并在主轴线两侧布局有宗庙与社稷,强化了轴线的气势;南朝时期,又在主轴线以东修建了平行于中轴线的南驰道,与太初宫轴线(右御街)对称,以此形成了"一主两副、主次分明"的轴线体系。总的来说,六朝建康的城市轴线并不是正南北朝向,而是南偏西 25 度,充分考虑了周边的山水关系,使得轴线南面正对淮水弯道与牛首山二峰,北面指向玄武湖。城内以太初宫、昭明宫为核心进行布局,建筑朝向皆与轴线平行或者垂直,规整有序(如图 2－6)。

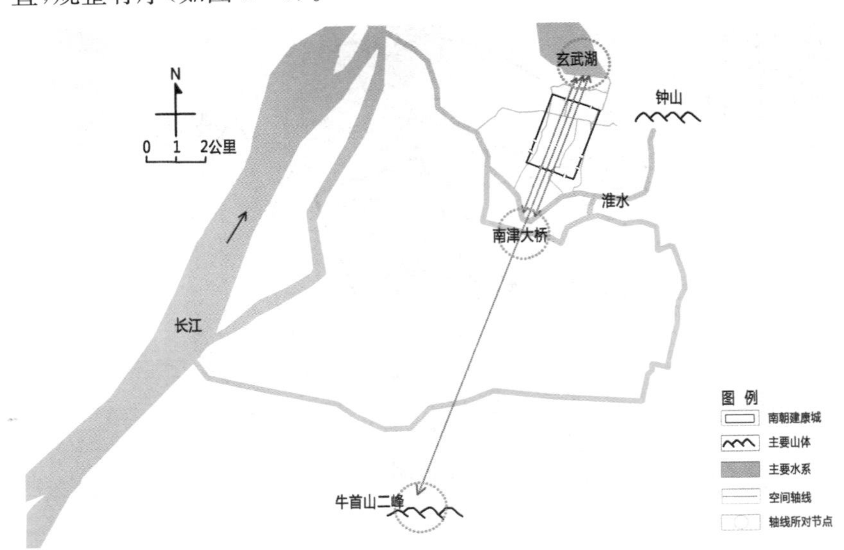

图 2－6　南朝建康城轴线体系与山水关系示意图
(作者自绘)

2. 因借山水,防御圈层

六朝建康城的空间组织充分考虑了军事防御的需要,重视对山水资源的利用,将山水优势作为城市防御要素纳入城市结构与布局当中。石头城是东吴建城的开端,位于清凉山一带,凭江而设,因山就势,是重要的军事堡垒。城墙沿着山脊而建,显示建康规划很早就具有了顺应自然、利用自然的灵活手法。石头城内部在东北地势较高处布局仓城,用以储存粮食和其他军用物资。作为都城核心的宫殿建筑群位于与石头城、淮水、北湖相近的核心地带,先后以太初宫、昭明宫为中心进行布局,至南朝时期形成了以太极殿为核心的三层防御圈层。一是方圆 1.5 公里的都城范围,布局有重要宫殿建筑,外围筑有多层城墙。二是方圆 2.5 公里的外围卫星城邑,布局有西州城、东府城、冶城等,可作为后方,为都城提供补给;此外,内部还有鸡笼山、覆舟山、鼓楼岗等制高点,形势险要。三是方圆 3.5 公里的范围,布局有石头城、越城等重要城邑,结合长

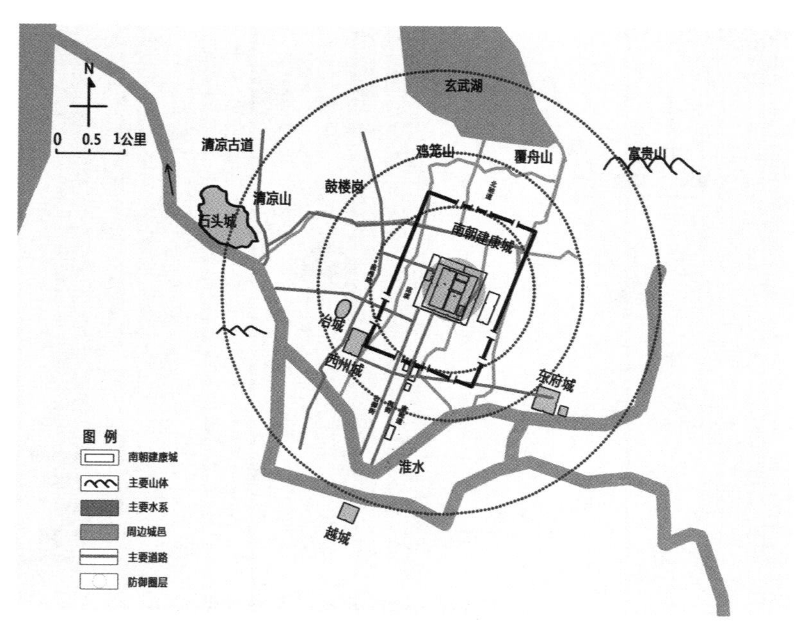

图 2－7 城防严谨的南朝建康城市布局示意图
(作者自绘)

江天堑、淮水、富贵山、清凉山、北湖等自然山水条件形成城防（如图 2－7）。

（三）六朝建康园林形态与环境的关系

建康为六朝国都，其“华林园”位于台城北部（如图 2－8），始建于吴，后历经东晋、宋、齐、梁、陈的不断经营，成为以佛教丛林寺庙为整体意象的皇家园林，是模拟佛教禅宗境界的代表之作。东晋时，简文帝“会心处不必在远”的著名园林审美命题便出于华林园之游。对此论断的领悟充满了佛学禅意：赏景不必舍近求远，只要用心，随时随地可得乐境。

华林园的命名也蕴含了古代帝王对禅宗境界的向往。“华林园”是指种植龙华树成林的花园，相传弥勒佛下凡后，在华林园的龙华树（即菩提树）下打坐成道而成弥勒佛，并于园中三开法会，普度众生。可见，都城建康将皇家园林命名为“华林园”的实质是把皇家园林比拟成成佛之地，帝王们将来世成佛的美好愿望寄托于皇家园林当中。

园林因水而活，华林园于元嘉时期拓建，引玄武湖之水入天渊池，湖水通过天渊池流入宫中，然后经过太极殿出东、西掖门而注入宫城南面，最终与青溪连接。因此玄武湖与华林园、宫城、青溪之间水道贯通，形成一个整体水系（如图 2－9、2－10）。

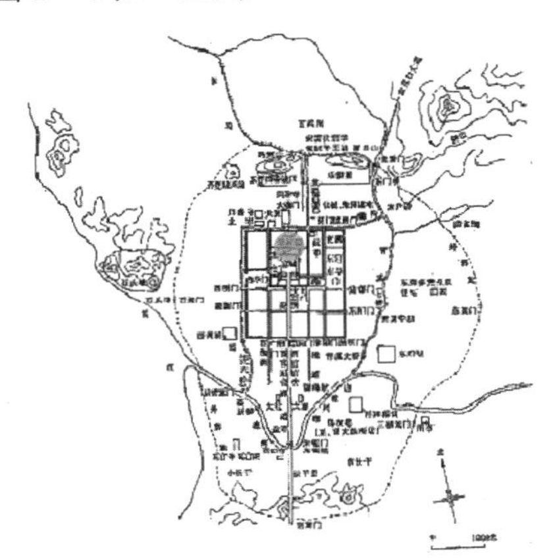

图 2－8　六朝建康华林园位置图

（根据潘谷西《中国建筑史》中的《六朝建康平面图》绘制）

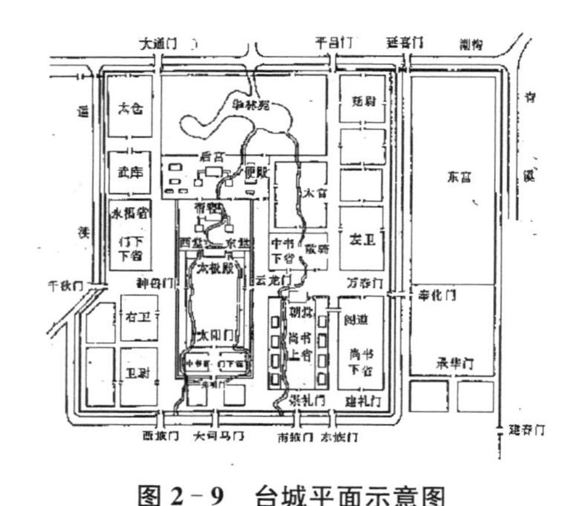

图 2-9　台城平面示意图

（引自彭一刚《中国古典园林分析》，北京：中国建筑工业出版社 1986 年版，第 1 页）

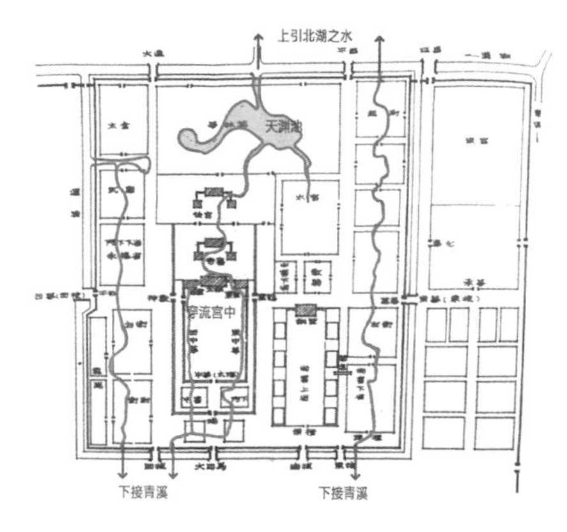

图 2-10　台城水系网络平面分析图

（根据彭一刚《中国古典园林分析》中的《台城平面示意图》改绘）

二、北魏洛阳城市形态分析

（一）北魏洛阳选址与环境的关系

汉魏洛阳故城为驰名中外的洛阳五大古城之一（其余四大古城是二里头夏朝都城、偃师商城、东周王城、隋唐东都城），位于今洛阳市与其下辖之偃师市、孟津县毗连之处，西距今洛阳城约 15 公里，地处伊洛平原中心。伊洛盆地地处黄河中游的河南省西部，北部为秦岭山系崤山支脉的邙山黄土丘陵地带，南部为以万安山为主的低山丘陵地带，中部伊河、洛河东西向穿过，形成了地域广袤、土地肥沃的冲积平原。伊洛盆地四面环山，丘陵是该区域主要的地貌类型。以周边山脉为屏障，在山峦相交处的交通要道上设置关隘要塞，形成天然的军事防御。伊洛盆地的水系丰富，盆地内有伊、洛、瀍、涧四水纵横其间，其中伊河、洛河横贯盆地，于盆地东部汇合后注入黄河。伊河、洛河冲积平原形成了豫西地区最大的河谷平原，地势平坦开阔，交通便利，气候温暖，物产丰茂，是这一时期王朝建立都城的理想之地。北魏洛阳北依邙山，南临洛河，城址所在区域地势开阔，尽享区域资源之优势，堪称形胜之地（如图 2-11、2-12）。

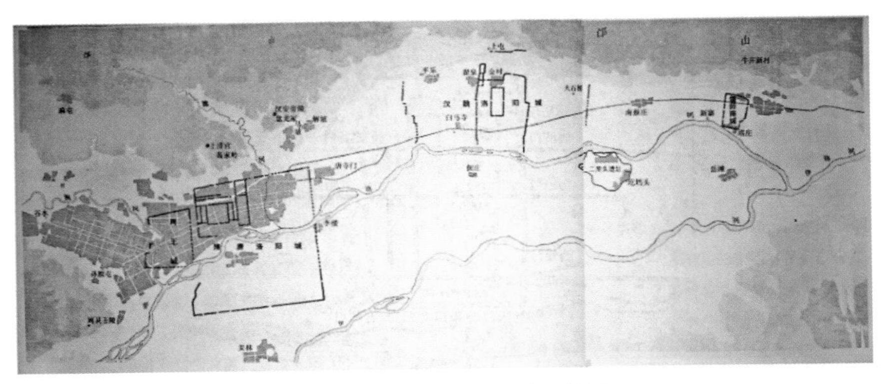

图 2-11　洛阳古代都城形势图
（中国社会科学院考古研究所考古博物馆洛阳分馆藏）

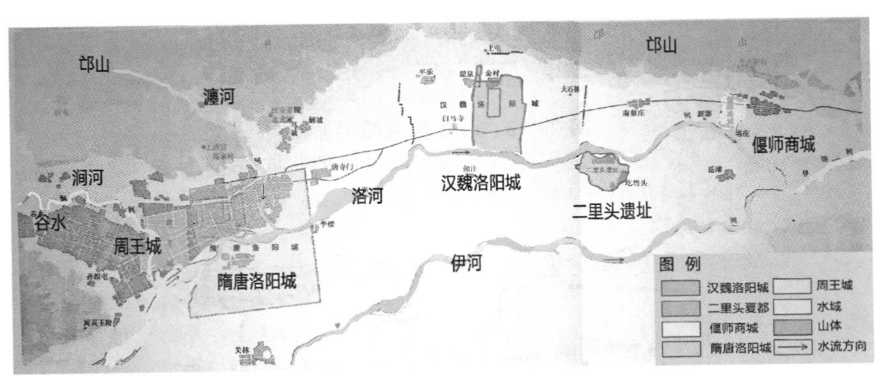

图 2-12　洛阳地区都城位置与前朝都城遗址及周边环境关系分析图
（根据中国社会科学院考古研究所考古博物馆洛阳分馆藏的《洛阳古代都城形势图》绘制）

伊洛盆地水源充沛，有其天然的优势，但也存在洪水泛滥成灾的威胁。流经伊洛盆地的伊、洛、瀍、涧四水水位与流量存在季节性变化，洪水期水量暴涨，加之四水上游植被的破坏，河水的泥沙含量高，河床抬高，洪水泛滥，河流改道，容易对沿河城市造成威胁。因此，北魏洛阳城的选址还充分考虑了城市防洪的需求，完全建造于洛河北岸，且与洛河保持一段距离（如图 2-13、2-14）。

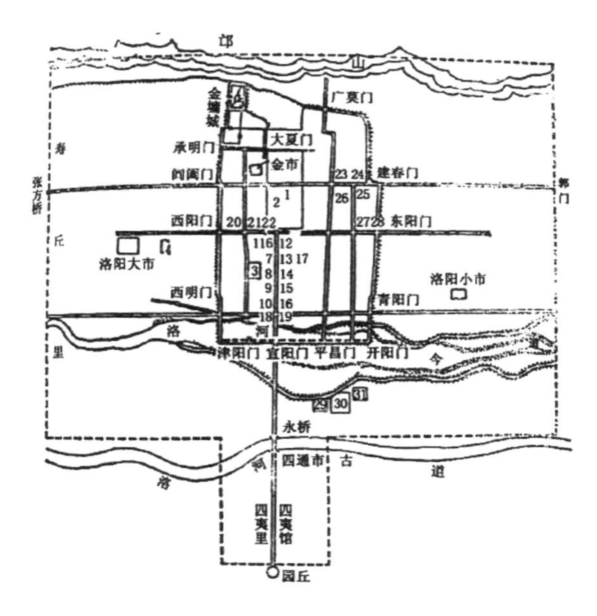

图 2-13 北魏洛阳城平面图

（引自贺业钜《中国古代城市规划史》，北京：中国建筑工业出版社 1996 年版，第 473 页）

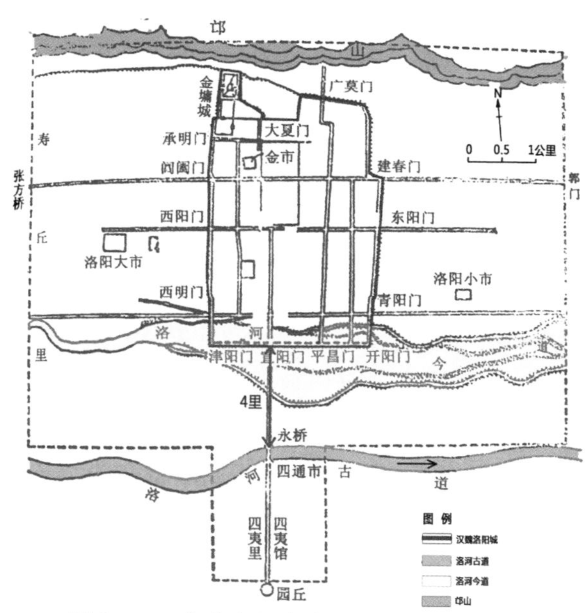

图 2-14 北魏洛阳城选址与山水关系分析

（根据贺业钜《中国古代城市规划史》中的《北魏洛阳城平面图》绘制）

(二) 北魏洛阳城郭形态与环境的关系

北魏洛阳城的平面形态呈南北向的不规则长方形。现存的东、西、北三面城垣皆不平直，在东垣的上东门和西垣的上西门皆有一处转折；旋门和广阳门处有一处小的弯曲；北面的城垣更为曲折，呈凹字形；城西北角略为平直；东北角走向偏东南，略呈弧形。这种形态是北魏洛阳顺应地形、多次增扩城址、考虑防御等因素的结果。

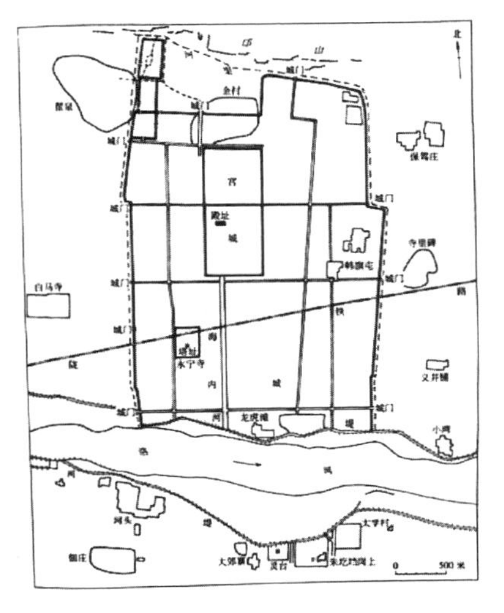

图 2－15　汉魏洛阳城遗址平面图
(引自中国科学院考古研究所洛阳工作队《汉魏洛阳城初步勘查》,《考古》1973 年第 4 期，第 199 页)

从周边地理环境来看，都城北临邙山，山体走势在都城所在区域呈东南向。建城之初的地形情况已无从考证，但一般来说，越靠近山体，地形越为复杂，且从区域内的现状来看，村镇名称所反应的地形地貌是沟壑纵横、较为破碎的。因此，可以推断，北魏洛阳金墉城北面所至范围紧邻邙山，北垣中部凹曲、东部走势向东南偏折的不规则形态是顺应地形地貌的结果。

从洛阳城的营建历程来看，自周公营洛后，北魏洛阳至少经历了四个不同时代的古城叠加在一起，每次扩建都是对前代城址进行保留并进行扩充，前后城址交接处都有曲折。根据考古发掘报告，最早的城址是西周时期的成周城，位于汉魏旧城城址中部。东周时期向北扩展，南部沿用西周旧城，北城为新扩部分，城垣相当曲折。秦汉时期，洛阳城址向南扩大，此次扩建部分基本呈长方形，只是东西二城垣略微向内收缩，在新旧相接处形成一个小的转折。东周和秦汉时期的两次增扩，奠定了东汉洛阳城的基本形态和规模。曹魏时期沿用东汉旧都，在增修与补筑的基础上修建金墉城，北魏时期进一步扩展，超出了原有都城的范围，最终形成了北魏洛阳的基本形态。

从防御的角度来看，建造者有意识地将城垛建成了一种曲折的形式。这是因为通过在城垣外侧制造曲折，可增加戍卫的侦察范围，便于进行有效的防御外敌的布置（如图2－15、2－16）。

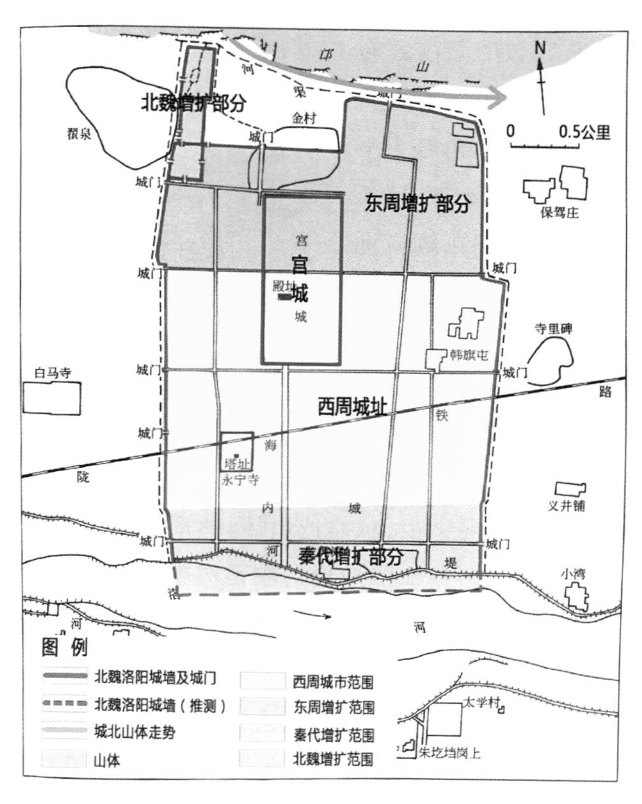

图2－16　汉魏洛阳城城郭形态分析图
（根据中国科学院考古研究所洛阳工作队《汉魏洛阳城初步勘查》中的《汉魏洛阳城遗址平面图》绘制）

（三）北魏洛阳空间布局与环境的关系

北魏洛阳城的布局是遵循礼制与考虑地理条件共同规划的结果。北魏洛阳所在区域从北面的邙山至南面的洛河，地势呈现出阶梯状递减的趋势，其宫城居于城中央偏北，占据较高的地理地势。宫城南门的铜驼街为御道，宽广笔直，直通宣阳门，南渡洛河，直达南门外的圜丘。道路两侧布局有中央机构与社稷、祖庙等重要建筑，符合“左祖右社”的礼制结构。考古资料显示，处理朝政的太极殿位于南部，寝宫与园林位于北部，符合“前朝后寝”的制度布局。文化礼仪类的建筑位于都城南郊，城内道路采用经纬涂制，横平竖直，建筑坐北朝南，可以说，北魏洛阳的布局是西汉以来最为接近《周礼·考工记》中营国制度的。

另一方面，北魏洛阳市场的设置则并未按照传统模式形成“前朝后市”的格局，而是结合地理环境与发展的需要布局于城外，靠近河流与水

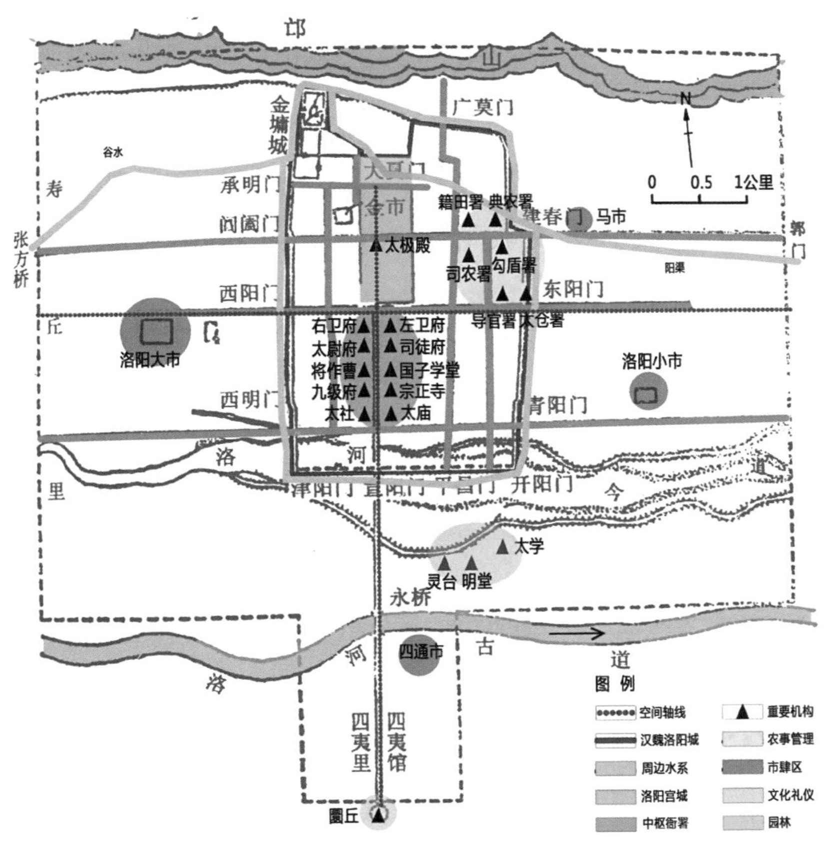

图 2－17　北魏洛阳城功能分区图

（根据贺业钜《中国古代城市规划史》中的《北魏洛阳城平面图》绘制）

渠,临近道路。北魏洛阳的主要商业集中区包括大市、小市、马市、四通市等。大市位于都城西面西阳门外,有便捷的大道直通向西,又处于谷水与洛河之间,便于航运;小市在东城青阳门外,为粮食交易市场;马市在东城建春门外,为交易牲口的场所,它与小市临近阳渠,便于货物的运输;四通市位于城南外的永桥之南,北靠洛河,南近伊水,以水产交易为主。因此,商业集中区水陆交通极为便利,商户众多,洛阳规划之时特地在此设有驿馆,供商人旅居和举行商业活动(如图 2-17)。

(四) 北魏洛阳的水利工程与环境的关系

1. 连续贯通、供排并举

中国科学院考古研究所考古勘探资料显示,北魏洛阳城址位于山南水北,地势从北至南逐渐走低,城南的洛河河床较低,难以自主流入城中,谷水和瀍水虽然海拔相对较高,但离都城较远,且穿越地段崎岖,减弱了谷水的流量。因此,为了满足洛阳居民用水,北魏洛阳顺应自然、利用资源,对周边的河流水系进行了科学的改造,形成了集供水、排水、排洪、调蓄等多功能于一体的城市水系网络,展现了利用自然、改造自然的规划手法。

从城市区域层面来看,据段鹏琦先生考证,洛阳城西有一大型水域,为千金堨工程形成的蓄水库,可以调节谷水引来的水。此外,该地建有千金渠连通洛阳城,作为供应都城用水的保障。千金堨所形成的水库北有瀍河故道,通洛河,被用作水库溢洪道的尾渠,以备洪水的宣泄,保证了千金堨的安全,使洛阳城免受洪水之灾。

千金渠至洛阳城西北角外与金谷水汇流,由城西北角进入护城河,向东向南分为两派,分别绕城四面,在城东建春门外汇合为阳渠,东流而去。护城河水由城东南角东流入阮曲渠,再东注入鸿池陂,再东流,合阳渠水,东流至偃师,南入洛河,由此形成一个连续贯通、供排并举的水网系统(如图 2-18)。

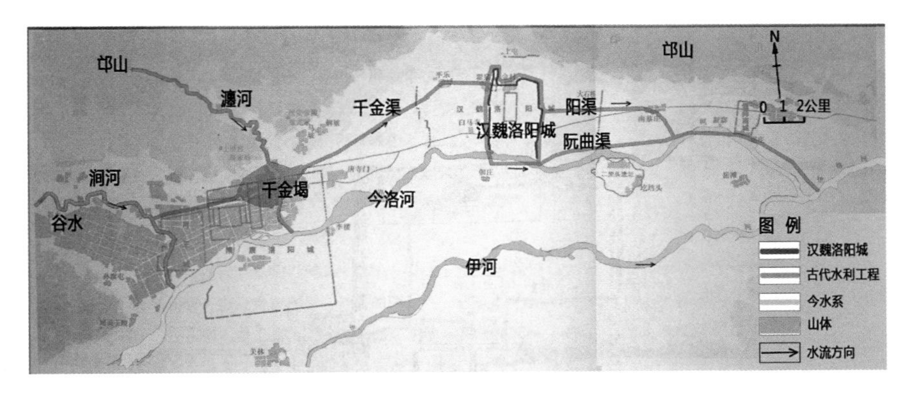

图 2-18　北魏洛阳外围水利工程分析图

（根据中国社会科学院考古研究所考古博物馆洛阳分馆藏的《洛阳古代都城形势图》绘制）

2. 三渠入城、均衡布局

在洛阳城市内部层面，护城河由三个渠道进入城内：一条自北穿城墙入华林园，经天渊池出园南流，东注南池，即翟泉，再注入护城河；一条自西入城，至宫城外分为两支，一支由宫城西墙下的石涵洞入城，注入九龙池，再东流出宫城，南流东注入护城河，另一支沿墙外南流转东，再分为两支夹铜驼南行，流入南渠；一条即南渠，从西墙南侧流入城市，然后流入护城河。完善的水网络贯穿全城，三支水系均衡分布于都城北部、中部、南部，并与城外水系连通，不仅解决了都城内部的供水、排水，还美化了城市的环境，调节了小气候，达到了一定的生态效益（如图 2-19、2-20）。

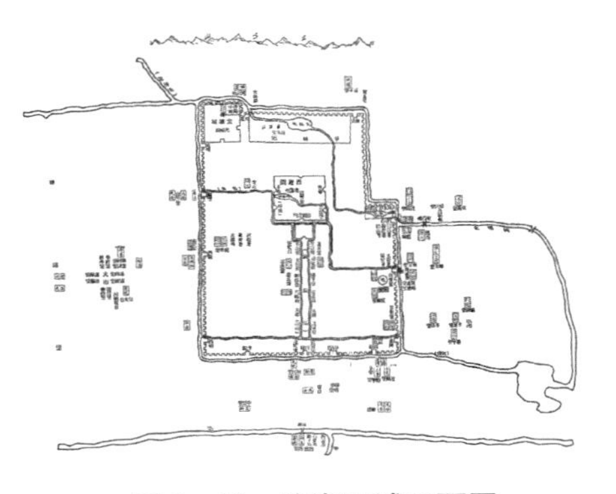

图 2-19　魏洛阳城平面图

（引自〔北魏〕杨衒之撰，杨勇校笺《洛阳伽蓝记校笺》，北京：中华书局 2018 年版，附图一）

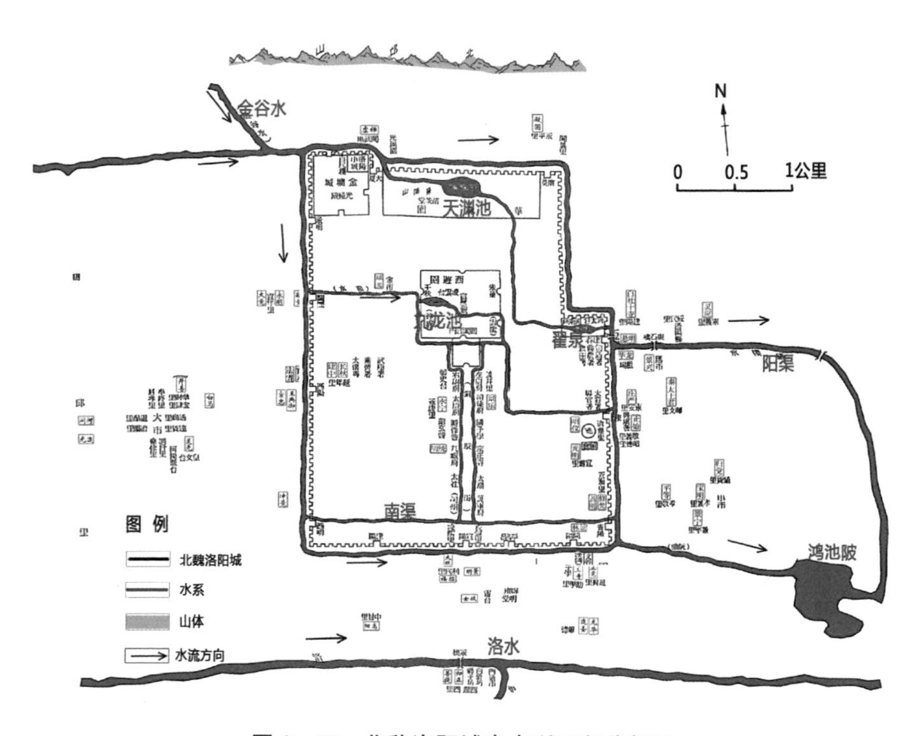

图 2-20　北魏洛阳城内水利工程分析图

（根据〔北魏〕杨衒之撰，杨勇校笺《洛阳伽蓝记校笺》中的《魏洛阳城平面图》绘制）

第三章　隋唐时期

第一节　隋唐时期城市发展的环境思想背景

从隋代开始，中国进入一个空前大发展时期，至唐代，中国成为历史上最为强大的王朝之一，封建社会处于上升期。知识分子充满建功立业的志向，在现实与精神层面空前强化。儒道佛三家思想都非常发达，经济繁荣，社会稳定。在这样的背景之下，环境思想逐渐丰富、完善、提升，突出特点是不拘一格，呈多元化的发展态势。城市规划建设展现出形式、功能、文化与精神的交融，国都长安与东都洛阳城堪称对以往城市规划经验的高度总结与升华，在中国古代城市规划建设史上有着举足轻重的地位，对后世城市规划影响深远。

首先，隋唐时期的城市规划、建设与自然资源的关系紧密，注重对自然的利用与改造。城市选址于物资丰富、水系充沛的关中与伊洛盆地；功能布局结合地形地势；引水造渠，临水筑园，隋唐长安的八水分流，隋唐洛阳的洛水贯都，无不体现了人们对自然环境的高度认识与充分利用。

其次，敬天文化之下的礼制观念盛行，对宇宙的模拟、对秩序的追求贯穿于城市规划建设的始终，且较前朝更加完善。因此隋唐时期的都城具有规模庞大、结构严谨、规整有序、气势恢宏的美感特点。轴线在空间中的统领作用更为明显,突出了以宫城为中心,沿中轴对称布局的空间特点。等级制度明确,道路网络泾渭分明,住宅的分布、占地规模与形制依居住者身份的不同而不同。尤其是唐长安将《周礼・考工记》的营城制度表现得淋漓尽致。在融合防御、政治、商业、居住以及休闲娱乐功能的同时,城市空间布局寓意深厚,注重天地人三者之间的相互协调,强调城市格局与山水格局、礼仪制度乃至天文星象之间的同构关系。

再次,唐代佛教兴盛,引导着人们在环境审美上更多地去感悟精神上超越的意味。佛教有着众生平等、珍视万物的生态智慧,这种对于自然的积极态度,结合人们对自然界本质的认识,使人们崇敬并珍视自然,同时也利于建立人与自然相辅相成、和谐共存的关系。佛家"色空一如""无染无着""不假分别"的大乘禅观推动了山水精神的弘扬。佛家认为只要能克服外界的诱惑和不良影响,无论在哪里都能修心。这就使得古代文人雅士不再执着于隐居自然山水中,出现了"隐于市"甚至"隐于朝"的现象。市井之民、朝野之士甚至帝王开始修行心境,追求宁静、朴素的生活,而作为情感寄托的自然山水开始走入市井,用于修心的山水园林、佛寺开始走入城市。因此,唐代城市的佛寺与园林空前发达,在城市之中广为分布。可以说,佛教所推崇的禅意境界促进了古代人们对回归田园、融于自然的心灵追求,这种追求又不拘泥于天然的自然,使得人工环境当中充满了山水精神与自然空间,从而拉近了人与自然的空间距离与精神距离。

最后,风水阴阳观念在城市的空间形态中得以体现。阴阳在古代人们对自然现象的长期观察中,被推崇为宇宙间的根本规律和最高原则。它虽是一种抽象的概念,但具体到世间种种事物中,便有丰富变化。例如,自然之天地、日月、山水、昼夜等,人世中的男女老幼、君臣、夫妻,以及生死、尊卑、优劣等,事物性状如刚柔、沉浮、进退、表里、明暗、强弱等,都是一种阴阳对立统一的存在关系。在城市空间的组织上,"阴阳和合"的观念转化为注重异质空间的对比,并维护一定的平衡。异质空间的对比是通过方位的对比与空间类型的对比这两种方式来表达的。在方位上，古代根据太阳的方位确定东方属阳，西方属阴的方位象征，根据向阳的程度确定南方属阳、北方属阴的方位象征，再通过空间所代表的象征含义或阴阳属性同方位相对应的规律进行布局。例如，《淮南子》书中以水、火、月、日喻“阴阳”，故古代祭祀天、地、日、月的礼制空间象征“阴阳”；《周易》则以男女、刚柔论“阴阳”，故城市空间按照使用对象的性别不同以及功能属性的不同有了阴阳之分，如天子所用为阳、后妃所用空间为阴，武官衙署属阳、文臣衙署属阴等等。将这些被赋予了阴阳象征含义的空间与方位的阴阳进行一一对应，即可确定不同空间要素在古代城市中的位置分布。在空间类型上，则是通过对比空间组织方式的多样性和所呈现出明显的特征差异（自然或者人工的反差），如城市或建筑本身同自然山水进行对照；在城市内部有建筑组群布局的疏与密、高与矮的对比；还有建筑色彩的明与暗，以及空间意象的刚与柔等种种不同的对比，这些差别相互衬托形成最终的对立统一。这种对立统一的关系在都城中以唐长安最为典型，从宏观的结构布局，到中观的空间组织，再到微观的建筑形态，都以阴阳和合，两极平衡的空间模式为理想境界，体现了古代城市阴阳调和、两极转换的艺术魅力，实现了主客体之间交互相融的紧密联系，同时也是对“天人合一”境界的一种肯定。

第二节　隋唐时期城市形态与环境的关系

一、隋唐长安城市形态分析

（一）隋唐长安选址与环境的关系

隋代大兴城的选址充分考虑了周边地形地貌与前朝旧址的影响。由于汉长安城历时已久，城中宫宇腐朽，供水、排水严重不畅，同时汉长安所在的龙首山周边不够开阔，难以支撑城市规模的进一步扩张，而且北临渭水，地势较低，易有水患侵袭，于是隋代另择新址重建都城。

为了避免与汉长安城的冲突，选址于汉长安的东南处与其紧邻，使得汉长安不会干扰新城。《隋书・文帝本纪》及《册府元龟・卷十三》载："此城从汉以来，凋残日久，屡为战场，旧经丧乱，今之宫室事近权宜，又非谋筮从龟，瞻星揆日，不足建皇王之邑。"正是考虑到汉长安城久经战乱，难以修复，且宫殿与一般建筑混杂、分区不明确、秩序不清晰、管理不方便、防御不坚固等问题，隋代才在汉长安东南侧另建新城。这样的区位关系还有利于将汉长安划入隋代大兴城北部禁苑的范围之中，以便充分利用与管理，使之成为大兴城西北郊一个有机的组成部分(如图 3-1)。

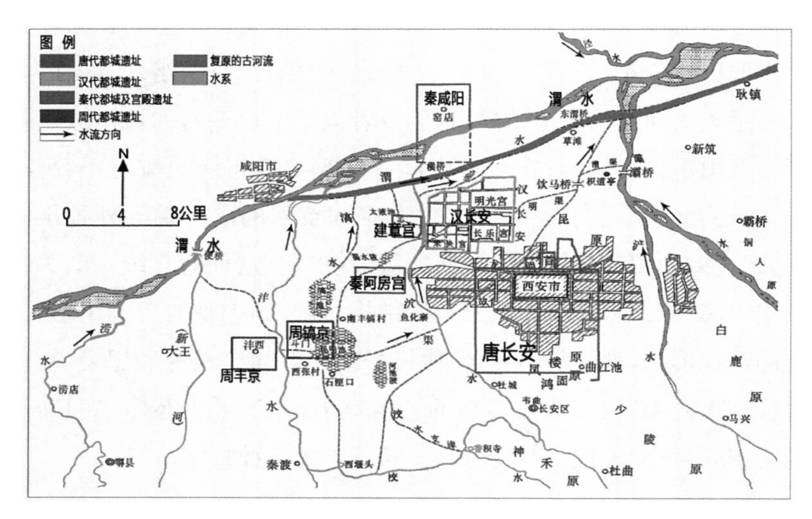

图 3-1 唐长安城址与前朝遗址、周边水系关系分析图
(根据何清谷校注《三辅黄图校注》中的《汉代长安八水示意图》绘制)

(二) 隋唐长安城郭形态与环境的关系

中国古代环境思想讲求"尊天重地"，人工环境的营造要尊重自然、效法天地。古代人们通过对宇宙初步的观察与认识，得出了"天圆地方"的形状认识。而这种基于宇宙图示的理解，反映到都城城郭形态上，就表现为因地为方，故取国土为方的意象。另一方面，古代环境思想还讲究"尚中重序"，即通过对自然秩序的效法，建立社会秩序。这种秩序对城郭形态的影响较为深远，在春秋战国时期就形成了相对成熟的规则。

代表性的规则如《周礼・考工记》中的“匠人营国，方九里，旁三门”，它所阐述的城郭形态不仅蕴含着一定的儒家文化思想，还是礼制思想典型特征的深刻体现，推崇的是一种严谨、精确、规整的“方正”城郭形态，对后代城市规划的影响较大。

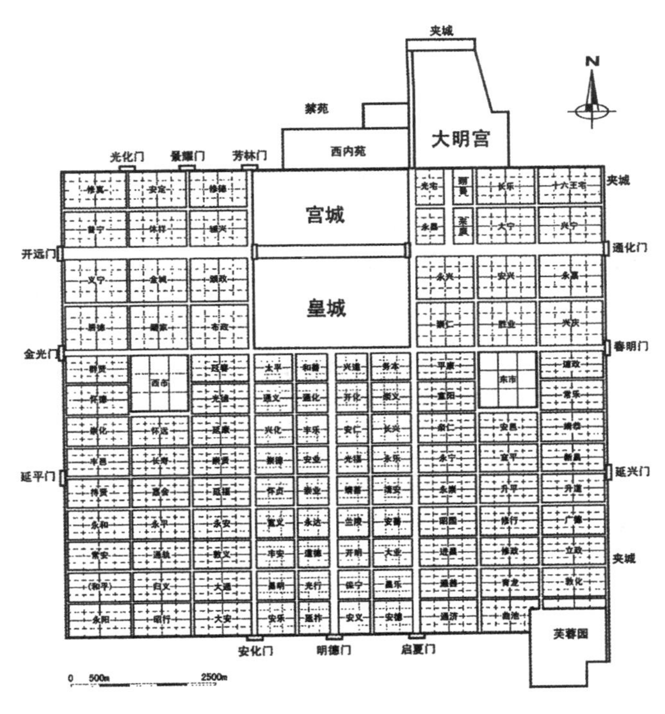

图 3-2　唐长安复原平面图

（引自贺从容编著《古都西安》，第 42 页）

除此之外，古代对秩序的推崇影响了土地分配制度，《周礼》当中详细记载了“井田制”的模式，形如棋局。吴隽宇（2004）在《井田制与中国古代方形城制》中认为，西周等奴隶制时期的“井田制”管理制度，对“方形城制”产生了深远的影响，反映了当时农业秩序的缩影。可见，在中国古代环境秩序观的影响下，无论是“尊天重地”，还是“尚中重序”，都在古代都城的城郭形态显现上极为相似（如图 3-2、3-3）。

唐长安城，都城方正规整、对称严谨的外部形态展现了秩序的独特艺术魅力。方形的城墙形制一方面有利于王城形制的形成与布局，另一方面能通过与自然环境的自由、随意对比，表达对整体协调、秩序井然、等级分明的环境模式的追求。同时，它也表现了“天授君权”的绝对威严和天然的合理性，满足了历代帝王建立严谨社会秩序、捍卫传统伦理价值的目标。

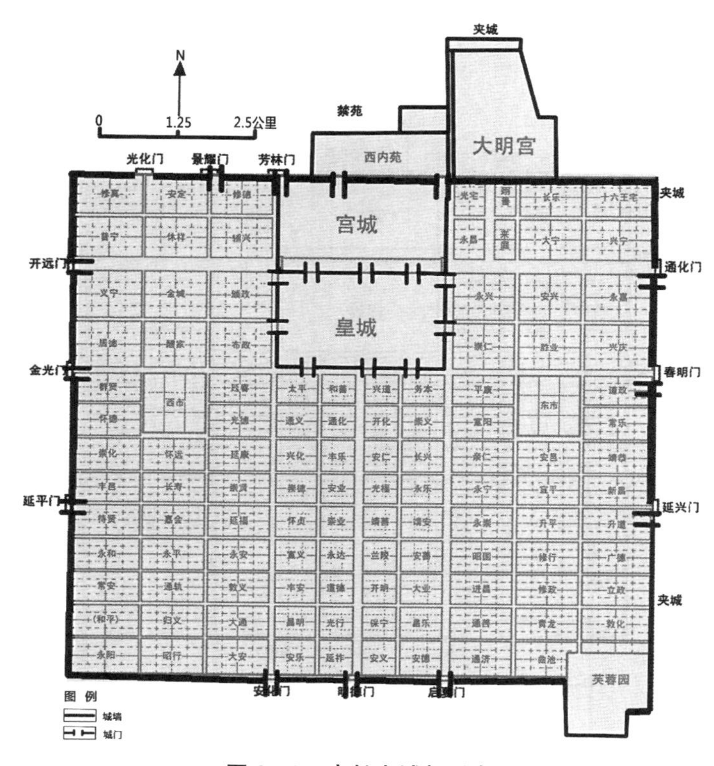

图3-3 唐长安城郭形态

（根据贺从容编著《古都西安》中的《唐长安平面复原图》绘制）

（三）隋唐长安的空间结构和布局与环境的关系

1. 隋唐长安整体空间结构对天宫的模拟

隋初宇文恺设计规划大兴城（杨坚早年曾被封大兴公，便为新都取名“大兴城”，取其水运兴盛之意，唐改名为长安城），以皇帝居处的宫城象征天象中天帝所在的北辰，位于都城北部的正中，而不是居外郭城平面的几何中心。这与《周礼·考工记》中所载宫城应该位于皇城核心的说法有较大区别，应是“尊天重地”思想原则下对宇宙图示效法的结果。子曰：“为政以德，譬如北辰，居其所而众星共之。”宫城只有位于北辰之中，即北侧居中的位置，才能“正四时”，而宫城周边分布了众多的官署衙门，则象征着北辰周围的紫微垣，这一点可以从唐朝开元元年(713 年)设置的紫微省、紫微令、紫微舍人等机构得到印证。隋唐长安城布局整齐统一，左右两侧严格对称。城内有 14 条东西向大街，11 条南北向大街，被分为 108 个坊。这 108 坊象征天空中的 108 颗星，并代表全国郡县。皇城正南面的四列东西向坊，寓意着一年四季，皇城东西两侧的十三排南北坊，象征着一年有闰。此外，用众里坊与东西两市比喻天象中向北环拱的群星。以朱雀、玄武等星象方位来布局和命名皇城和宫城

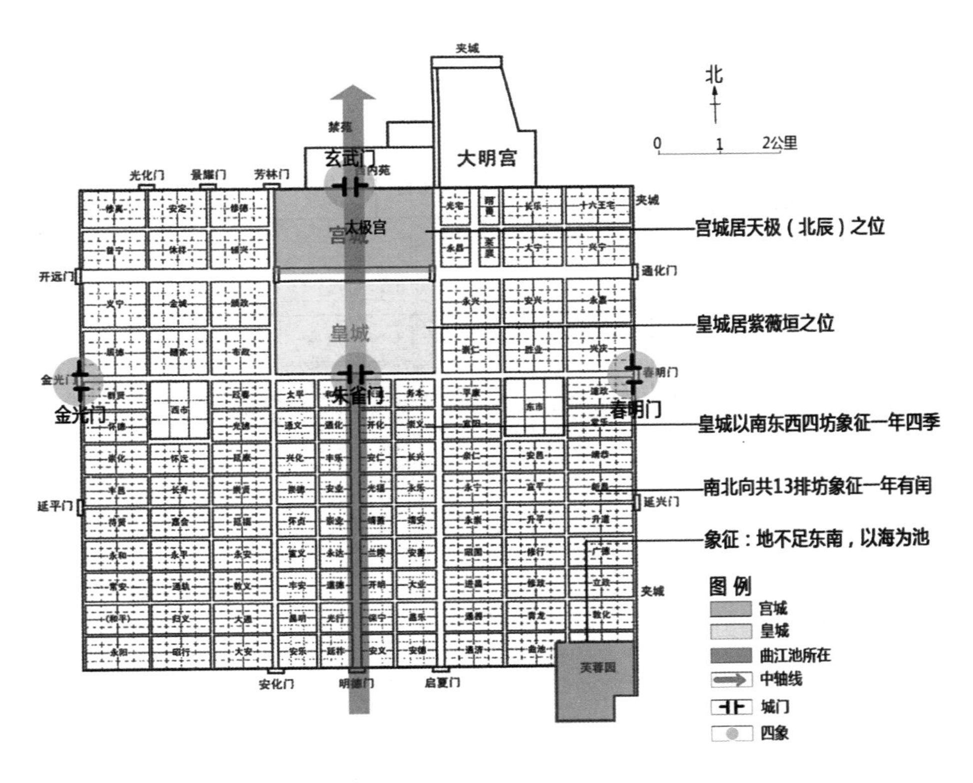

图 3-4　隋唐长安“象天法地”分析图

（根据贺从容编著《古都西安》中的《唐长安平面复原图》绘制）

之门，体现四象齐全之意。都城东南角的曲江池，虽然早在秦汉时期就形成了一个湖泊风景区，但是在隋初宇文恺首都规划设计中，其被疏凿，成为“天不足西北，星辰西北移；地不足东南，以海为池”的天象观念，这些都体现了隋唐长安城“象天法地”的规划思想（如图 3－4）。

2. 隋唐长安整体空间结构的礼制思想表达

隋唐长安城在中国城建史上具有非常重要的地位，是“尚中重序”思想原则体现得最为完整的都城代表。唐长安以前叫隋大兴城，它是由出身于北周皇家的宇文恺规划而成的，其精通历代的宫室制度，所以隋唐长安严格按照《周礼・考工记》营国制度。在整体的空间结构上，都城由规整的三套方城（外郭城、皇城和宫城）和中轴对称的整体

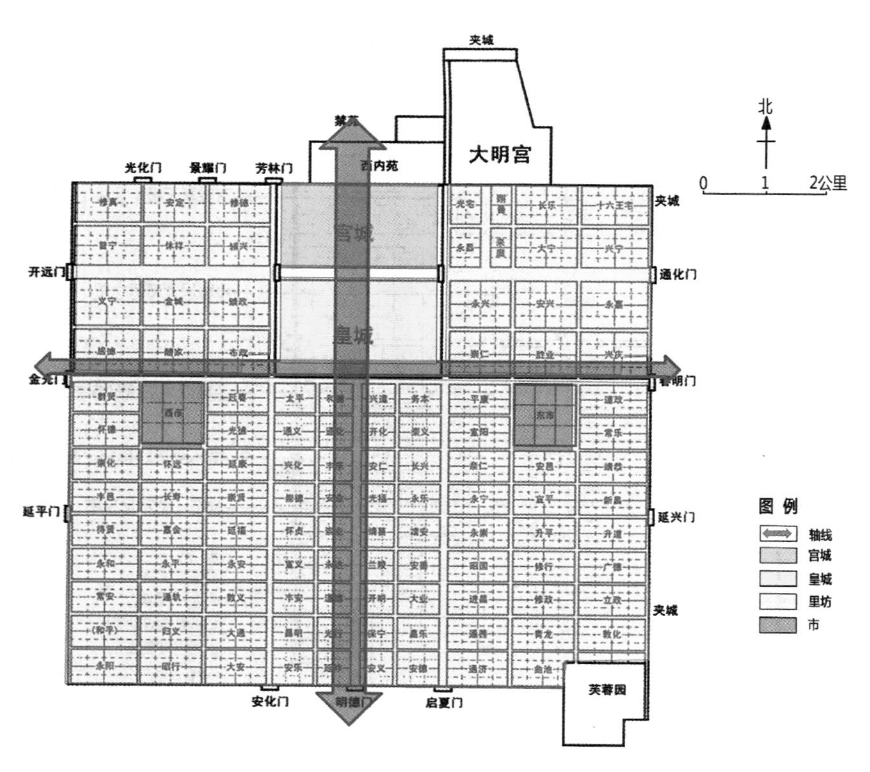

图 3－5　隋唐长安空间结构分析图

（根据贺从容编著《古都西安》中的《唐长安平面复原图》绘制）

结构组成。从皇宫南门（朱雀门）一直延伸到都城南门（明德门）的朱雀门大街，作为都城的中轴线，两侧对称布置着其他功能片区。隋唐长安的住宅区执行着“里坊制”，有着严格的宵禁。在这一制度下，城市形成了非常规则和严谨的结构。通过以正方形或者矩形的“坊”为基本单元，它在城市形态和城市规模上都显示出了高度的一致性，因而整个城市都彰显出一种气势雄伟、井然有序的磅礴之美。隋唐长安的宫城虽并未居于城市的正中，却仍在南北中轴线上，它在城市空间结构布局上将“周王朝”规则和严谨的布局模式进行了十分理想化的学习和实践，不仅是因为天子对周礼的无限尊敬，更因为隋大兴城是一座抛弃原有汉长安旧址重新择址而起的新城。《隋书》和《册府元龟》中曾记载汉长安被严重破坏，正是由于它难以修缮，宫殿和一般建筑杂物分工不清，秩序紊乱，防御和管理不方便，隋朝才在汉长安东南角择址而建新城（如图 3－5）。

3. 隋唐长安的功能布局对地形的考虑

隋大兴城的功能布局充分考虑了地形地貌的影响。从隋大兴城所在位置的地形来看，都城占地范围内地势东南高，西北低，高差达 30 多米，自北向南形成六条岗地。宇文恺在规划时，将此六条岗地引为六爻。

根据乾卦，九二、九三、九五三爻最为重要，为贵地，因此在第二道岗上布局宫城，在第三道岗上布局皇城，在第五道岗上布局玄都观与兴善寺以镇风水，其他高地则布局王府宅院与寺观，岗地外的低洼处布局平民百姓居所。都城西南角并未布置高大的建筑，因为这一带是少陵原上地形凹陷的一块低洼地带，南北长而东西短，像个葫芦瓢，仰口镶嵌在原面上，东、南、西三面高昂，只有北面一个狭窄的出口，总面积达 0.7 平方公里。① 于是，宇文恺兴建大兴城时，因此带“缺陷地不为居人坊巷而凿

① 中国科学院考古研究所西安唐城发掘队：《唐代长安城考古纪略》，《考古》1963 年第 11 期，第 595—610 页。

之为池”①，修建了芙蓉园，其水源为从大峪口引潏水入曲江池的黄渠。芙蓉园位于曲江池南部地势最高的地方，由于这一带位于水源上游，靠近秦岭山脉，故水系发达，气候宜人，环境优美，是游览与避暑胜地。另一方面，曲江池作为一个给外郭城东南部的居民提供用水的蓄水池，在缓解长安城区水利布局的问题上起到了一定程度的作用（如图3－6、3－7）。

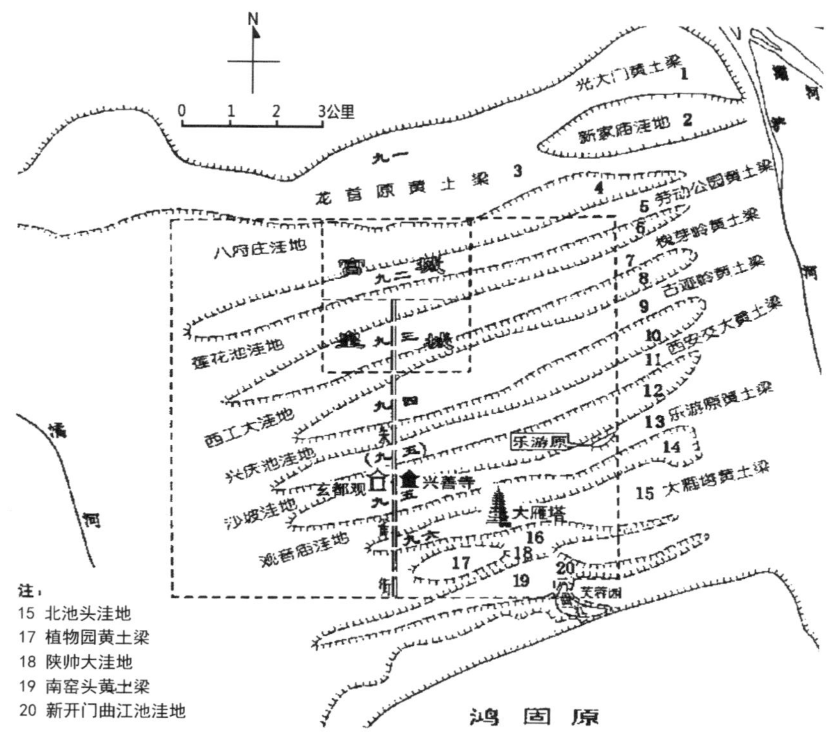

图3－6 隋大兴六爻地形

（引自贺从容编著《古都西安》，第40页）

① 《隋书》卷68《宇文恺传》，北京：中华书局1973年版，第1591页。

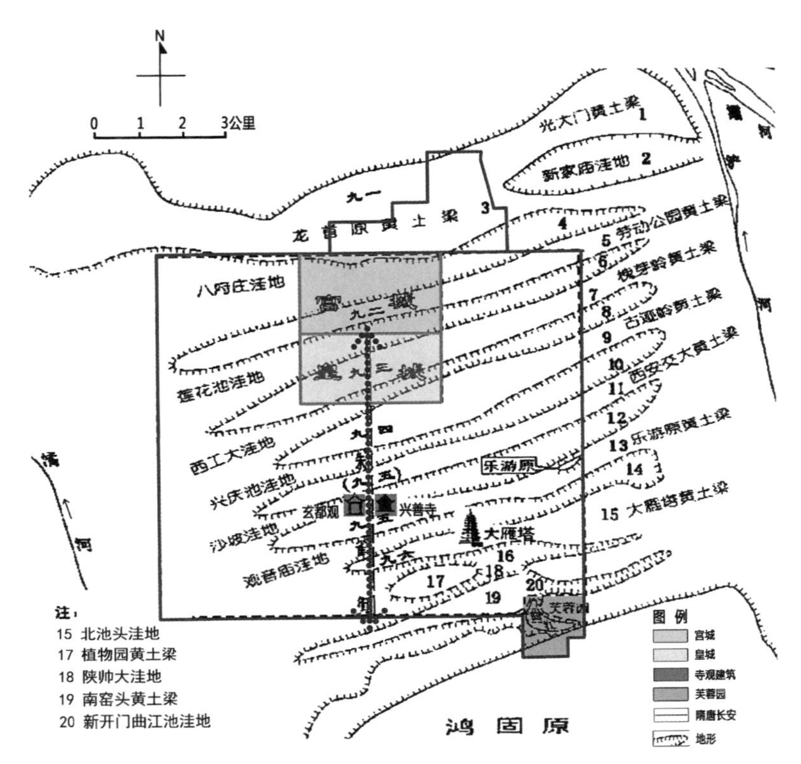

图 3－7　隋大兴功能布局与地形关系分析图
（根据贺从容编著《古都西安》中的《隋大兴六爻地形》绘制）

(四) 隋唐长安路网及水网形态与环境的关系

隋唐长安采用了极为规整的“棋盘式”路网，以朱雀大街为中轴线，形成东西十四条大街、南北十一条大街的对称路网体系，所有道路均严格遵循东西、南北的正方向。纵横相交的道路将城市分为 100 多个规整的矩形坊，坊内不仅有十字街和横街等城内道路，每个分区内都还有十字巷、循墙巷道和一些横向的曲。这些街、巷、曲将整个坊分成规整的宅基地，形成了规整有序的住宅格局。隋唐长安之所以能形成规整的“棋盘式”路网，是因为其地形平整，其间无大型山体和水体。虽然龙首原呈现南高北低的趋势，但是高程过渡十分平缓，对“棋盘式”路网几乎没有影响。

隋唐长安城的水系网络形态特征明显。首先,依据水系的宽度及功能,具体可分为“八水、五渠、支渠、水沟”四等。城外是为长安城提供充足水源的八条天然河流,城内的主要渠道“五渠”是人工修建的,较少出现天然河流的痕迹。城内为了满足人们日常用水和园林用水需求,开凿了一些支渠向每个里坊中引水。

长安城的第四级水系网络是由城市街道两旁的沟渠形成的,它们通过与自然河流相互串联,形成了遍布全城的水网,不仅具有输水排水的功能,而且在美化环境、调节气候方面拥有良好的功效。另一方面从水系形态上来看,“五渠”的走向在顺应形势高差,灌溉全城的基础上,与城市的道路保持一致。从《隋唐长安城路网水网分析图》可以清晰得看到,城内的河渠朝向大致分为南北和东西向,它们分布在主要道路的一侧,通过最大限度保证里坊形态的完备性,构建了规整有序的城市肌理。从五渠的分布特征可以看出,都城北部的皇城渠道密度最大,这表明在封建等级制度影响下,应当最先满足皇家的用水需求(如图3-8)。

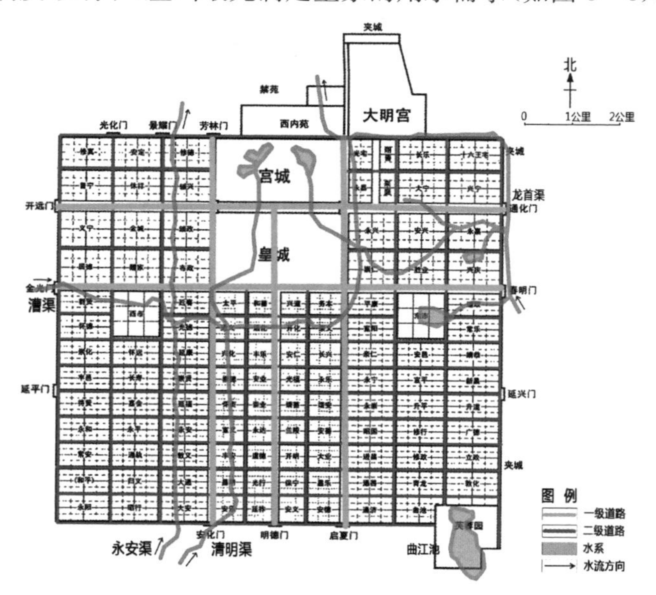

图3-8 隋唐长安路网及水网分析图

(根据贺从容编著《古都西安》中的《唐长安平面复原图》绘制)

（五）隋唐长安宫城空间组织与环境的关系

隋唐长安宫城太极宫的空间组织充分体现了阴阳相生的对照关系。宫城被两条东西向横街划分为朝区、寝区、后苑三部分。第一道横街以南为朝区，为国家朝政办公和礼仪所在。朝区中轴线上布置有正殿太极殿建筑群，南有太极门、嘉德门、承天门，北有朱明门，东西布置有鼓楼与钟楼。建筑间距较大，殿前广场宽阔，肌理疏松，整体布局体现了外朝阳刚大气的特征，视为“阳”；第一道横街以北为寝区，寝区为皇帝与后妃居住区，整体建筑数量较朝区更多，诸殿由廊庑围绕形成院落，沿中轴线对称布置，规整有序，布局严谨，建筑肌理紧凑，体现了阴柔精致的特征，视为“阴”。寝区中央被永巷分为南北两部分，南为皇帝生活区，即“帝寝”，为阴中之阳，永巷北为皇后妃子居住区，即“后寝”，为阴中之阴；第二道横街以北为后苑，后苑以三池为核心，围绕三池布置有一些园林性质的殿宇、亭台楼阁，配植园林植物，供帝王后妃娱乐休闲。宫苑以园林水系与植物等自然要素为主，环境娟秀雅致，与以建筑为主的前朝后寝形成鲜明对比，属“阴”（如图 3－9、3－10）。

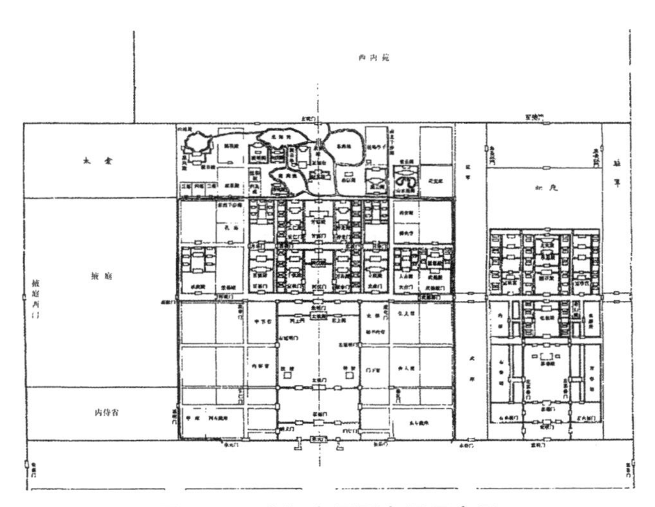

图 3－9　太极宫平面布局示意图

（引自傅熹年主编《中国古代建筑史》第 2 卷，北京：中国建筑工业出版社 2001 年版）

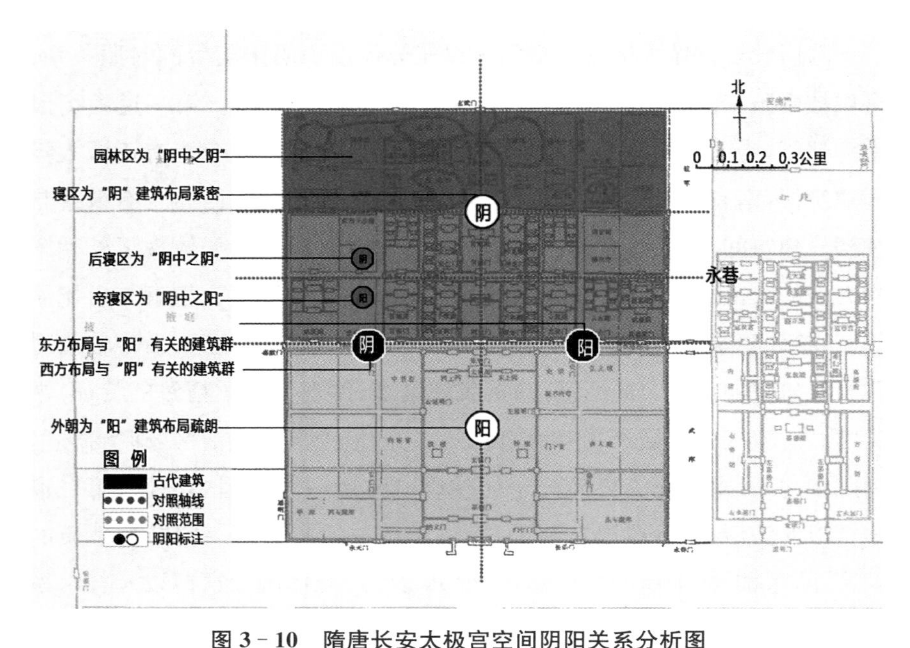

图 3-10　隋唐长安太极宫空间阴阳关系分析图

（根据傅熹年主编《中国古代建筑史》第 2 卷中的《太极宫平面布局示意图》绘制）

（六）隋唐长安的园林布局与环境的关系

1. 隋唐长安皇家园林——禁苑分布格局

纵观我国古代都城的园林布局，有共同的特征，即基本形成了一个或者若干个规模巨大的生态园林绿地区。尤其在宫城北面，这些园林通过形成大规模的园林绿地，在城市生态系统的良性循环和城市景观的塑造中发挥了重要的作用。隋唐长安时期，宫城以北的郊外用地广阔，且水渠纵横，故隋唐长安的皇家园林多集中分布在都城北部，包括三内与三苑。其中，禁苑其东至浐水，西包含汉长安城城址，北至渭水，南到长安城北墙，东西长 13.5 公里，南北长 15 公里，周回 60 公里，面积为 254 平方公里，是长安城面积的 2 倍（如图 3-11）。

皇家园林大多数为古代帝王专用的园林，在特殊的政治制度与皇权思想之下，受到“环境秩序观”的影响，展现出“以大为美”的追求。荀子

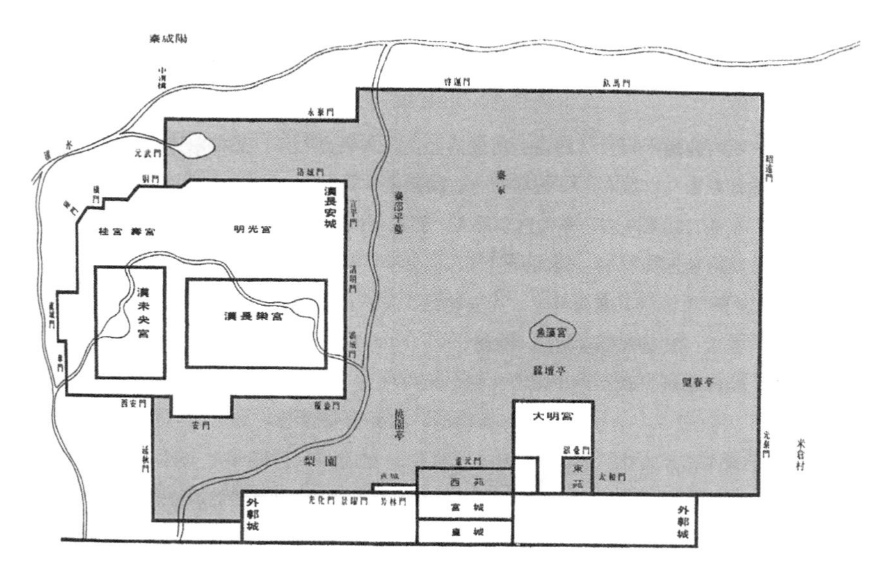

图 3-11 《长安志图》中的唐长安禁苑图
（引自傅熹年主编《中国古代建筑史》第 2 卷）

言:“饮食甚厚,声乐甚大,台榭甚高,园囿甚广,臣使诸侯,一天下,是又人情之所同欲也,而天子之礼制如是者也。”帝王作为人间的最高统治者,需要从多方面表明自己是至高无上的,这种观念渗透于园林建设中即以“高台榭,广园囿”表达。一方面,较大的规模使得皇家园林的选址倾向于都城的近郊或者远郊的开阔地段,以免对城市内部的其他功能布置产生干扰;另一方面,皇家园林在城市当中的分布要以帝王的使用需求为最重要的考量,故其所在位置与宫城的位置有较大关系。也就是说,皇家园林不仅要临近宫城,便于帝王权贵的使用,还要尽量远离平民区,避免相互干扰,形成拱卫宫城的“自然保护区”。如此规模的园林用地与山水格局也改变了宫城与园林的关系。园林不仅仅是“苑在宫中”,拘泥于宫城当中的狭小用地,还是以空前的面积与辽阔的幅员包裹着宫城,甚至整个城市,实现了宫在园中、城在林中的格局(如图 3-12)。

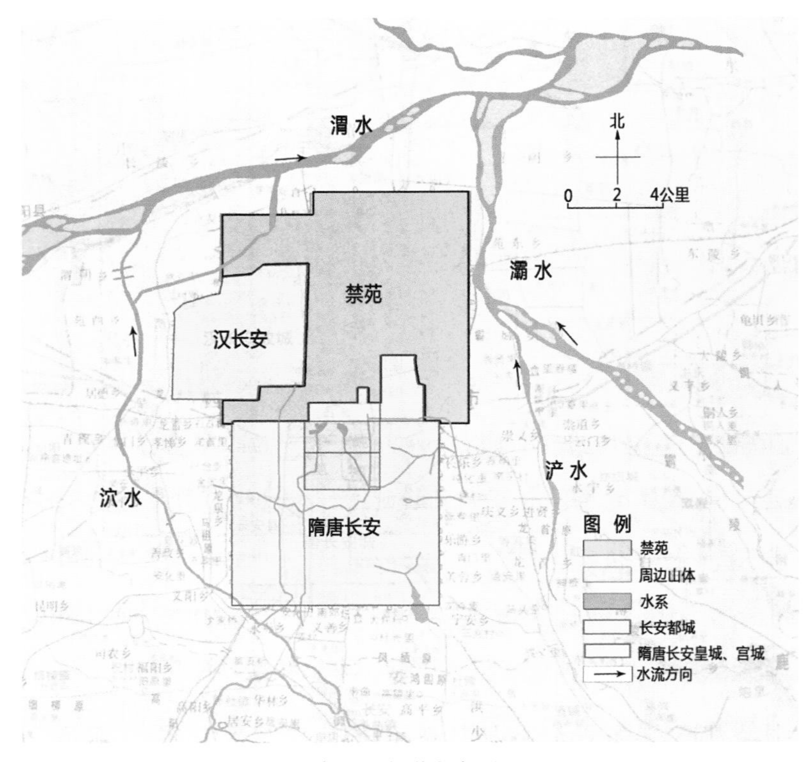

图 3－12 唐长安禁苑与都城位置关系图

（根据史念海主编《西安历史地图集》中的《唐长安县、万年县乡里分布图》绘制）

2. 三内分布格局

三内即西内太极宫、东内大明宫和南内兴庆宫。它们皆堆山挖池，植木栽花，景致绝佳，是宫殿园林区。长安城的苑囿也有三处，分别为大明宫东部的东内苑、宫城北垣外的西内苑和城北直抵渭滨的广阔禁苑。苑囿专供皇族游赏、宴乐，是皇家的大花园，名花异卉，芳草珍木，列植其间，四季开放。西内苑在太极宫以北，故也被称为北苑，南北相距 0.5 公里，东西与宫城同齐，其中花木云集，建筑疏朗，是皇帝宴乐、骑射等玩乐之用的皇家苑囿。东内苑在东内大明宫的东南处，南北相距 1 公里，东西占一坊之地，为三苑里规模最小的苑。这样一来，唐长安的皇家园林就在都城的北部形成了地域相连，规模巨大，以宫城、禁苑为主要组成部分，景观及生态效益明显的园林绿地区。同时，在都城的整体空间结构上，这座后花园也与平民区相隔，成为帝王专属的园林。皇家园林在宫城以北筑起了一道自然的生态屏障，也扩展了都城的控制范围(如图 3－13)。

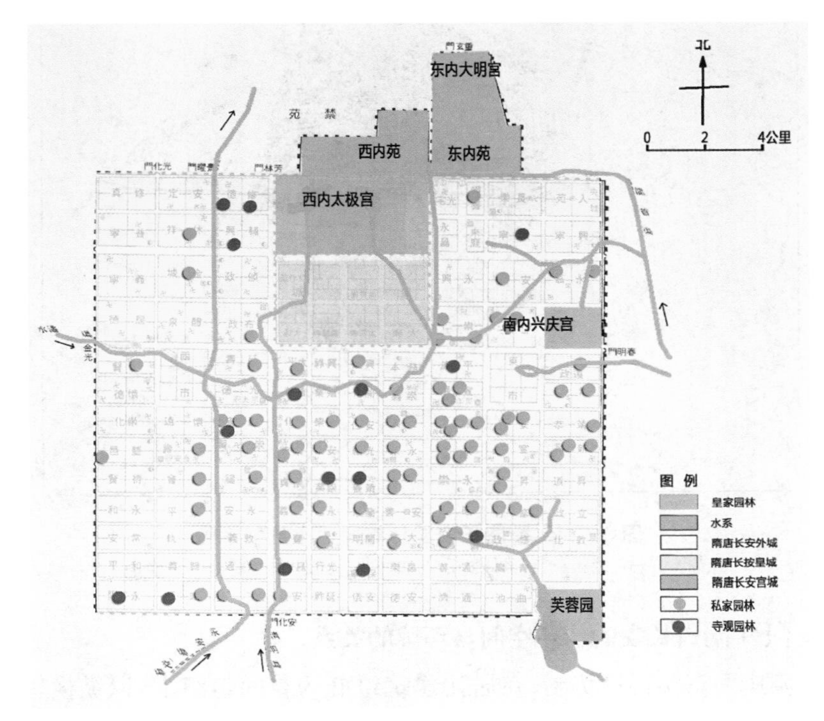

图 3－13　唐长安皇家园林分布图

(根据贺从容编著《古都西安》中的《唐长安平面复原图》绘制)

从区域范围来看，隋唐长安的园林分布整体上形成了由天然的自然到人工化的自然再到完全的人工环境的完美过渡。都城北面是渭水及其支流所形成的纯天然自然景观，都城以北的禁苑与三内苑是基于自然资源进行人工改造而成的人工化自然景观，再往下就是完全人工化的城市景观。三者有机结合，相互渗透，体现了人工环境与自然环境的交融与共生(如图 3－14)。

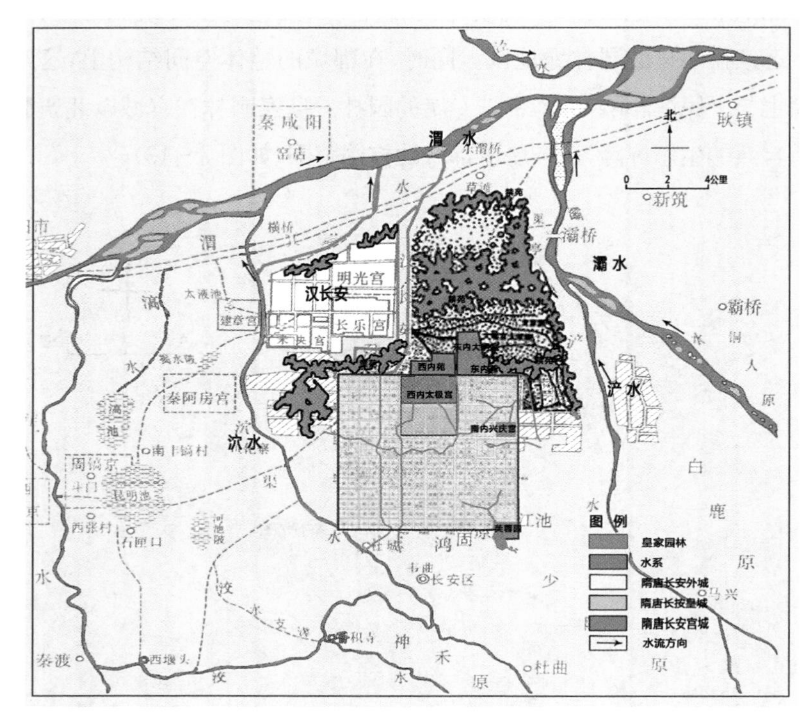

图 3-14　隋唐长安园林与周边水系关系图
（根据贺从容编著《古都西安》中的《唐长安平面复原图》绘制）

（七）隋唐长安的居住空间与环境的关系

隋唐两京实行里坊制，在居住建筑组群的空间组织上，以纵横轴线展开的空间序列“具有一种简明的组织规律”。“间”是最小的组成单元，沿着横纵两轴向外延伸组成单座建筑，单座建筑沿着横纵两轴拼接组合形成庭院，多个庭院与建筑沿着横纵两轴围合成组团。它们通过协调对称的组合方式对轴线进行强化，使得这样的空间组织模式展现了绝对的秩序性与有机感（如图 3-15）。

在建筑形制上，从唐长安里坊复原图可以看出，坊内的民居一般为二到三进合院，规整有序的横向纵向依次拼接。居住建筑组群也有严格的等级规定，根据其平面构成，开间为居住建筑组群空间组成的基本单位，等级越高，开间越多(如图 3-16)。每个朝代都有各自的官民宅第之制，如《唐六典》中规定：王公以下，屋舍不得施重拱藻井。三品以下堂舍不得过五间九架，厦两面的头门屋，不得过三间五架。五品以下，堂屋不得过五间七架，厦两面的头门屋，不得过三间两架，仍通作乌门。六品、七品以下堂舍不得过三间五架，头门屋不得过一间两架。庶人所造房舍，不得过三间五架，不得辄施装饰。可见唐代一般老百姓的正房不能超过三间。

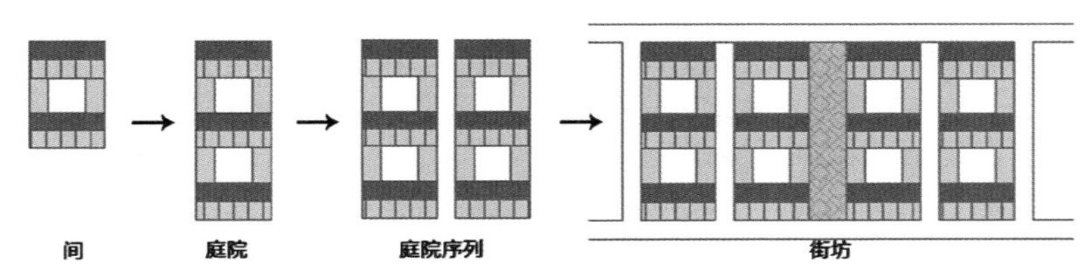

图 3-15　“间”到“院”到“坊”的序列生成
（作者自绘）

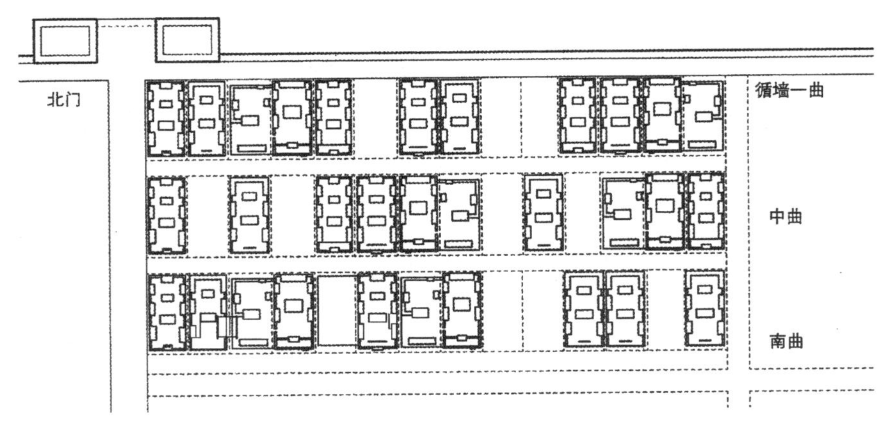

图 3-16　隋唐长安平康坊北里三曲中的宅院推测示意图
（引自贺从容编著《古都西安》，第 305 页）

唐长安城里坊内的居住单元，居住空间以合院形式存在，院落一侧布局有园林，建筑院落为居所，是实体空间，视为“阴”，园林多为植物吸收阳光，可以看作非实体空间，视为“阳”，由此形成一组空间上的阴阳对照关系(如图 3-17、3-18)。

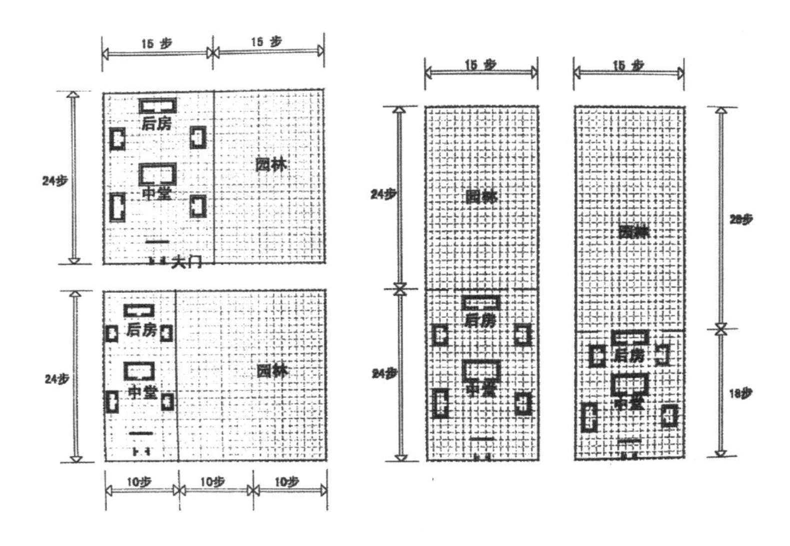

图 3-17　寇郿宅推测方案示意图

（引自贺从容编著《古都西安》，第 304 页）

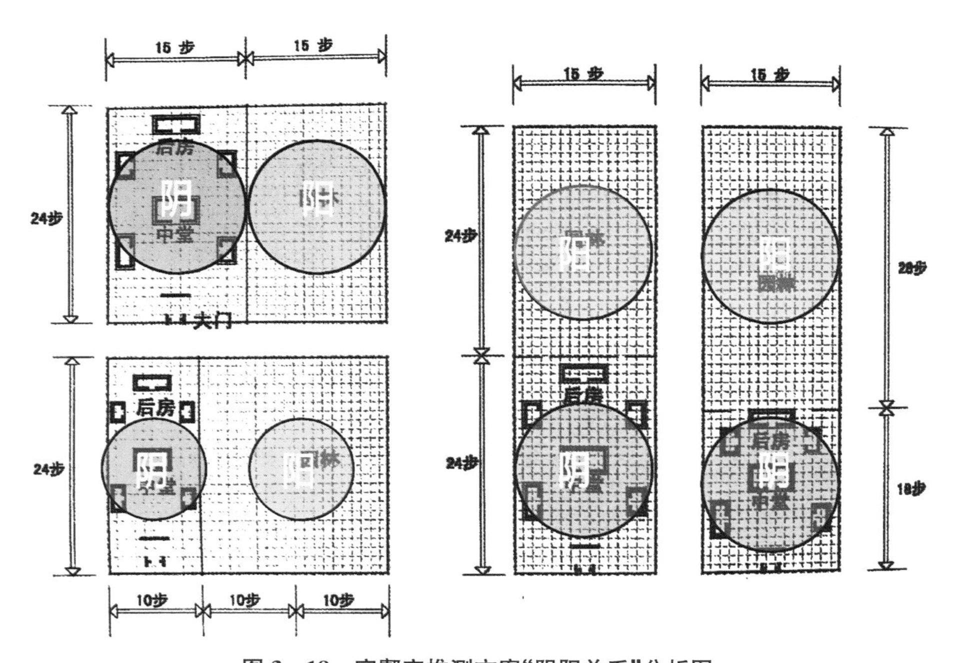

图 3-18　寇郿宅推测方案"阴阳关系"分析图

（根据贺从容编著《古都西安》中的《寇郿宅推测方案示意图》绘制）

二、隋唐洛阳城市形态分析

(一) 隋唐洛阳选址与环境的关系

隋唐洛阳选址于伊洛盆地，是对洛阳地区整体优越的自然环境与地理条件的充分考量。隋唐以前，伊洛盆地已经有四座都城，但隋唐洛阳并未选择在旧址上重建，而是另立新址，位于汉魏洛阳城以西10公里，并在周王城以东，横跨渭水，规模也远超前朝。一方面，前朝汉魏洛阳城经多年征战而凋零，洛河泛滥常年冲刷，使得汉魏洛阳不再具备立都的条件，故隋唐洛阳选址于西面地势稍高的地方。另一方面，新址更有利于对伊、洛、瀍、涧四水的控制，水利与交通条件更为便利。同时，择新址另立都城，还避免了前朝遗址的约束，有利于新都气象的形成(如图2-15)。

隋唐新址地理形势更为险要，正如欧阳修所云："前直伊阙，后据邙山，左瀍右涧，洛水贯其中。"因此，东都洛阳城选址于此处，且为了使宫城中轴线对准伊阙龙门，把宫城设于全城西北部。从地形图上不难发

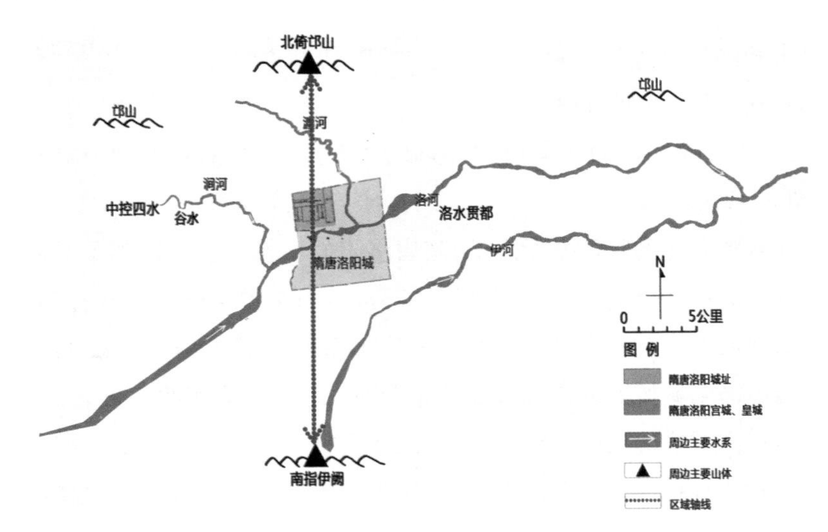

图3-19 隋唐洛阳城选址与周边山水关系示意图
(作者自绘)

现，隋唐洛阳有着绝佳的山水资源条件。隋唐洛阳城北面倚靠邙山，南面正对伊阙，北有黄河，洛河贯都，瀍涧汇于其间。城址三面环山，四水护卫，不仅形成了绝佳的防御系统，还能够保证城市有更为充足的水源与便捷的水陆交通。同时，隋唐洛阳选址于洛河两岸，解决了洛北空间的局限，大胆地向洛南拓展，满足了陪都规模扩大的需求，使得洛阳成为当时的大都市之一（如图 3－19）。

（二）隋唐洛阳城郭形态与环境的关系

隋唐洛阳的城郭形态以追求方正为目标，基本上呈现出规则型的外部轮廓。一方面是因为新建都城不受旧都遗址的影响；另一方面，因为城市建在平原地带，故而受自然地形地貌的影响也很小。矩形的城郭形制与自然环境的自由和随机性形成了鲜明的对比，通过井然有序、秩序严谨、礼制文化的环境模式，彰显了“天授君权”的威严和绝对理性（如图 3－20、3－21）。

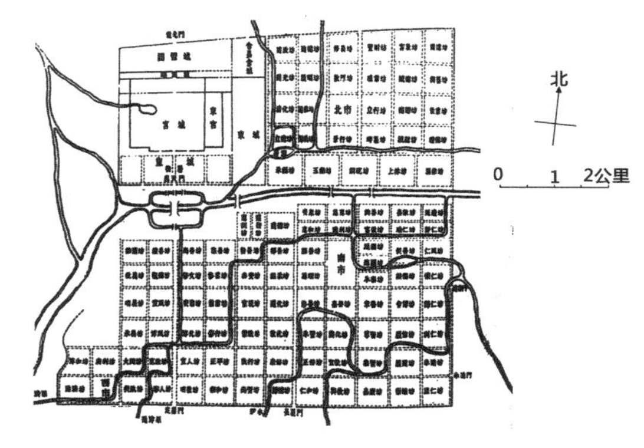

图 3－20　隋唐洛阳城市复原图

（引自潘谷西编著《中国建筑史》，第 62 页）

在规整方正的整体基调之下，隋唐洛阳的城郭形态还体现了对周边水系资源的尊重与顺应。洛河由城中部自西向东贯穿全城，城墙西南面顺应洛河河道走向呈屈曲状，借助天然水系作为城市防御系统的一部分。隋唐洛阳城城墙取向并非正南北朝向，而是北偏西约 3 度，一方面与洛河在都城段的走向一致，另一方面是受到谷水走向的影响。据考古所知，谷水河道从洛阳城北穿过，而隋唐宫城位于洛河西北面的高地之上，由于洛河与邙山的限制，皇城与宫城所在空间较为狭窄，谷水河道在陶光园内东偏北 3 度，宫城与谷水平行布置，充分利用谷水成为宫城的

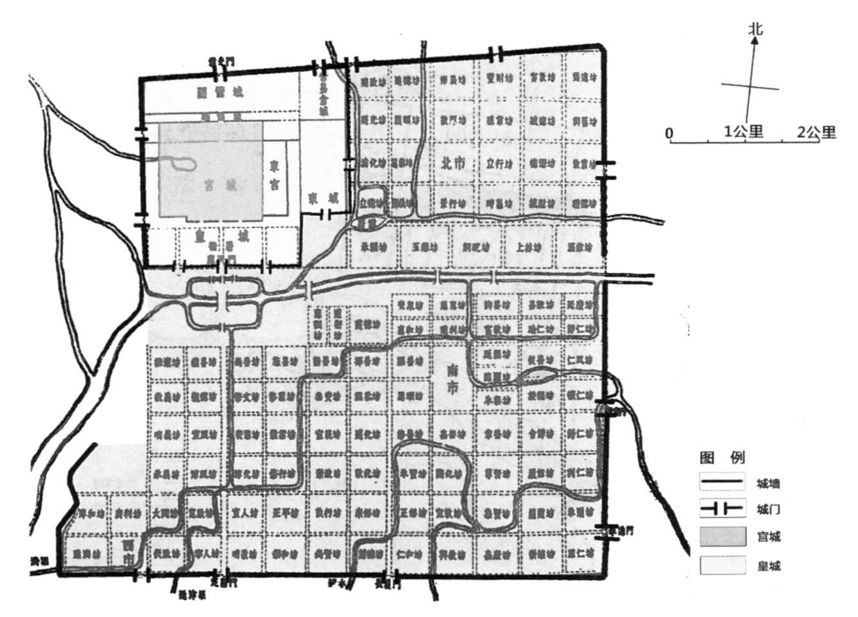

图 3-21　隋唐洛阳城郭形态分析图
（根据潘谷西编著《中国建筑史》中的《隋唐洛阳城市复原图》绘制）

护城河，起到防御作用。因此，宫城没有采取正南北向，而整个隋唐洛阳也与宫城朝向相同（如图 3-22、3-23）。

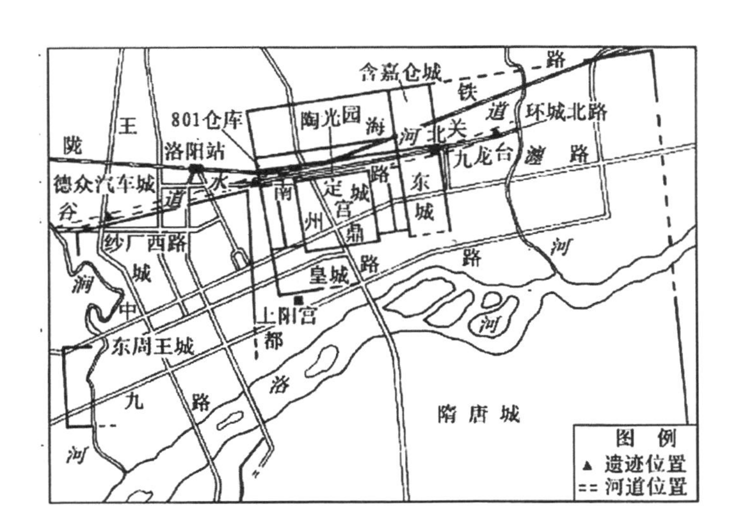

图 3-22　谷水河道位置示意图
（引自王炬《谷水与洛阳诸城址的关系初探》，《考古》2011 年第 10 期，第 80 页）

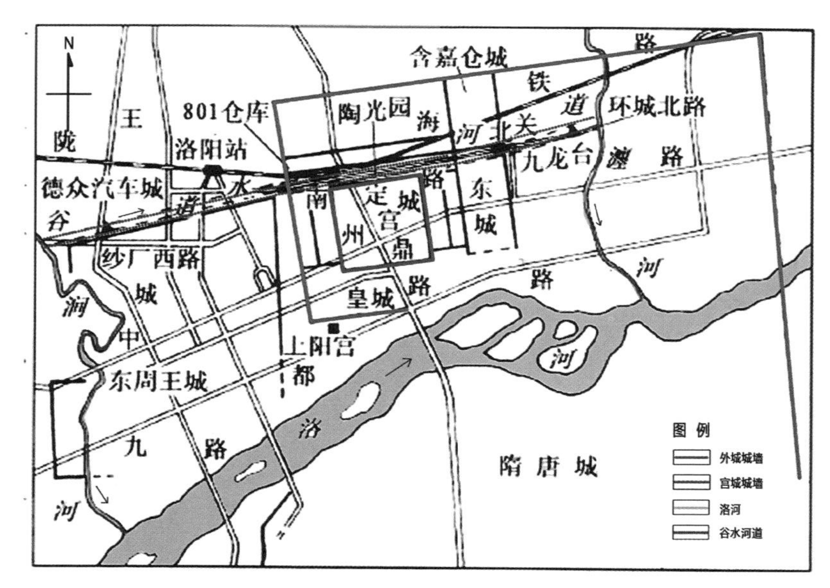

图 3-23 隋唐洛阳城郭与水系关系分析图

（根据王炬《谷水与洛阳诸城址的关系初探》中的《谷水河道位置示意图》绘制）

（三）隋唐洛阳的空间结构与布局与环境的关系

隋唐洛阳城的空间结构及功能布局与所在区域的地形地貌关系密切。整个洛阳城的地形是北高南低、西高东低，因此，宫城位于西北侧，城市南北向轴线也由此确立。从大的区域位置来看，宫城所在北面倚靠邙山，南面指对伊阙，既符合“宫城居高地”的王者气象又利于军事防御。

从整体的空间结构来看，洛阳城轴线偏西，并未形成左右对称的形态，有两方面的原因。一方面是高程的限制。如果都城向西扩展，西高东低的地形决定了宫城不再是城市的制高点，而是宫城西侧的区域，这不符合宫城“居高”原则，在“居中”和“居高”不能同时实现时，洛阳城选择了后者，也更有利于宫城的安全防御。另一方面是水系的限制。考古资料显示，城垣西侧地势西高东低，为洛河的行洪区，且在宫城西墙外有隋唐时期作为城防的护城壕遗址。如果城市沿中轴线向西发展，则大部分区域将位于行洪区，安全存在极大隐患，建设成本和工程量也会增加数倍。因此，隋唐洛阳的里坊区布局在洛河南面和洛河东面，其空间结构不是严格的中轴对称格局。

另外，隋唐洛阳城各功能区在都城中的分布与河渠水系的关系极为密切，是“因地制宜”思想原则的充分写照。不同于唐长安沿中轴对称布局东西二市，隋唐洛阳有三市，皆与运渠相结合设置。南市位于洛河南岸偏东，与运渠相连；北市在洛河之北，瀍河以东，是最大的国内贸易市场；西市在洛河南厚载门内，通济渠环绕其中。隋唐洛阳的仓储位于宫城东北面，为含嘉仓，是全国最大的粮仓，与洩城渠相连，与漕渠贯通，来自江南、华北的粮食和货物，就是由通济渠、永济渠运到洛河，再通过潜渠，从新潭运至含嘉仓进行存储和周转(如图 3－24)。

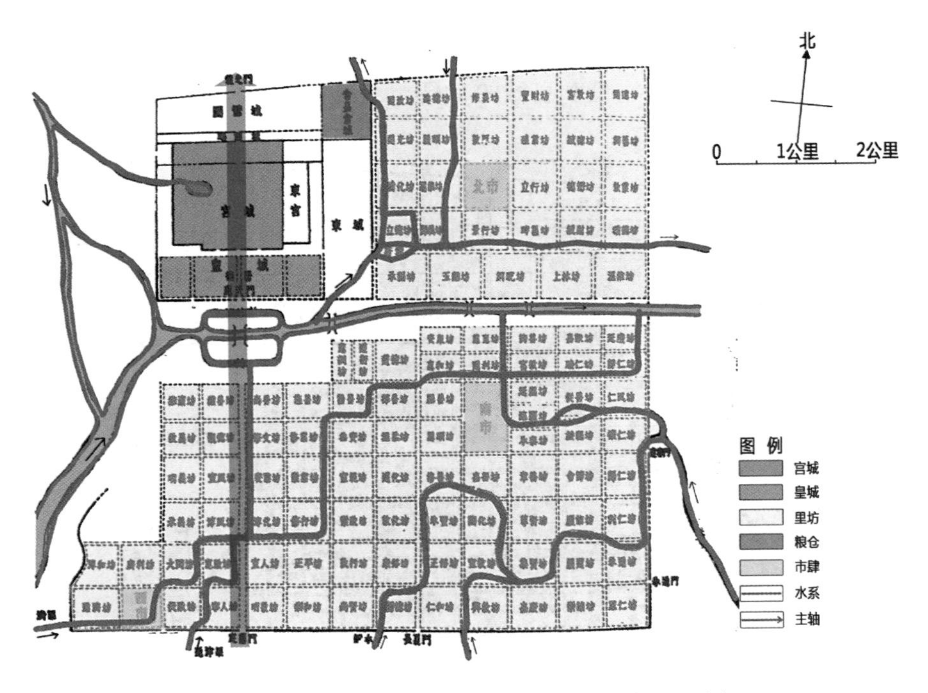

图 3－24　隋唐洛阳功能分区与自然环境的关系分析

(根据潘谷西编著《中国建筑史》中的《隋唐洛阳城市复原图》绘制)

唐洛阳城的空间结构也是效法天体天象,武则天还将“东都”洛阳改名为“神都”,寓意为“君权神授”的地方。与秦都咸阳相似,该城被洛河划分为北部和南部两个部分,以途经城市中央的洛河寓意着银河。正如《新唐书·地理志》所载:“洛水贯都,有河汉之象焉。”唐洛阳在设计规划过程中,将宫城安置在城市的西北部,因为其地势较高。这一点与唐长安不同,不再追求宫城居中,而是追求高程,以此能够俯瞰全城,体现帝王的天威,也便于天子与天沟通。之后以皇宫象征“天极”,宫城为“紫微城”,在宫城周边建设诸多“小城”,象征“拱极”,围绕着“天极”。根据考古资料,洛河以南有 81 坊 2 市,洛河以北有 28 坊 1 市,象征群星。又在洛河之上,城市主轴线上建设天津桥,以此贯通南北。天津桥这个名称也有取意自《尔雅》中斗牛星和牵牛星之间为“天汉之津”的说法。

隋唐洛阳不仅在宫城和皇城的布局上采用“象天法地”的手法,其城

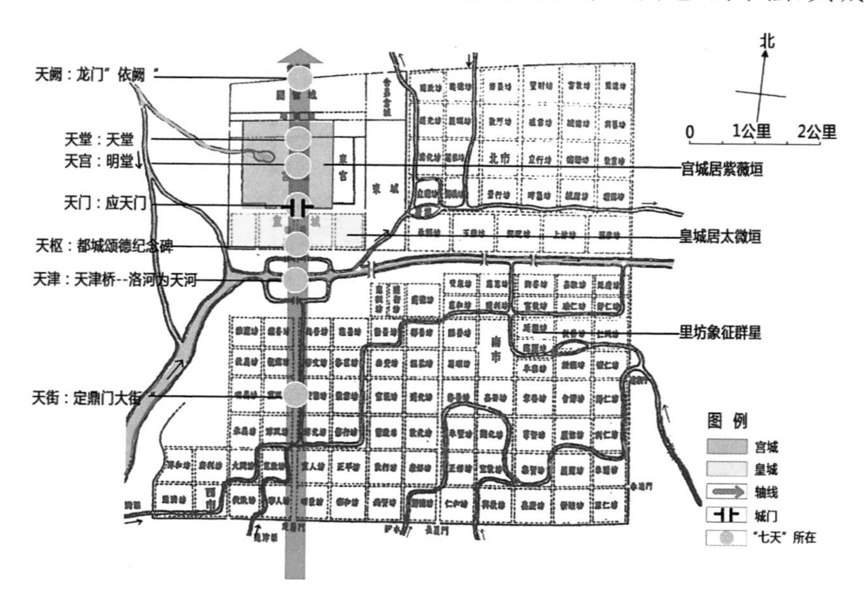

图 3-25 隋唐洛阳“象天法地”分析图

(根据潘谷西编著《中国建筑史》中的《隋唐洛阳城市复原图》绘制)

市中轴线更是严格按照“七天”意象进行布局，即对应天上日、月和东、西、南、北、中的五星。从北至南依次为：“天阙”——龙门，“天堂”——立大佛像的天堂，“天宫”——明堂，“天门”——应天门，“天枢”——颂德纪念碑，“天津”——天津桥，“天街”——定鼎门大街。“七天”的轴线模式控制了都城的整个空间格局，各里坊井然有序呈拱卫状，起到了烘托作用（如图 3-25）。

（四）隋唐洛阳的路网及水系布局与环境的关系

唐洛阳被洛河划分为南北两片区，城市内的道路也应用了棋盘式。尽管南北两片区的街道不完全对称，但它们都是规则严谨的方格网布局模式。相对于唐长安，洛阳城的道路间距较小，密度更大，里坊的面积略小，一般为边长约 300 步的矩形，实际测量大小为南北长 510—560 米，

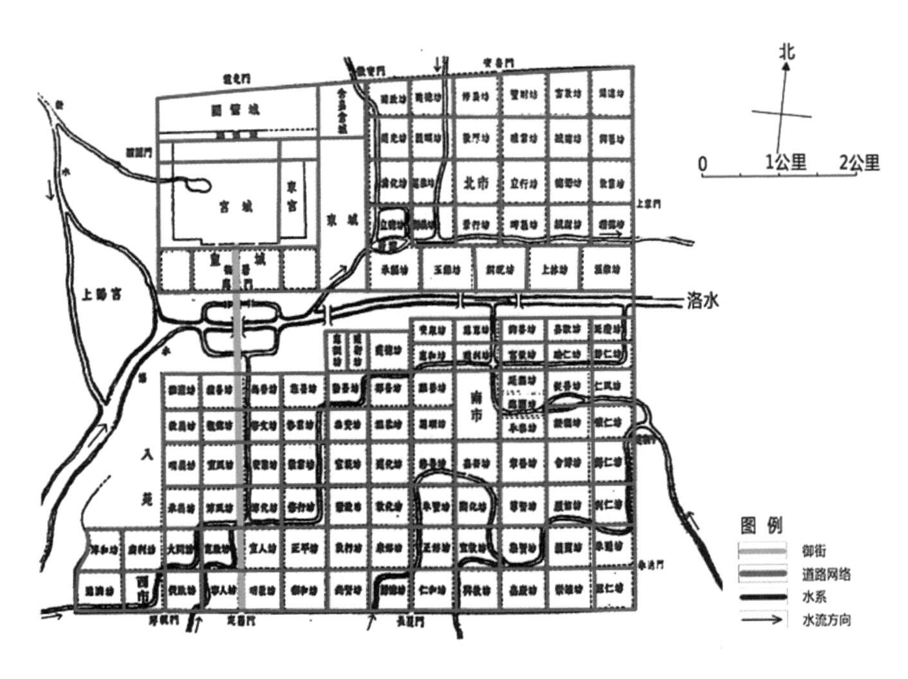

图 3-26　隋唐洛阳路网形态分析图

（根据潘谷西编著《中国建筑史》中的《隋唐洛阳城市复原图》绘制）

东西约长 520 米。每面坊墙上开一个门，使得坊内呈现十字街布置模式。在一般的里坊中，十字街外又被划分出十字巷道，构成了 16 个小的街坊分区模式。街道一般宽 41 米，相比长安的街道较窄，因此城内各部分的关系表现得比较紧凑(如图 3－26)。

唐洛阳虽然比长安城更加复杂，但是仔细观察也能看出其规律。从宏观角度来看，隋唐洛阳内有伊、洛、瀍、涧四条河流，洛河横贯整个城市，通过人工渠道的开凿相互沟通，将天然河流引入宫城、御苑、皇城和里坊，构成一个以洛河为主干，南北河渠四通八达的水道网络。北岸有漕渠、瀍渠、洩城渠、窟口渠，南岸有通济渠、通津渠、运渠及两条伊水支渠，河渠如网。渠道经里坊区域时，一方面尽量顺应道路方向布局，以保证里坊的秩序性与完整性，另一方面还考虑了水系分布的平衡性，使得供水半径尽量均衡，能够兼顾到都城的各个功能区域。故城中沟渠多呈现出 L 型，曲折转弯，最终汇于洛河。同时，重要水系同洛阳市肆结合布局，有利于交通运输与商品集散，促进了洛阳经济的繁荣(如图 3－27)。

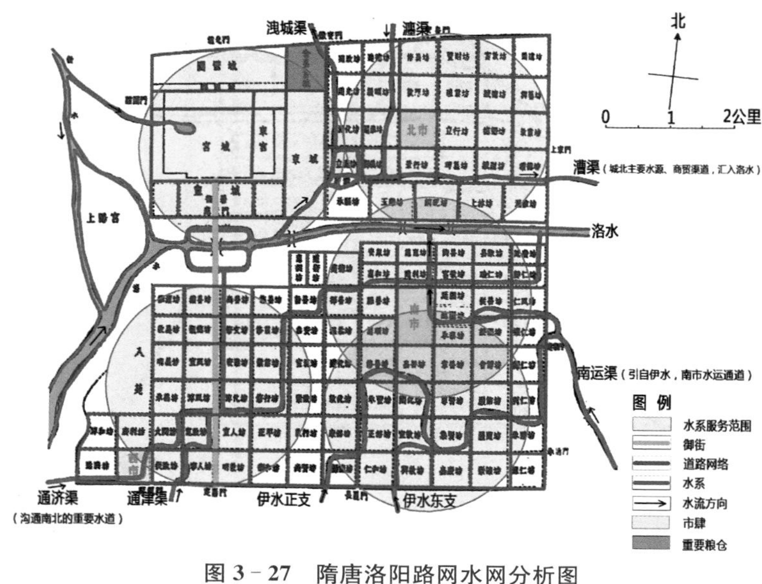

图 3－27　隋唐洛阳路网水网分析图
(根据潘谷西编著《中国建筑史》中的《隋唐洛阳城市复原图》绘制)

(五) 隋唐洛阳的园林布局与环境的关系

唐洛阳的重要园林神都苑(西苑)位于都城以西,它是庞大的皇家禁苑,在隋代最初名为会通苑,后因其位于洛阳之西而改为西苑,占地面积极为广大,苑周围用墙垣环绕。据《大业杂记》记载,苑址周回 100 公里,规模比不足 35 公里的洛阳城大了许多倍,这显然是沿袭了秦汉以来在京城周围建造的园囿"以大为美"的传统。西苑的选址也与洛阳宫城的位置有密切的关系,宫城以及洛阳城的主要城市轴线位于城市西部,城市中心干道定鼎门大街以西仅布置有两排里坊,而大部分里坊所构成的平民区位于定鼎门大街以东,这样就造成了洛阳都城在空间构图上向西的偏移。为了便于帝王的出行与使用,同时避免与平民区的相互干扰,于是临近宫城、在都城西面结合自然山水的西苑便被修建。唐代武德、贞观以后,对隋西苑多有移毁,到了唐高宗与武则天时,才又重加营造,将隋代西苑的规模略加缩小,起初改名为"芳华苑",武则天时又改为"神都苑",还在西苑之东建造"上阳宫"。这座宫殿位于洛阳皇城的西南,大致在皇城又掖门之南的位置,南临洛河,西拒谷水,是一组园林式的宫殿建筑群,也是都城与西苑间的过渡(如图 3－28)。

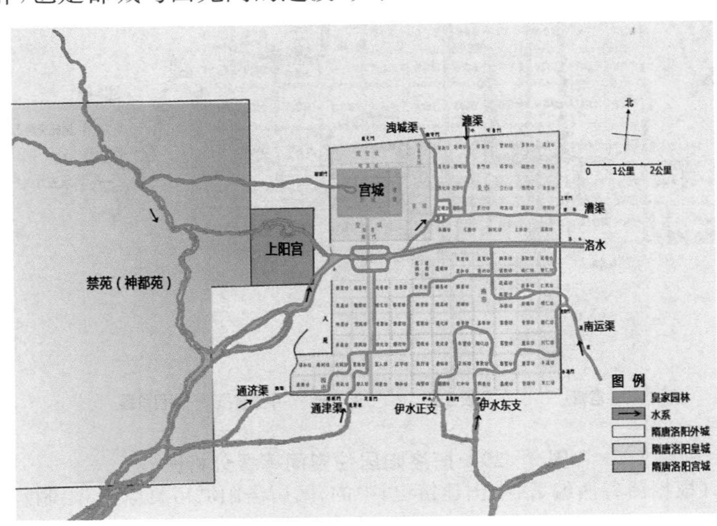

图 3－28　唐洛阳与神都苑位置关系

(根据潘谷西编著《中国建筑史》中的《唐洛阳东都坊里复原示意图》绘制)

（六）隋唐洛阳的居住空间与环境的关系

隋唐时期都城中的住宅占地面积呈现出明显的等级差别，等级越高，占地越大，离宫城位置越近。据相关文献记载，唐洛阳帝王所居的宫城东西宽 2 100 米，南北长 1 270 米。朝廷权臣、王侯贵胄们的住宅也十分显赫，如齐王的住宅就在宜人坊中画出了半坊之地。修文坊在唐高宗显庆二年（657 年）曾并一坊之地为雍王宅，这说明唐代洛阳住宅中，王侯公主的住宅可占半坊至一坊之地。唐代时期的朝廷贵胄在都城中的住宅比王侯公主低一个等级，据《太平广记·郭子仪》，唐代名将郭子仪作为一品官员，在长安里坊中的住宅占地四分之一坊。唐

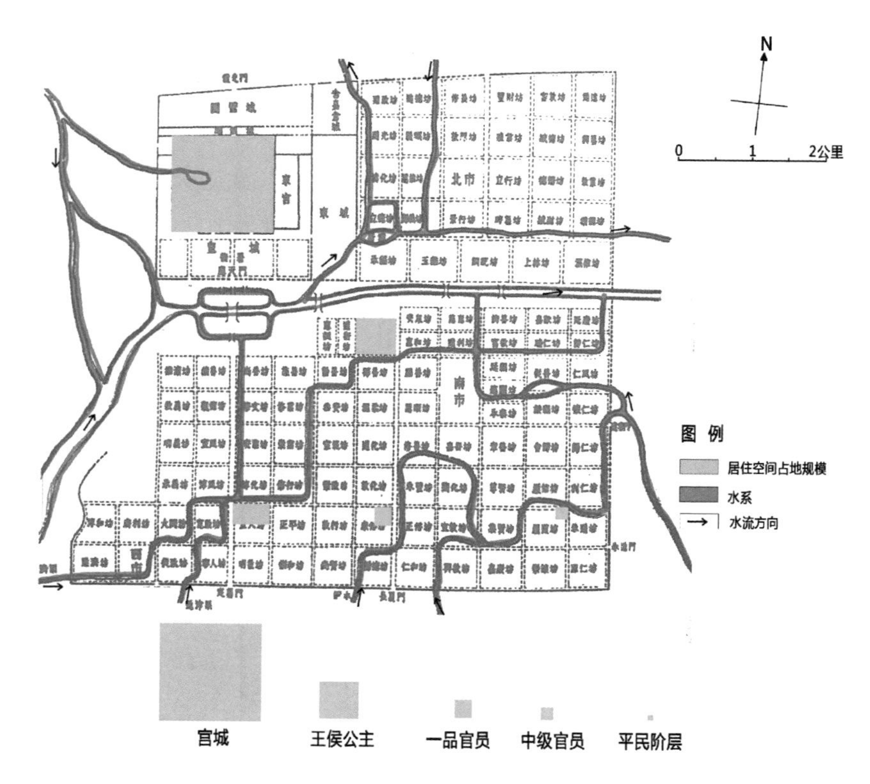

图 3－29 唐洛阳居住空间等级分析图

（根据潘谷西编著《中国建筑史》中的《隋唐洛阳城市复原图》绘制）

代的中级官吏，住宅所占用地约为十六分之一坊，根据《旧唐书》，唐朝太子宾客白居易分司东都时，住在履道里，宅院“地方十七亩，屋室三之一，水五之一，竹九之一，而岛树桥道间之”。白居易曾官居四品，所有住宅大概为一坊的十六分之一。一般仕宦以十余亩大小的园宅作为起居之所。唐朝对平民住宅规模也有规定，按“良口三人已下给一亩，三口加一亩；贱口五人给一亩，五口加一亩”的原则授予园宅地。这就是说三口之家的住房可占地一亩，六口就可占两亩地。据张国刚(2014)在《唐代家庭与社会》中的研究，唐代一般平民家庭有五至七人，故可推测常见的平民住宅占地约为两亩。因等级而实施居住用地规模控制，事实上起到了对土地及环境资源的保护作用。天然的水系与人工的沟渠将不同阶层的居住空间进行了分隔，更加强化了这种等级观念。皇室居住于宫城、皇城及周边地区，如定鼎门大街正对宫城皇城，两侧十余坊多为皇族、贵戚、高官府第所占据，而贫民者多聚集在北市一带。东都城东南、南部一些坊因水网密布，是城内风景最美之处，虽远离城市中心，但一些官员在此造起宅第、别墅，成为文人学者和失意官僚的聚集流连之地。这样的居住分布是士大夫乐居生活的一种表现形式(如图 3－29)。

第四章　两宋时期

第一节　两宋时期城市发展的环境思想背景

宋代虽未及唐代强大，但文化较唐代繁华，社会环境安定平和，商品经济和文官政治繁荣，科学技术迅猛发展。统治阶级更为追求奢华，而知识分子也少了唐代士人那种效身国家的豪气，专于理学与文学艺术。宋代的环境思想较之唐代，更多地趋向于精致与精神化。“大园林化”“泛园林化”思想的形成，园林式乐居生活理想的实现，注重从山水中悟道究理，追求“乐居”的理想环境，是这一时期环境思想的关键点。在城市规划与建设上，我国封建社会前期的城市，其营造标准的重点是规整平衡，而宋代的城市则突出表现山水文化，城市空间与山水的融合共生是这一时期城市建设的主要特点，也是多元共生的环境思想落实到城市空间形态之上所展现的共同原则，即与自然相亲，与山水共融。具体而言，表现为以下几个方面。

首先，对自然山水的追求与审美达到高潮。两宋时期是山水画发展的成熟时期，山水诗在这一时期也有了进一步发展，极大地影响了山水美学的意象建构和审美方式。例如，《水殿招凉图》《月夜看潮图》《秉烛夜游图》无不体现了宋代城市建设与自然山水的亲密关系，诗画艺术当中表现的山林之乐，正是宋人对于美好自然环境追求的表达。宋代城市从选址到布局，再到园林与建筑营造，都充分展现了对自然资源、地形地貌、山体水系的尊重与顺应，北宋东京、南宋临安堪称古代山水城市的典型代表，其空间形态是古代山水文化的集中体现。

其次，不同于隋唐时期运用严整对称、绝对秩序的空间组织来体现敬天法祖、皇权礼制，宋代更加注重天人和谐，构建以生活文化导向为目标的城市人居环境建设。由于宋代城市水系发达，商业发展达到了空前的鼎盛时期，因此，隋唐时期的里坊制瓦解，街巷制施行，使得城市空间形态由封闭转为开放。城市布局不再拘泥于严整的里坊、泾渭分明的街道、对称的功能空间，而是在发展商业中结合街巷、水系，突出市井平民的日常生活性和实用性。建筑功能复合多元，可商可居可游。建筑形式开敞，适应南方酷暑气候，体现了亲近自然之美和自然之乐。开放自由、灵活多变、繁盛热闹的市民生活文化在宋代著名画作《清明上河图》中得以充分表达，展现了一种不同于汉唐时期的城市环境思想，具有鲜明的时代特色。

再次，宋代环境思想发展的重要表现是“大园林化”“泛园林化”思想的形成，即园林式乐居生活理想的实现。园林式生活可居可游，可进可退，可出可入，是安居、和居、雅居、仙居的统一，是古人所向往的环境居住之美的理想形态，也是宋代理学思想在环境思想上的外化与显现。因此，宋代是园林发展的鼎盛时期，宫殿、官署、士人宅第、农民、僧道等各个阶层都崇尚园林式的生活环境和生活状态，即王居、士居、农居、仙居、逸居体现出园林化倾向。园林体系完备，不仅表现在园林要素、园林技术、园林格调的成熟上，还体现于园林之外的城市绿化上。例如，北宋东京的街道绿化和水系周边绿化情况在《清明上河图》中被充分表达。这些都充分体现了宋代园林意识和园林情结的蔓延与高度发展，以及对园林式生活实现乐居理想和居住环境的追求。

最后，宋代是风水理论发展的鼎盛期，出现了许多著名的风水大师，如赖文俊、陈抟、吴景鸾、邹宽、张鬼灵、蔡定元等，并形成了成熟的理论体系。形成于宋代的理气宗和形法宗两风水流派对后世影响最为深远，风水理论的盛行与成熟对当时的环境思想产生了重要的影响，表现为风水术与山水画的联姻、风水术与生态环境的互动，从而起到改善人居环境的目的。例如，北宋东京的皇家园林艮岳与宫城的关系，园林内部掇山理水，符合“阴阳和合”的风水观念；再如南宋临安的选址，不仅藏风得水、稳定平衡，还便于水陆风与城市空气的对流，充分体现了风水阴阳与生态功能的统一。

第二节　两宋时期城市形态与环境的关系

一、北宋东京城市形态分析

（一）北宋东京选址与环境的关系

中唐以后，由于气候变迁，黄河、渭水等河道淤积明显，粮食运输难以为继，长安城的粮食难以得到保障，天子不得不“逐粮而居”，就食东都洛阳。自五代十国以后，关中地区由于被过度开发，再加上自然灾害和战争带来的创伤，生态环境急转直下，这一片最初的沃土变得满目疮痍。关中地区的环境基础有限，以至于无法承载国都城市，南方地区的政治地位逐步提升，且成为经济中心。长安及关中地区在唐宋时期逐步没落，我国都

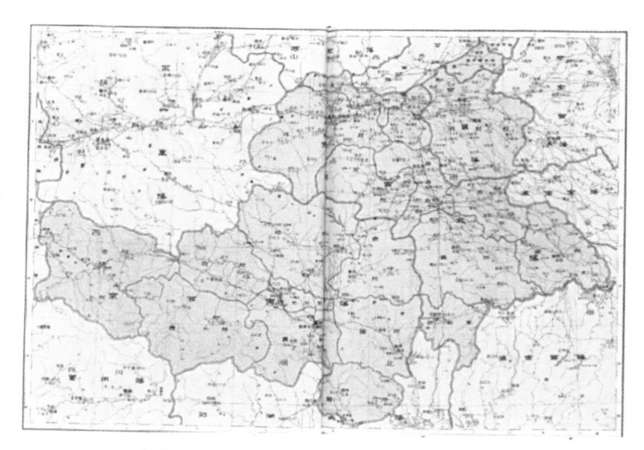

图 4-1　北宋东京京畿路地形图
（引自谭其骧主编《中国历史地图集》第 6 册，第 12—13 页）

城在长安—洛阳两地徘徊的选址模式终结，北宋时期的开封定都则为新开端。开封北近黄河，地临江淮，水系发达，河湖密布，为城市发展提供了充足水源，尤其在水路交通及生产、生活水源方面优势明显（如图 4-1、4-2）。

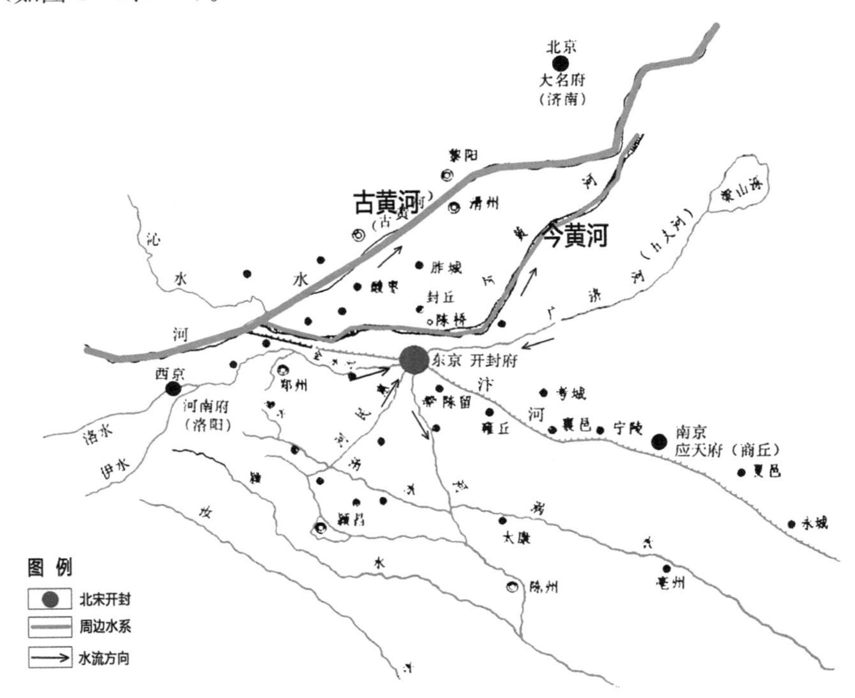

图 4-2　北宋东京城址及周边水系分析图

（根据谭其骧主编《中国历史地图集》第 6 册中的《北宋东京京畿路地形图》绘制）

(二) 北宋东京城郭形态与环境的关系

1. 利于城防

北宋东京的城郭呈现三重环套的特征，这是基于周边自然条件，考虑城防需求而形成的（如图 4-3、4-4）。

东京城是“所谓八面受敌，乃自古一战场耳”，此种说法主要是因为其地处中原地带，地势平坦，无山川屏障可恃。故历朝历代统治者均看重东京城城郭防御体系的构建，如北宋王朝“前有坚城，后有重兵”的防御模式，将多重防御设施层叠设置，俨然形成一座军事堡垒。此种防御体系从外至内将护城河、吊桥、羊马城、瓮城、马面、战棚、敌楼、雉堞等设施层层组合，形成“每二百步置一防城库，贮守御之器”。周边丰富的水环境弥补了东京缺山的防御劣势，使得开封城墙防御体系向着更加健全的方向发展。北宋时期全国贡赋运送至东京城的水路通道有赖于金水河、蔡河、汴河及五丈河形成的四水贯城格局，而此种水系格局更有助于形成稳固城市的防御体系。城墙与水系交接处形成水门，布置有相应的防御设施，如《东京梦华录》中所说的汴河两岸的“拐子城”，隔汴河对峙，以保护汴河漕运及粮仓，增强了北宋东京的城防力度（如图 4－5）。

图 4－3　北宋开封府图

（引自《历代都城图》，360 个人图书馆网页，http://www.360doc.com/content/22/0312/09/6711903_1021160541.shtml）

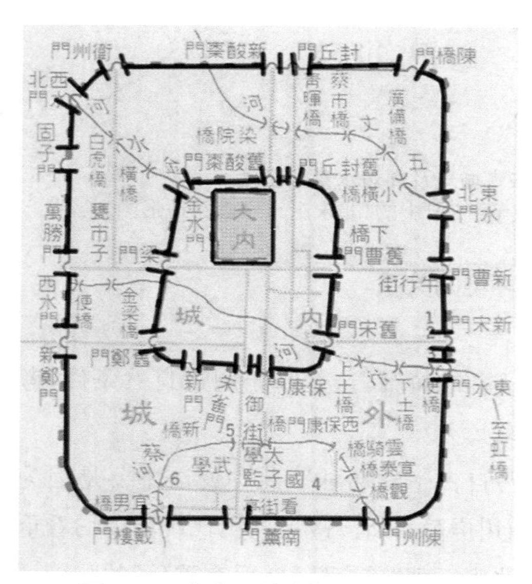

图 4－4　北宋开封城郭形态分析图

（根据《历代都城图》中的《北宋开封府图》绘制）

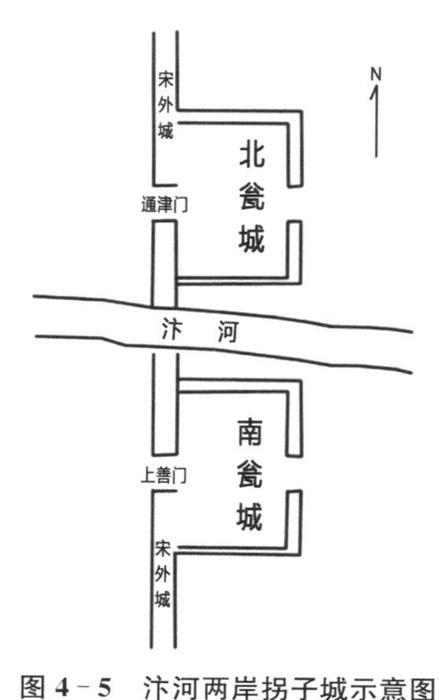

图 4－5　汴河两岸拐子城示意图

（引自丘刚、孙新民《北宋东京外城的初步勘探与试掘》，《文物》1992 年第 12 期，第 55 页）

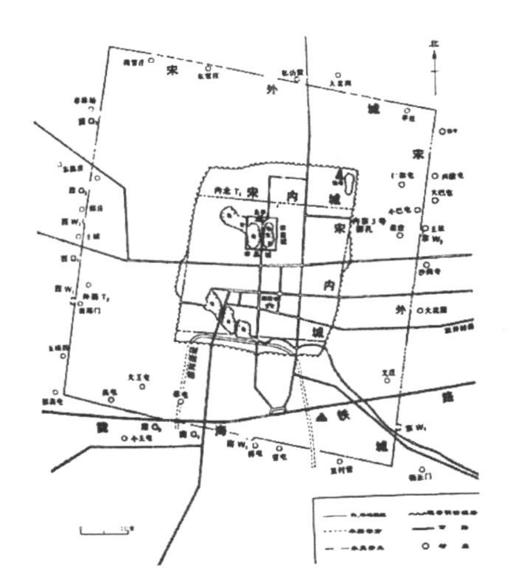

图 4－6　北宋东京外城平面实测图

（引自丘刚、孙新民《北宋东京外城的初步勘探与试掘》,《文物》1992 年第 12 期,第 53 页）

2. 合于风水

经考古证实,北宋东京的外城形态呈东西略短、南北稍长的菱形,周长约 26 公里,城郭形态并非正南北向,而是北偏东约 8 度。这种不规则形状的成因,是风水堪舆之术定位的结果。江西派鼻祖晚唐人杨筠松对堪舆家惯用的罗盘进行改进,加入一层方位圈,在最初只是以地理南北极为准的基础上对地磁与地理两条子午线夹角进行额外考虑,此时的磁偏角为北偏东 7.5 度。北宋科学家沈括也曾言:“方家以磁

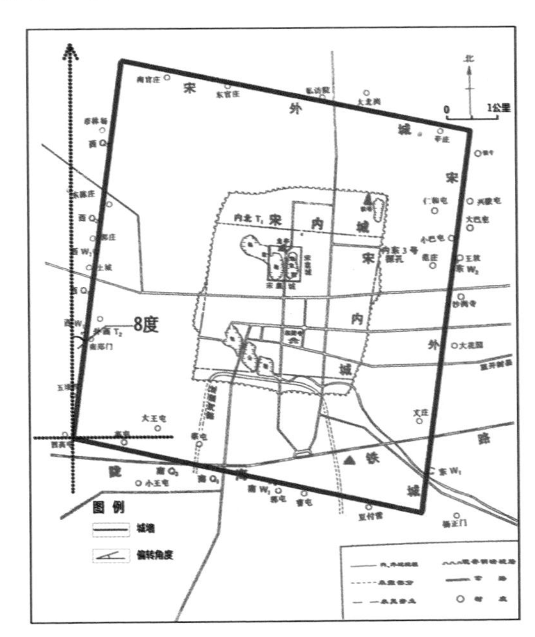

图 4－7　北宋东京城墙朝向分析图

（根据丘刚、孙新民《北宋东京外城的初步勘探与试掘》中的《北宋东京外城平面实测图》绘制）

石磨针锋，则能指南，然常微偏东，不全南也。”北宋东京外城东西二墙北偏东 8 度，大致与地磁子午线吻合(如图 4－6、4－7)。

(三) 北宋东京城市空间结构和布局与环境的关系

1. 遵循礼制的三套方城

宋朝是中国古代城市建设形态演变的转折点，北宋东京都城相比隋唐时期，既对营都传统有所继承，又有所发展。规模上缩小了，但缩小后的格局充分运用了《周礼 · 考工记》中“尚中”的营城制度，皇城、内城与外城三层城垣内外层叠，宫城中轴布局。此种布局方式明显异于汉至唐代的都城模式，汉唐时期的宫城于北，为防内乱的紧急撤离致使城墙一面或两面临外城，而北宋东京城的皇权高度集中，政治稳定，有助于实现宫城中轴居中的城市格局。北宋东京外城、内城皆为城市居民生活和商业区，普通官署及寺庙集中于内城，皇宫和中央官署布局于皇城。宣德门前的御街是东京城市长约 2 公里的主轴线，沿通州桥、朱雀门、龙津桥、南薰门向南贯通，其北段宽约 200 步，位置与当前开封城中山路主干道路重叠，但中山路宽度只是当时街道宽度的十分之一，可见当时此道为城市的南北轴线所在，是“尚中”的环境秩序观念的体现(如图 4－8、4－9)。

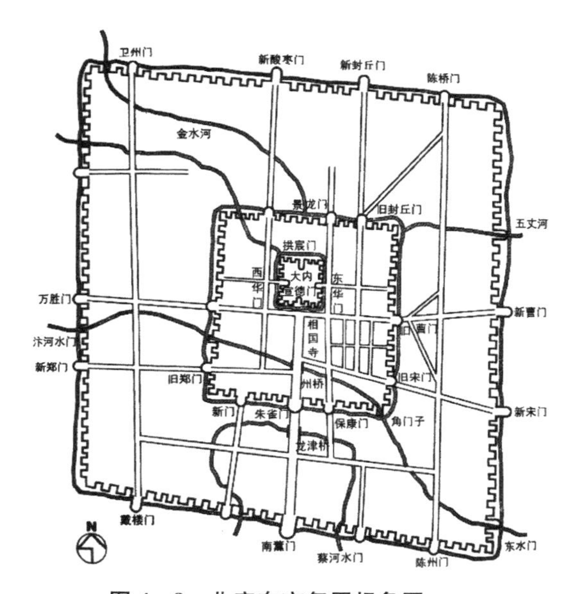

图 4－8 北宋东京复原想象图
(引自贺业钜《中国古代城市规划史》，第 508 页)

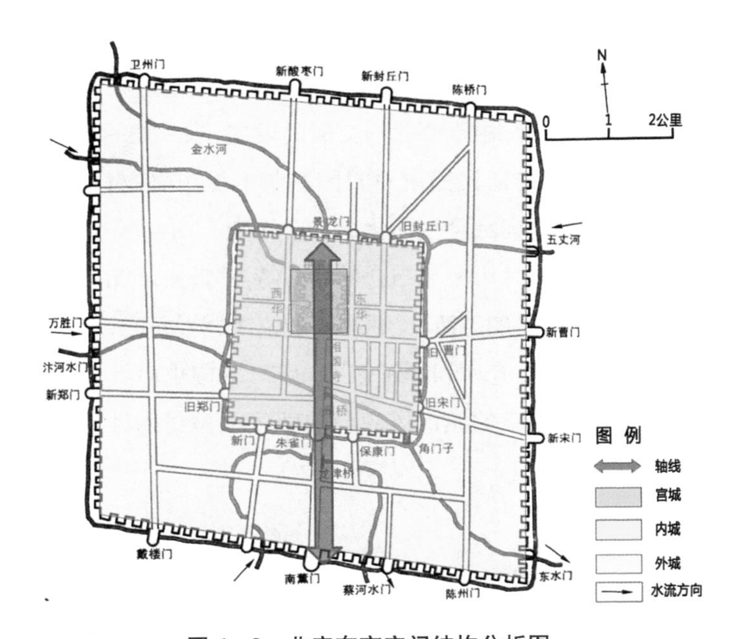

图 4-9　北宋东京空间结构分析图

（根据贺业钜《中国古代城市规划史》中的《北宋东京复原想象图》绘制）

2. 时代革新的街巷制度

北宋东京在结构布局上表现出新的特色，城市格局冲破了传统布局中普通居民住宅和商铺局限于市内与坊内的特点，制定了"街巷制"，从封闭走向开放。随着当时城市政治经济情况的改变，九品中正的门阀制度得以废除，故城市内不同功能组团不再按轴线严格对称布局，也取消了对中央官署的集中布置，自此以后，"与士大夫治天下，非与百姓治天下"

图 4-10　北宋东京城布局结构图

（引自郭黛姮主编《中国古代建筑史》第 3 卷，北京：中国建筑工业出版社 2003 年版，第 22 页）

的政治体系得以确立。均田制与租庸调制的停止实行在经济制度方面也有较大影响，上层贵族数量锐减，中上层富人日趋增多，居民生活质量提高，市民经济发达。由此，由于商业与交通的发展，东京城的政治和纪律氛围减弱，丰富娱乐活动与居民需求对封闭宵禁的城市管制进行冲击，原本军事管制性的城市功能向社会生活化的方向转变。商业区布局不再单一，呈线性商业街与面状成片市集相结合的线面特点，此种城市结构弱化了秩序和等级，更加重视居民的生活、交通和商业需求，为城市经济发展提供了条件。巷道与大街直通，仓库和商铺临街，城市结构也由此变化。城内密如网织的街巷使北宋东京的城市风貌与前朝堡垒型封闭性都城景象迥然不同(如图 4-10、4-11)。

图 4-11　北宋东京主要商业街道布局图

(根据郭黛姮主编《中国古代建筑史》第 3 卷中的《北宋东京城布局结构图》绘制)

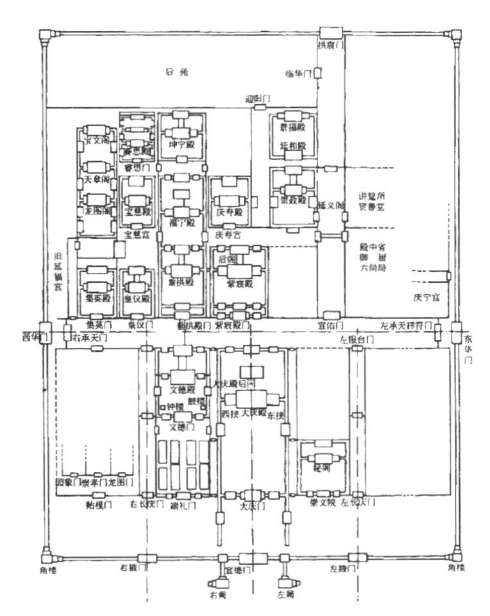

图 4－12　北宋汴梁宫城主要部分平面示意图
（引自傅熹年《中国古代建筑十论》，上海：复旦大学出版社 2004 年版，第 266 页）

3. 北宋东京政治中枢空间分析

北宋国家中枢系统即皇宫大内，位于内城的中央而稍偏西北，呈现出一个东西略短、南北稍长的长方形状。皇宫是其空间结构的核心，其他各种功能区，均围绕这一主体来安排，聚集成一个政治活动区，总体为以皇宫为中心的传统布局模式（如图 4－12）。

北宋宫殿仿照洛阳之制修造，按“前朝后寝”之制布局，可划分为宫殿及后苑区、中央官府

图 4－13　北宋皇宫想象复原图
（引自刘顺安《古都开封》，杭州：杭州出版社 2011 年版，第 64 页）

区及内诸司皇家服务区。其中以东华门与西华门大街将宫殿区划分为两区，即街南、街北两朝区；中央官府区主要包括大庆殿、文德殿，分布在东华门与西华门大街以南；内诸司皇家服务区主要包括内香药库、翰林御书院、宣徽院、皇城司、殿中省等，主要分布在皇宫西北边(如图 4－13)。

与隋唐两代的皇宫相比，北宋皇宫没有发生很大的变化，继承了隋唐皇宫的格局，有一定的延续性，明清皇宫在其基础上有所发展。

(四) 北宋东京商业空间与环境的关系

宋代开放性的街市制度代替了封闭性的坊市制度，都城中的商业空间不再局限于固定地点，而是在环境依顺观念的影响下，因地制宜，结合道路、水系、重要公共建筑节点进行布局，形成了类似现代城市商业街的街区。《东京梦华录》记载，北宋东京的商店临街而立，商业区与居住区相混杂，商业街纵横交错，夜市、桥市等各类集市繁闹多样。具体而言，宋东京主要形成了九条商业街，分别为东西南北四条御街、宣德门前大街、宫城东华门前大街、景灵东宫东门大街、相国寺东门大街、沿汴河大街，均为城市主要干道，人流众多，对外交通便利。街道与水道相遇及相交之处成为重要的场所空间与节点空间。在这里码头聚集，桥头有各种商店及摊位。我们能够看到自然水道在城市中发挥的作用及对街道空间形态的影响(如图 4－14)。

另外，宋东京商业空间还积极利用室外街巷空间。由于街道比较宽，而商铺面积比较小，宋代产生了“占道”的现象，即店铺在特定的时段侵占部分街道空间。这种现象出现于北宋初期，后各朝代持续对此现象进行整治，却都无法杜绝，直到宋崇宁年间的“侵街房廊钱”政策的实施，以宋徽宗朝廷向摊贩征费为标志，这种“占道”现象才算获得官方认可。商业空间向街道空间的延伸虽然对都城的交通与管理造成了一定干扰，但也丰富了都城街道的界面与商业业态，同时也体现了北宋居民对空间的充分利用。张择端在《清明上河图》中对这一空间特征有形象的描绘，包括有固定建筑物的沿街商铺、临时性简易摊棚店铺以及活动性的挑担小贩，呈现了前朝从未有过的富有活力的独特街道景观(如图 4－15、4－16)。

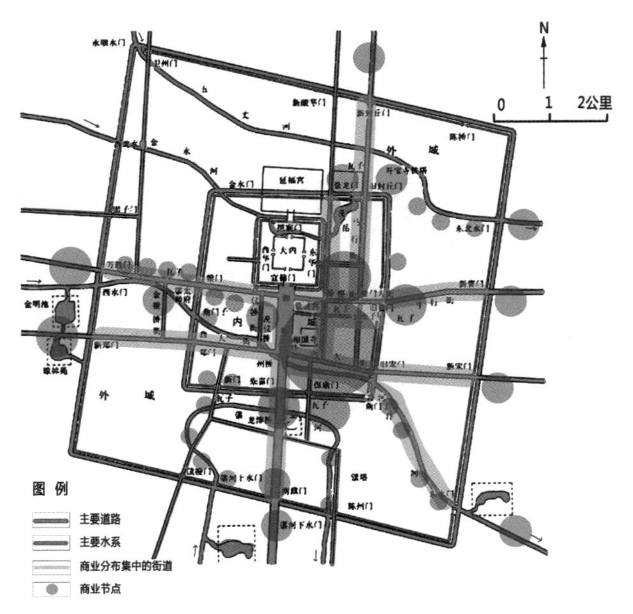

图 4-14　北宋东京城商业节点与水系关系分析图

（根据郭黛姮主编《中国古代建筑史》第 3 卷中的《北宋东京城布局结构图》绘制）

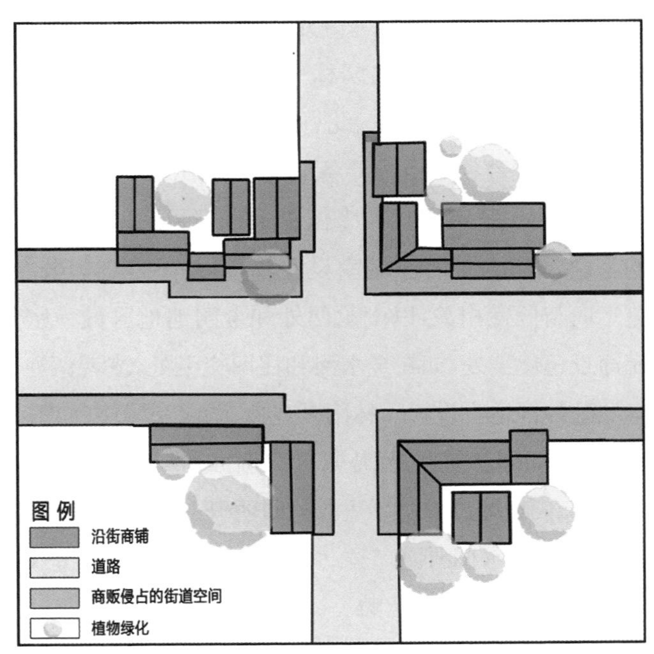

图 4-15　北宋东京商业侵占街道示意图

（根据宋人张择端《清明上河图》节点空间复原）

图 4－16 《清明上河图》中东京的十字大街商业占道示意图
（引自〔北宋〕张择端《清明上河图》，北京故宫博物院藏）

（五）北宋东京园林布局与环境的关系

1. 北宋东京园林的分布

北宋东京是一座园林化的城市。上至宋廷的皇家园林、官办园苑，下至官僚富人的私家园林，加之寺院观宇的寺观园林，汇成了北宋东京独特的园林特色。东京共有著名园林十余所，总数约百座之多。

皇家苑囿主要分布于大内东、北、中部及外城御街的城门出口处，是宋朝东京园林的主要组成部分，具备其他类型园林所不具备的规模、位置、精致与复杂程度。私家园林大多位于皇家园林的外围地区，数量更为丰富。总的来说，此两类园林在城南设置较多，并不是均匀分布。园林的布局随水流走向与位置相关，以南薰门外和金明池地区最为密集，大多分布于水系充沛景色优美处，如在金水河和汴河交汇处，或者蔡河转弯处，优良的自然本底条件都适宜设置园林用以观赏、游憩和居住（如图 4－17）。

此外，有些私家园林甚至远离城区。例如，奉圣寺旁的教坊使孟景初的园子在北宋东京城外 2.5 公里处，即明开封城外 5 公里余处，麦家园及王家园在汴河东水门外 4.5 公里处。此类园林更像是郊区别墅的含义，超越了日常起居场所的范畴。

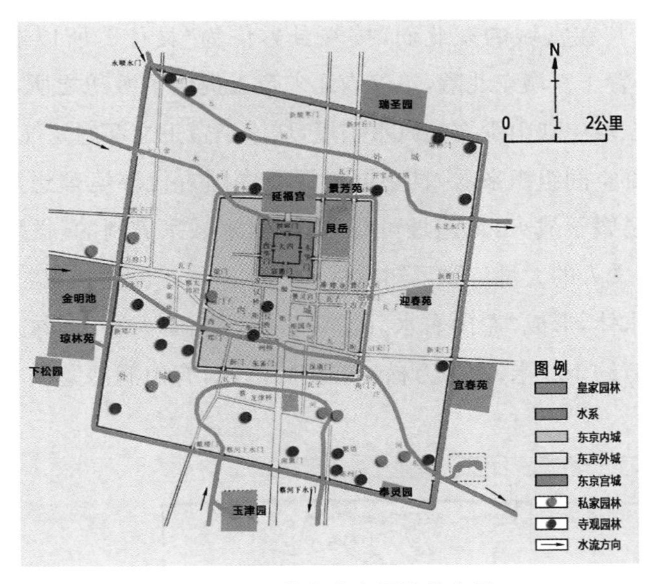

图 4-17 北宋东京园林分布图

（根据郭黛姮主编《中国古代建筑史》第 3 卷中的《北宋东京城布局结构图》绘制）

2. 皇家园林艮岳的空间组织

北宋时期的皇家园林——艮岳，不管是从空间分布还是内部的空间组织都遵循着“阴阳和合”的思想原则。北宋东京水网发达，城内有五丈河、金水河、汴河、蔡河等多条河流流过，形成网络并连接淮河、黄河。充足的水源为园林营造提供了基础，然而土地的广平也就意味着缺少山石。宋徽宗笃信道教，曾于政和五年（1115 年）在宫城东北建大型道观“上清宝箓宫”，两年后又听信道士之言，认为京城有水无山，缺乏龙气，筑山则皇帝多子嗣，于是在上清宝箓宫的东面模拟杭州凤凰山之形筑“万

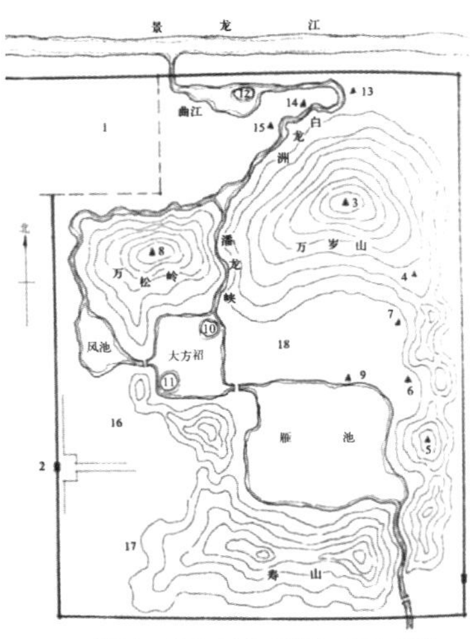

图 4-18 艮岳平面设想图

（引自周维权《中国古典园林史》，北京：清华大学出版社 2011 年版，第 102 页）

岁山”。因其在宫城的东北面，按八卦方位为“艮位”，所以取名为“艮岳”。艮岳置于宫城东北隅，不仅为北宋帝王提供了游憩之所，更重要的是弥补了京城中缺山少石的风水困境，增添了帝王之都的龙气。

从内部空间组织来看，艮岳同样深受中国古代环境理想观的影响。虽然它早已毁于战火，无遗址可寻，但根据宋徽宗御制的《艮岳记》以及宋代大臣、文人的大量诗赋可知艮岳的大体格局。山体从北、东、南三面绵延包围水体，形成“左山右水”的格局，园区北面为主山，称万岁山，主峰高 90 步，约 150 米；次峰万松岭在主峰之西，有山涧灌龙峡相隔，两峰

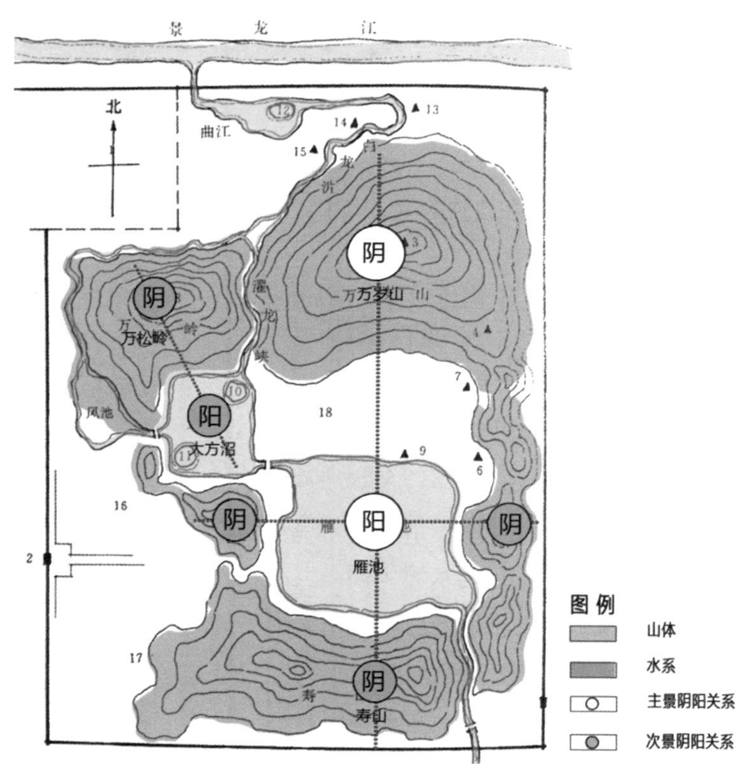

1.上清宝箓宫 2.华阳门 3.介亭 4.萧森亭 5.极目亭 6.书馆 7.萼绿华堂 8.巢云亭 9.绛霄楼 10.芦渚 11.梅渚 12.蓬壶 13.消闲馆 14.漱玉轩 15.高阳酒肆 16.西庄 17.药寮 18.射圃

图 4-19　北宋东京艮岳空间组织的阴阳关系

（根据周维权《中国古典园林史》中的《艮岳平面设想图》绘制）

并峙，列嶂如屏；万岁山东南方为芙蓉城，横亘二里，仿佛主山的余脉；水体南面为稍低的次山寿山，又名南山。四座山宾主分明、远近呼应，有余脉延展，形成一个完整的山系龙脉。园区西南部为池沼，延伸出两条水系，融汇了河湖溪涧的丰富形态，又与山系配合形成了北面主山，南面池沼；左边群山、右边池沼；南北东西、阴阳相对的山环水抱的风水格局，符合中国古代“阴阳和合”的环境理想观念（如图 4－18、4－19）。

3. 北宋东京道路及水系周边绿化

除了数量众多、类型丰富的园林，北宋东京的道路及水系周边的绿化也是值得称颂的。《东京梦华录》载：“城里牙道，各植榆柳成荫”，“宣和间，尽植莲荷，近岸植桃李梨杏，杂花相间，春夏之间，望之如绣”。这样的绿化描述，在前朝不曾有过。可见，北宋东京的河流水系两侧、道路边都植有树木，形成绿荫成片的景象。这样的盛景在张择端所画的《清明上河图》中表现得淋漓尽致（如图 4－20）。

(1)

(2)

(3)

图 4-20 《清明上河图》中水系与道路两侧的绿化情况
(引自〔北宋〕张择端《清明上河图》,北京故宫博物院藏)

(六) 北宋东京居住空间与环境的关系

1. 青睐水系的居住分布

北宋后期,坊市制解除,东京坊墙被打破,市民活动空间扩大,店铺临街而立并深入坊巷,与居住区杂陈。因此,街巷较唐时而言,既是空间单元的分界线,又是联系的纽带,既具有交通功能,又是商业活动的载体,比唐长安道路系统减少了人为的强制封闭性,人性化彰显,呈现了灵活开放的气象。

北宋东京城中街巷空间形态的开放性是北宋与前朝不同之处,城中街巷是以皇宫为中心的放射式与方格式相结合的路网系统,大道正对各城门,形成"井"字方格路网。

关于北宋普通民宅的分布与格局缺乏详细记载,但层级式分布的住宅特征可能性最大,越靠近核心位置的内圈层居住条件及居民经济水平优于外圈层。此外,没有史料显示此种层级圈层式住宅分布导致出现独立富人区,故各类居民类型如权贵、官宦、商贾及普通居民均可能混杂居住。民居出现对园林、水系的趋向特征,最为显著的是东京城内的官宦府邸在交通愈便捷、园林愈优美、水系愈充沛的地区愈密集,由此可以得出,乐居生活和隐逸文化能够体现在宋朝城市居住空间中(如图 4-21)。

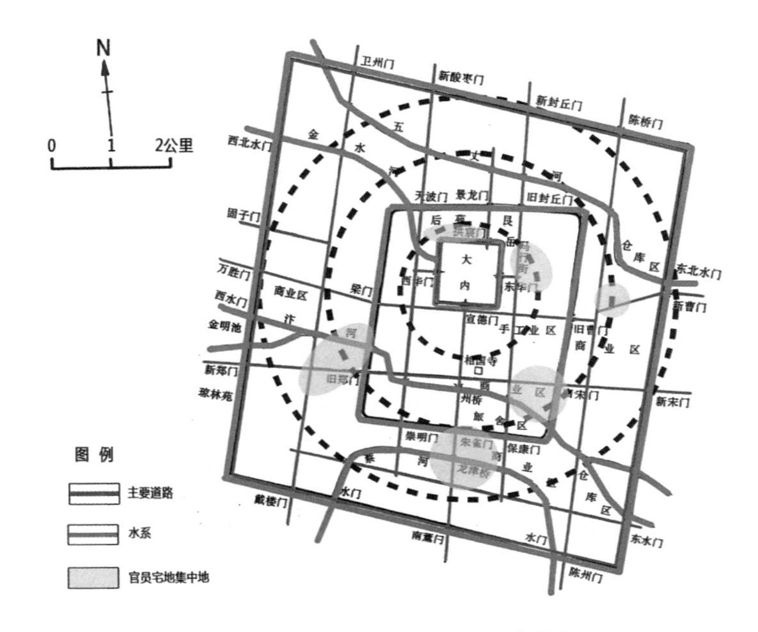

图 4－21 北宋东京部分官员宅地分布图

（根据郭黛姮主编《中国古代建筑史》第 3 卷中的《北宋东京城布局结构图》绘制）

2. 商住混合的居住形式

北宋东京市民居住空间受到"尚俭适度"思想影响，采用集约混合的功能组织，对室内空间充分利用。店铺突破坊墙之后，与居住功能日渐混合，室内空间往往功能复合，包含商业、居住、手工业等多种功能。沿街的商业空间，普通居民每户人家占一个开间，大户人家占两到三个开间。由于土地有

图 4－22 宋画中"前店后院"示意图

（引自〔北宋〕张择端《清明上河图》，北京故宫博物院藏）

限，一般都会在临街部分开设店面来经营销售，这样有利于商业活动进行，后面则是手工作坊或住宅，为主人售前准备与生活起居之所。二到三层的楼房则一般为一楼开店，后面作为作坊，楼上部分住人，于是就出现了“外街内院”“前店后坊”“上屋下铺”等住宅与商业功能混合的空间形式（如图 4－22、4－23、4－24）。

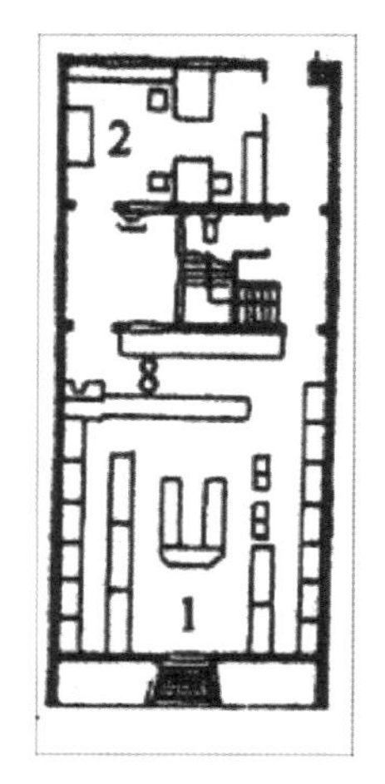

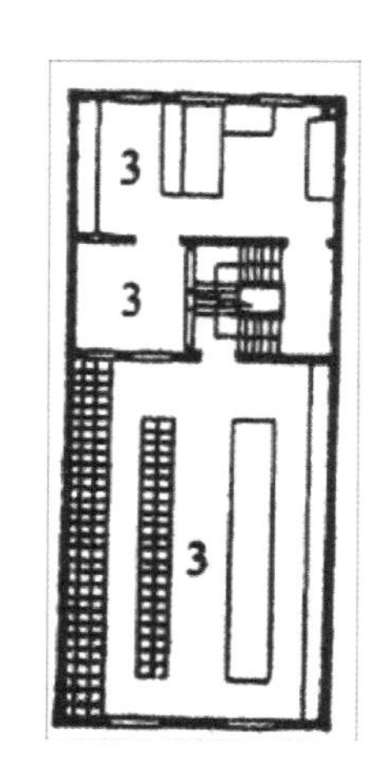

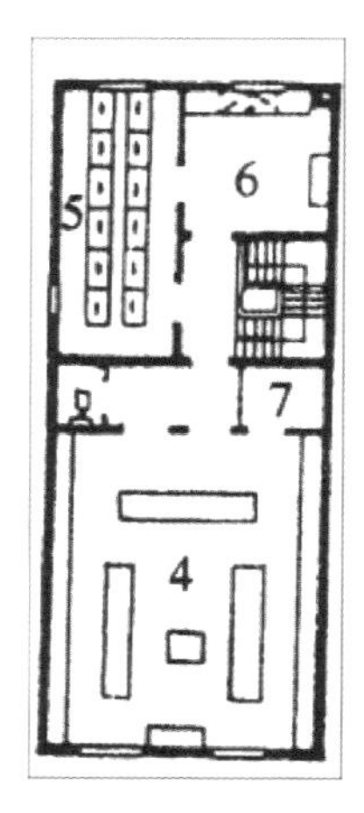

1—营业厅；2—办公室；3—帽库；4—工场；5—缝纫室；6—开水间；7—材料库；8—收款台

图 4－23 “前店后坊”布局示意图

（引自张雪冰《西安明城区现代商业建筑传统风格特征研究》，西安建筑科技大学，硕士学位论文，2015 年，第 12 页）

图 4－24 北宋东京商业街

（引自〔北宋〕张择端《清明上河图》，北京故宫博物院藏）

3. 适应气候的居住形态

从《清明上河图》中可以看到北宋东京的建筑形态较为开敞，廊亭建筑较多。临街建筑直接面向街道开门，内部多用木质栅栏或较薄的墙体分隔空间，使得前后通透，这样的建筑形态是适应气候与居民生活需求的结果。《宋史·五行志二上》记载："天圣五年，夏秋大暑，毒气中人"，"春燠而雷"。且史料当中多提到北宋东京冬季无雪。可以推断，当时的气候是冬季较为温暖，夏季非常炎热。因此，尤其在夏季，通风纳凉就成为北宋东京居民对建筑的主要要求。《清明上河图》中显示路边多为屋面组合的柱式凉棚，且此种建筑处理手法易于在屋面或搭接处形成通风气窗（如图 4-25、4-26）。

图 4-25　清明上河图中的沿街建筑形态
（引自〔北宋〕张择端《清明上河图》，北京故宫博物院藏）

图 4-26　清明上河图中的建筑组合形态
（引自〔北宋〕张择端《清明上河图》，北京故宫博物院藏）

二、南宋临安城市形态分析

（一）南宋临安选址与环境的关系

1. 选址的军事因素

南宋时期，定都杭州，位于长江下游平原地区，至此国家的政治和经济中心随国都的迁移一路由黄河流域东移至长江流域。首先是从军事角度来讲，12—13世纪，南宋曾先后与六个政权并存，分别是金、西辽、大理、西夏、吐蕃以及蒙古国，彼此之间

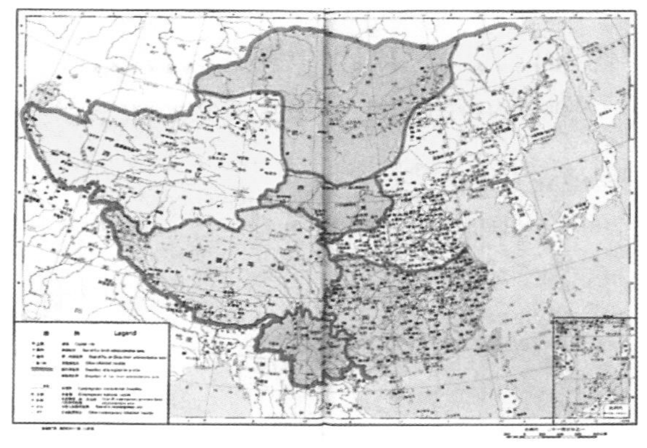

图 4－27 南宋时期范围示意图

（引自谭其骧主编《中国历史地图集》第 6 册，第 42—43 页）

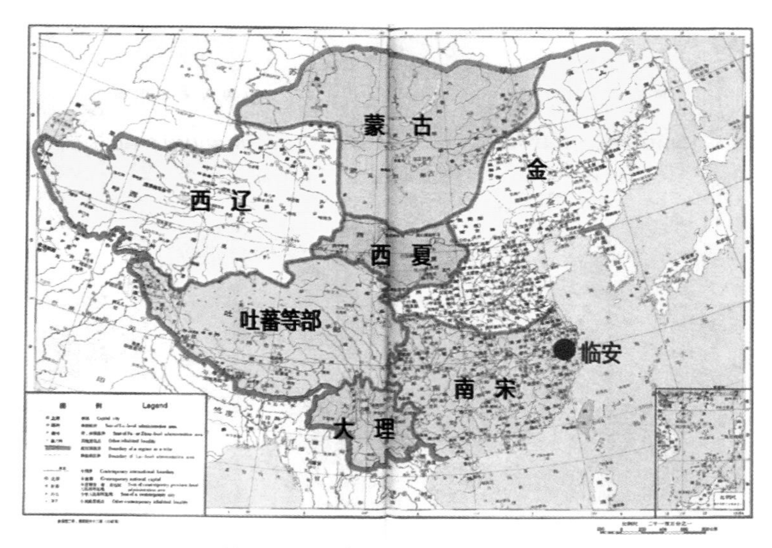

图 4－28 南宋临安宏观位置图

（根据谭其骧主编《中国历史地图集》第 6 册中的《南宋时期范围示意图》绘制）

政治军事冲突频繁。从长期战局上看，金兵凭借其强有力的骑兵部队，对宋军发起无数次主动攻击。由于骑兵的机动灵活性强，这些攻击往往是出其不意的，使得宋军处于极度被动的状态，只能被迫进行防守，对金兵毫无主动攻击之力。杭州地处后方，占据东南，东面为东海的自然防护，比较安全。加之浙西一带水网密集，从地形而言对骑兵活动不利，这就更为杭州增添了一道天然屏障，也给统治者增加了安全感(如图 4－27、4－28)。

2. 选址的资源考量

从周边山水资源来看，南宋临安城址所在环境优越，位于我国东南沿海，为钱塘江与西湖所夹，环境得天独厚。同时，它还是隋唐运河和京杭运河的终点，水上运输极其便利，是北方和南方地区的物资交换中心和交通枢纽(如图 4－29)。

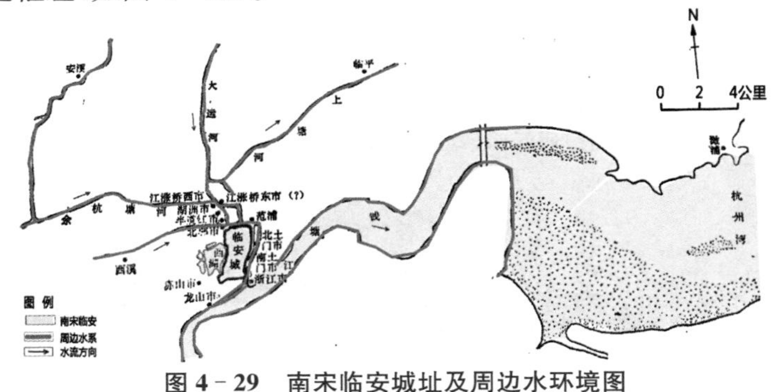

图 4－29　南宋临安城址及周边水环境图

(根据郭黛姮主编《中国古代建筑史》第 3 卷中的《南宋临安城与郊区市镇及海港配置关系图》绘制)

临安城所在处山环水绕，地形复杂，为其营建带来了一定限制，然而从《乾隆杭州府志》中的《府境图》当中，我们可以清晰看到，临安城在山水限制和城市空间结构塑造中找到了平衡点，经过历代的营建，形成了东西向的“山—湖—城—江”轴线，以及南北向的“山—江—城—山”轴线，营造了极为丰富的区域空间结构(如图 4－30、4－31)。

在临安周边众多自然资源当中，西湖与都城的关系相辅相依，最为密切。南宋临安环西湖而建。西湖不仅是临安天然的水库，为城市居民解决生活用水，还是临安著名的风景胜地，是临安居民休憩、娱乐、审美之所。优美宜人的西湖景观与南宋临安城互为写照，相互交融，体现了这一时期人们择址时对于精神世界的向往，对于景观美学的追求。

图 4－30　南宋临安宏观地理形势概貌图

（引自〔清〕郑沄修《乾隆杭州府志》卷 1 附《府境图》）

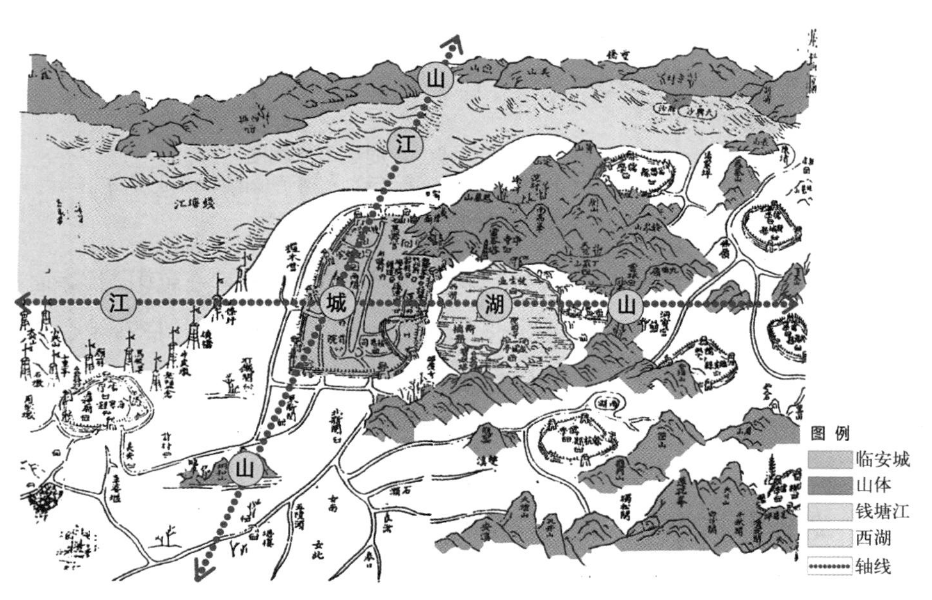

图 4－31　南宋临安宏观地理形势概貌图

（根据〔清〕郑沄修《乾隆杭州府志》卷 1 附《府境图》绘制）

3. 选址的风水环境

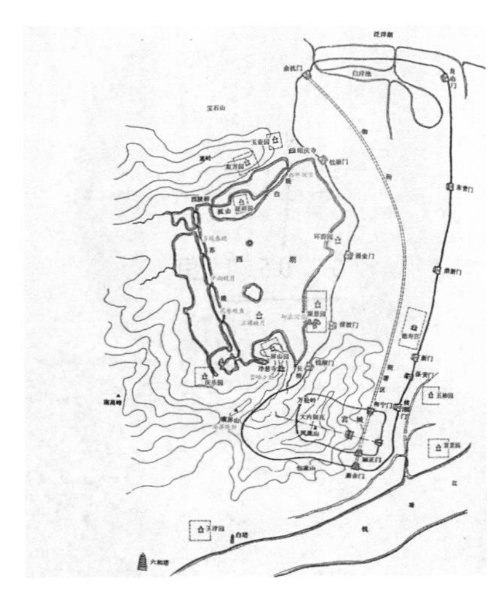

图 4－32　南宋临安平面复原图

（引自王徽《古代城市》，北京：中国文联出版社 2009 年版，第 73 页）

受阴阳思想影响，古代城市多建于山水交界的地方，或临山之处，或滨水之地，这些地方容易形成温暖湿润的小气候，正所谓“山水交合、生气出露”。而背山面水则被认为是最理想的人居环境，因为北边的山体可以阻隔寒流，南边的水体可以带来凉风、日照和生活用水。地面土壤、植被内所蕴含的水汽在阳光照射下，向上蒸发，在高空遇冷空气而凝结为云，大量的云和高空中的凝结核相遇，形成降雨。在传统的阴阳思想中，水汽蒸发所带来的温度、湿度、气息、微量元素等即为地气，这样就形成了“地气上升预冷降雨，雨水被土壤吸收，再蒸发”的良性循环。这是一种天然的适宜生物生存的生态循环模式，对在此建造城市、长期定居的人类来说是极为有利的。

南宋临安就是传统“风水阴阳”思想和生态功能相统一的集大成者。在选址上，南宋临安北、东、西三面群山环抱，南面地势低洼，水系汇聚，整体呈现出和谐稳定之态。这样的选址环境对城市小气候的形成起到了关键作用。夏季，城内地表温度高，气压低，湖面温度低，气压高，形成由水面吹向城市的水陆风，为城市带去凉风和水汽，缓解城市高温闷热，营造舒适的人居环境，充分体现了古代“风水阴阳”思想和生态功能的统一协调（如图 4－32、4－33）。

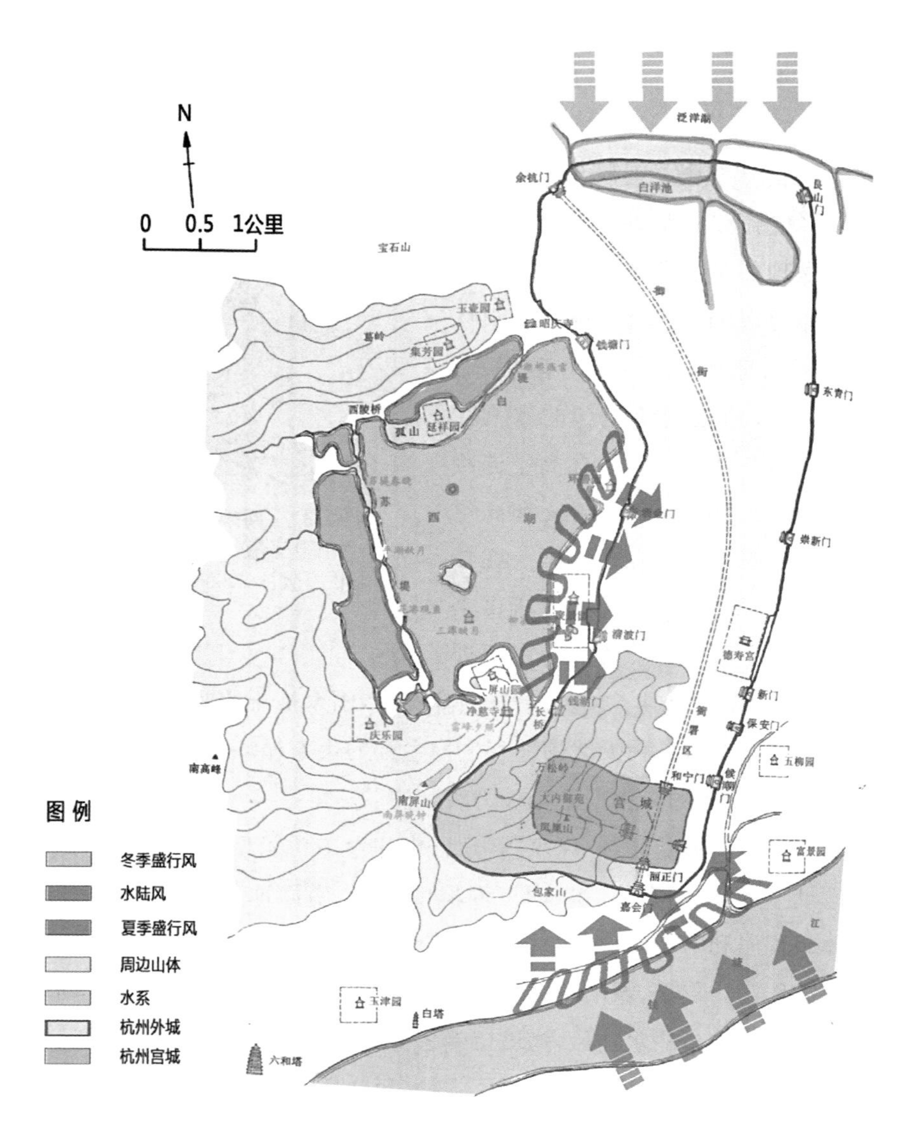

图 4-33 南宋临安盛行风向分析图
（根据王徽《古代城市》中的《南宋临安平面复原图》绘制）

（二）南宋临安城郭形态与环境的关系

临安地区地理环境复杂多变，山地水网交织，南倚凤凰山，西接西湖，南宋文学家王阮见此情景，曾感叹：“临安蟠幽宅阻，面湖背海，膏腴沃野，足以修养生聚，其地利于休息”，一语道破临安城被选作都城的先天自然优势。但从城市建设的角度来看，其先天的自然地理优势很大程度上限制了城市的营建和发展。因而其城市发展范围被限制在西湖以东、钱塘江以南的地区。临安在最大限度地尊重自然山水格局前提下，积极寻求山、水、城的平衡点，最终形成了南北狭长、东西缩进、山环水抱、依形就势的城郭形态，因而被称为“九曲城”（如图 4－34、4－35、4－36）。南宋临安城的发展秉承了尊重自然、亲近自然、顺应自然的生态原则，并以此为前提去探索人与自然和谐相处的方式，体现了中国古代人民生态可持续发展的思想理念。

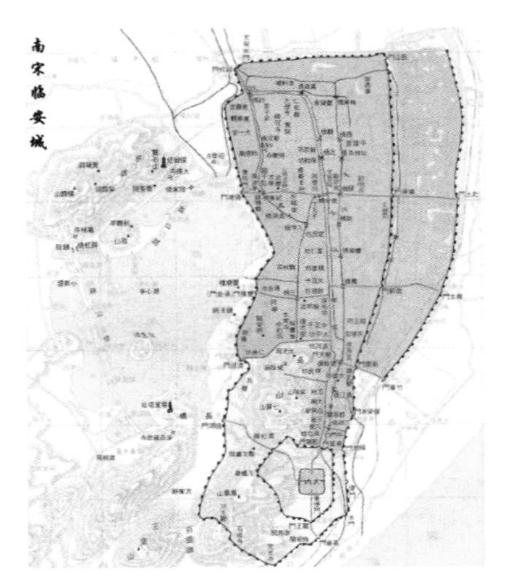

图 4－34　南宋临安复原图

（引自《历代都城图》，国学导航，www. guoxue123. com/other/map/dcmap/index. htm）

图 4－35　南宋临安城郭形态图

（根据《历代都城图》中的《南宋临安复原图》绘制）

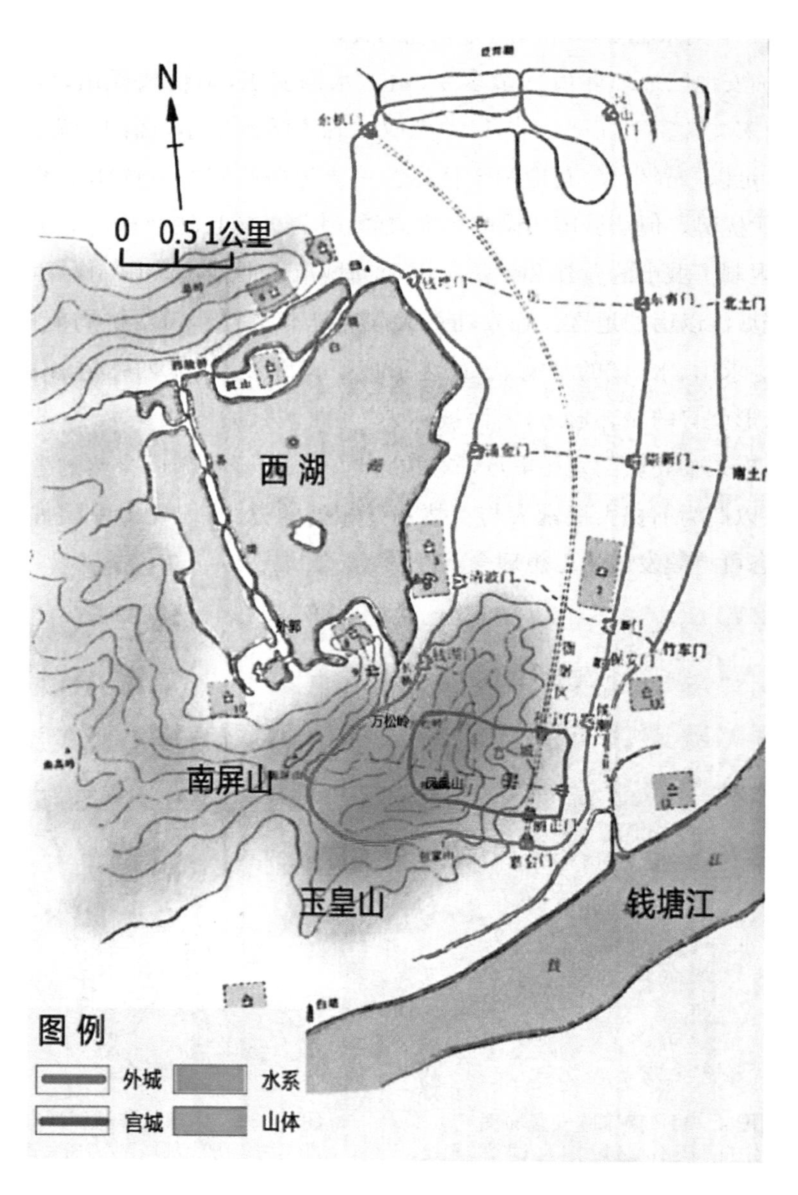

图 4-36　南宋临安周边环境分析图
（根据王徽《古代城市》中的《南宋临安平面复原图》绘制）

(三) 南宋临安城市空间结构和布局与环境的关系

1. 空间结构

临安城的重要城市轴线有两条,其主轴贯穿南北,次轴横贯东西,轴线依托周边自然山水格局形成,使得临安城市形态与周边自然山水前呼后应。临安城西侧山峦起伏,其中有南北两座高峰与临安城相对而望,各自引领群山对临安城呈环抱之势,形成南北向的“双阙”格局。也就是说,临安城西侧的两座高峰延绵至西湖处,形成了西湖南北两侧的南屏山和宝石山,在两座高山上又建了雷峰塔和保俶塔,构成了双阙—西湖—两峰—两塔——一城的格局,巧妙地借助地形和构筑物,强化了东西

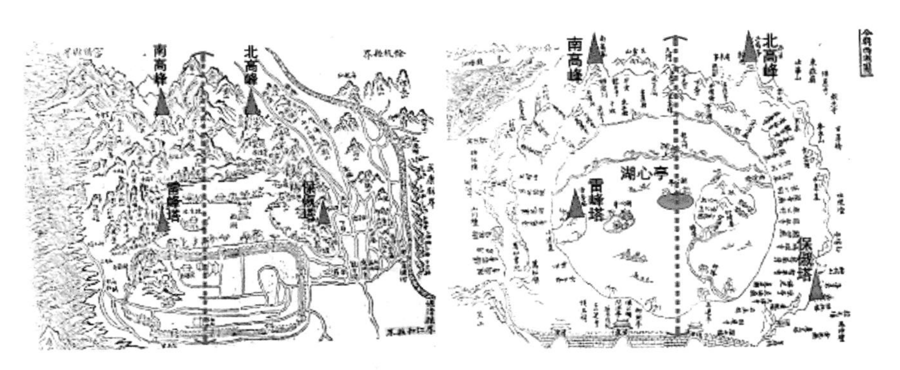

图 4-37　钱塘县境图与湖山一览图

(分别引自《万历钱塘县境内图》《光绪西湖游览志》)

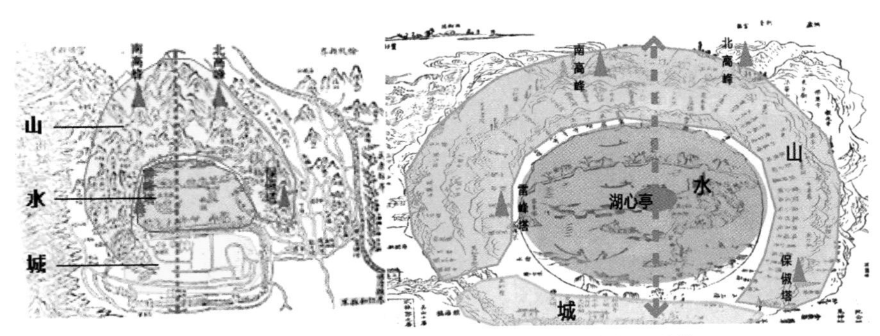

图 4-38　杭州城“天门双阙”与“山水城”空间结构

(根据《钱塘县境图与湖山一览图》绘制)

向的轴线，从《万历钱塘县境内图》《光绪西湖游览志》对临安城空间结构与周边山水资源的描绘中能清晰地看出这种轴线关系（如图 4－37、4－38）。

2. 功能分区

南北向轴线在衔接了南北方向上山水资源的同时，也引领了都城内部空间布局的形成。南宋临安城的南北轴线不是规整的直线空间，其皇城南北宫门、主要宫殿、御街不在一条直线上，而是结合山体地形呈现出转折的形态，这也使得临安城不拘泥于东西对称的空间结构。皇城位于凤凰山和馒头山之间的高地上，既利于宫城防御，也有利于城市通风，并且得到充分的日照时长，适合植物生长，这一点正好可以缓解临安夏季闷热的情况。各衙署往往也占据高地，紧邻皇城和御街，便于皇家调度，也方便管理百姓。民居以及街市分布在吴山、凤凰山以北，布局于御街两侧。兵营城防设于城东与万松岭，因为东面地势开阔，且没有山体水系，更需要设防（如图 4－39、4－40）。

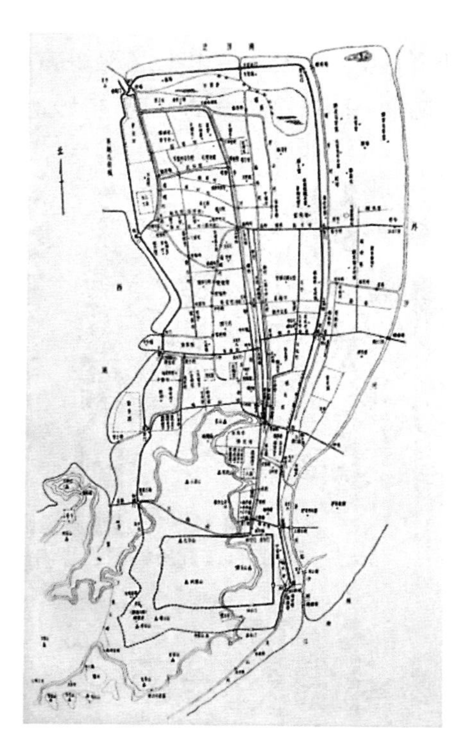

图 4－39　南宋临安城市概貌图
（引自李路珂编著《古都开封与杭州》，北京：清华大学出版社 2012 年版，第 147 页）

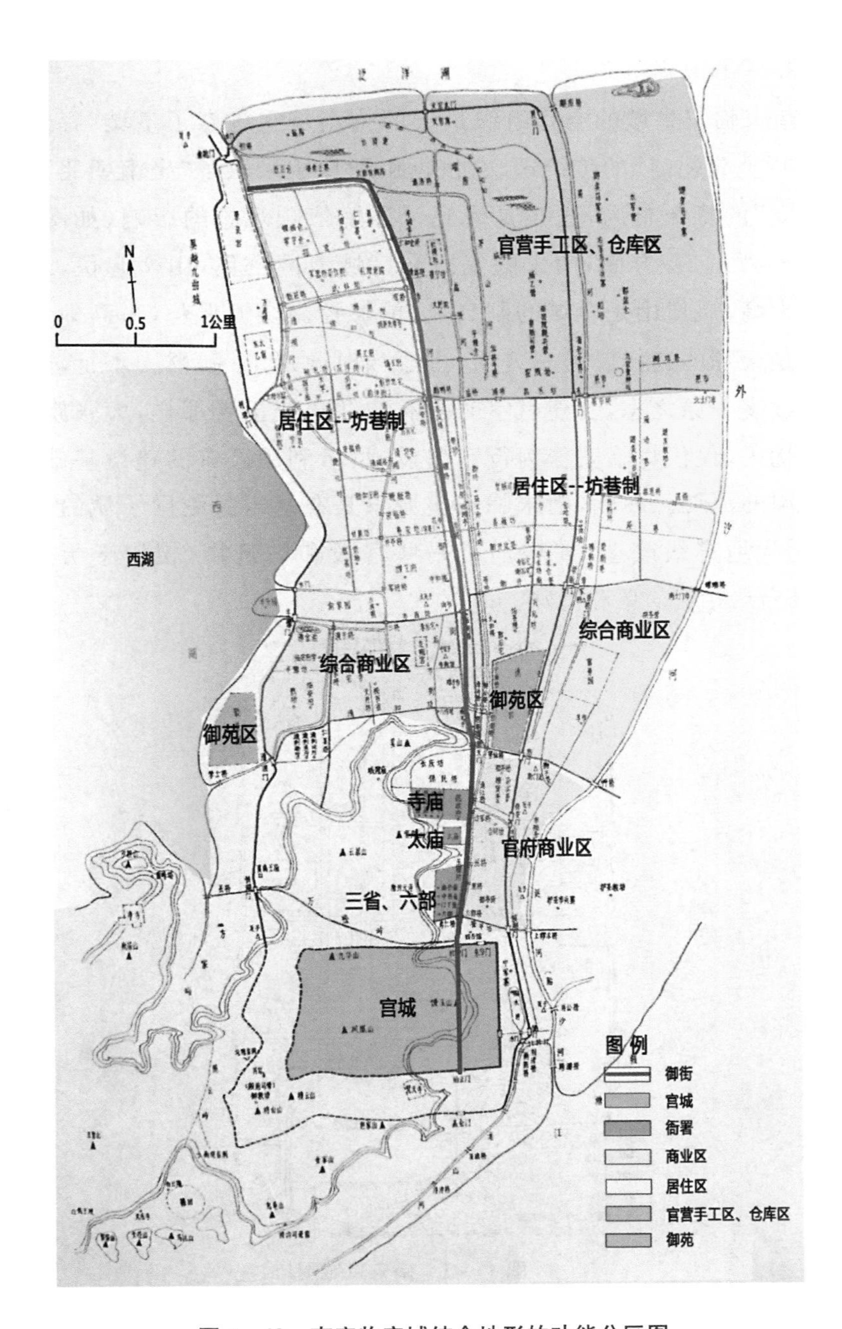

图 4－40　南宋临安城结合地形的功能分区图

（根据李路珂编著《古都开封与杭州》中的《南宋临安城市概貌图》绘制）

3. 整体朝向与布局

南宋临安皇城的空间组织最大的特点是它放弃了皇城“择地而中”和“坐北朝南”的传统理念，依据山形地貌采取了“坐南朝北”“据山而立”的特殊布局，这正是受到了环境依顺观念的影响（如图 4-41、4-42）。一方面，南宋临安所在区域河网密集，山峦起伏，地势北低南高，凤凰山是全城的制高点，能够控制全城形势，占高地以建宫城是合理的选择。另一方面，由于当时政局动荡，财力不足，宋高宗不敢丧中原之志，营建宫室时没有像北宋统治者那样，大张旗鼓，过于扰民，仅仅将临安作为行宫建设，尽量利用已有的建设基础，减少资源的消耗。因此，南宋临安皇城只是在北宋吴越国子城的基础上，适当地升级改造，并增加了一些宫殿和构筑物，相较于历代都城，其布局相对简单和特殊。

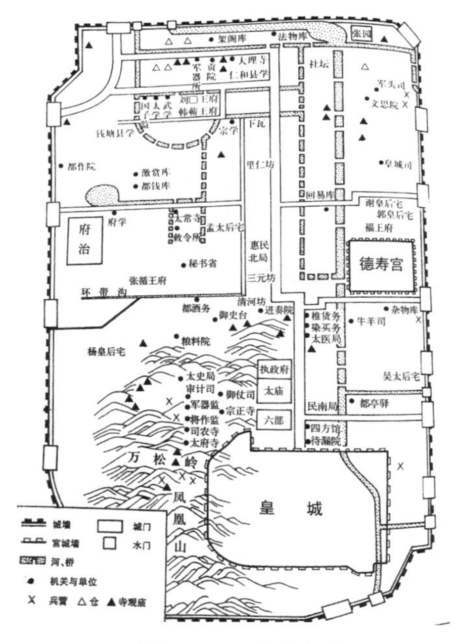

图 4-41 南宋京城图

（引自薛凤旋《中国城市及其文明的演变》，北京：世界图书出版公司北京公司 2010 年版，第 196 页）

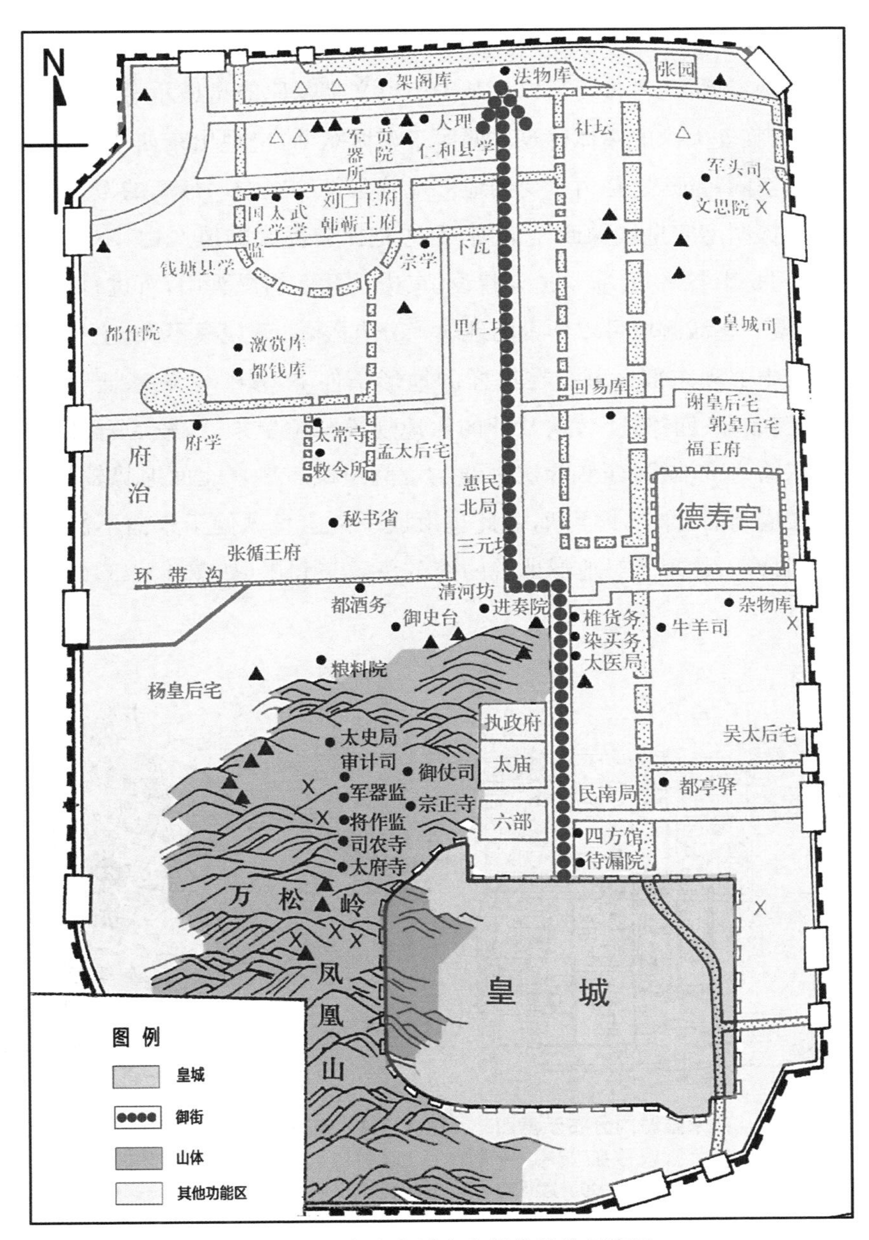

图 4－42　南宋京城坐南朝北结构示意图

（根据薛凤旋《中国城市及其文明的演变》中的《南宋京城图》绘制）

4. 临安大内空间形态

中观层面，从考古资料以及基于历史文献复原的皇城示意图可以看出，南宋临安大内的主体建筑群偏居于皇城东面，呈现出东西不对称、不平衡的空间特征，这是由于受到地形地貌条件的影响。最新的考古资料也已经探明南宋皇城的四至范围，西边是比较高大的凤凰山，不适合建设；中间是山谷平地，非常适合建设；东边是低矮的馒头山，可进行建设。因此，整个皇城区域可以建设的地块十分有限，皇城规模不大，主要建筑区位于中部和东部区域。在这样的地形条件下，核心宫殿基址形成两路，东路较宽、西路较窄，从基址的占地规模与位置来看，较为合理的可能是东路为主轴线，西侧为次轴线的空间组织。皇宫北面地势较低，引水汇聚成湖面，称为小西湖，由此也形成了南宋皇城偏于东面不甚平衡的空间特征，体现了对地形地貌的充分尊重与利用（如图 4－43、4－44、4－45）。

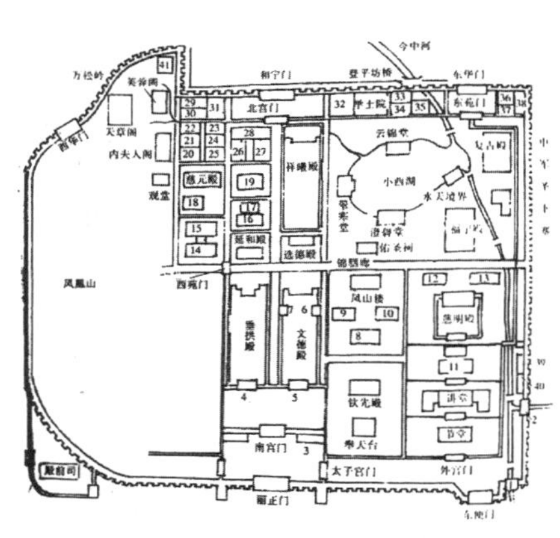

图 4－43　南宋皇城内分布示意图
（引自姜青青《〈咸淳临安志〉宋版“京城四图”复原研究》，上海：上海古籍出版社 2015 年版，第 127 页）

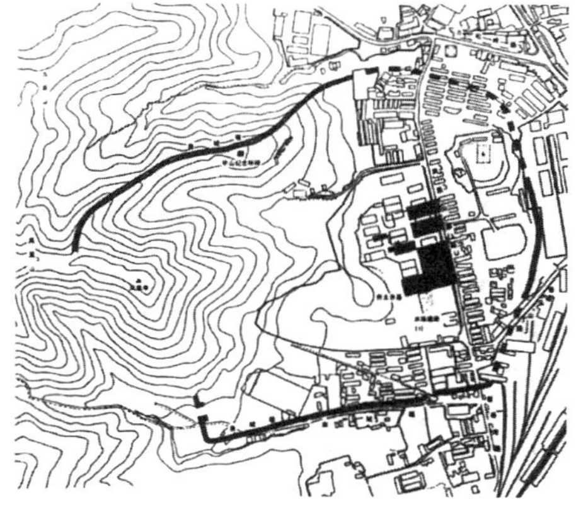

图 4－44　南宋临安皇城范围及地形示意图
（引自《全国重点文物保护单位》，北京：文物出版社 2004 年版）

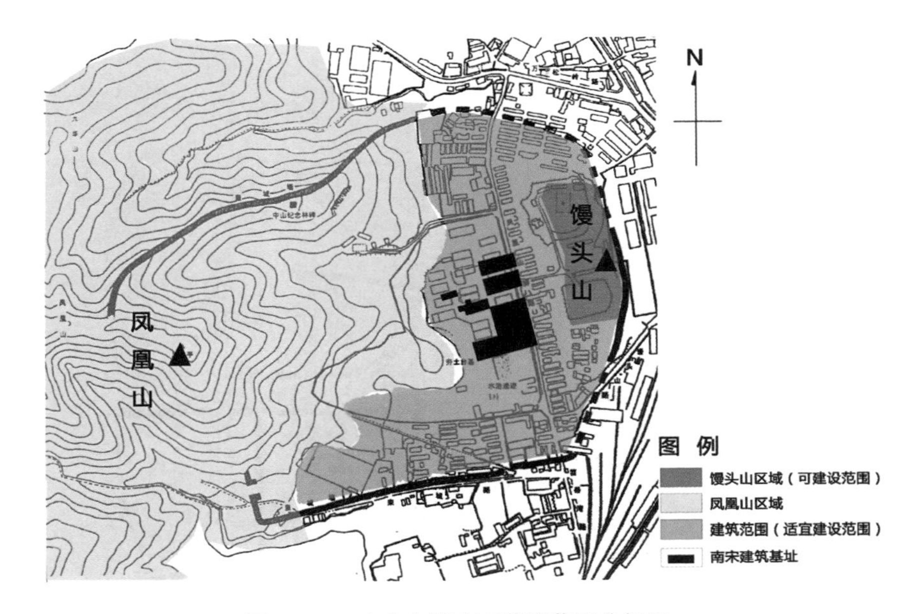

图 4－45　南宋皇城内可营建范围分析图
（根据《全国重点文物保护单位》中的《南宋临安皇城范围及地形示意图》绘制）

(四) 南宋临安路网和水网布局与环境的关系

“环境依顺观”影响了南宋临安城的路网、水网形态，形成了典型的顺应环境的城市空间典范。临安城南北长东西窄且地形高低不一，南侧高于北侧，河网密布，因此城市道路布局是在诸多限制条件下形成的。整体道路形制上依然是按照经纬涂制进行规划，但具体表现上并没有严格的网格式布局，而是根据实际地形条件，采用更为自由和合理的道路设计策略。临安城的南北主轴线——御街，也是全城南北主干道，串联起城市街道。南北方向上另外还有四条街与御街大致平行，承担起南北通行的功能。临安南北长，因此东西向干道较南北向多，因受到地形和水系的限制，城内很少有南北或东西完全贯通的干道，街道也多呈现出曲折的姿态，即便是御街也不是笔直的，具有强烈的标志性和可识别性。此外，城内街道很少十字相交，基本都是错位或者斜角相交，除御街外，路网间距也几乎都是远近不一，变化十分频繁(如图 4－46)。

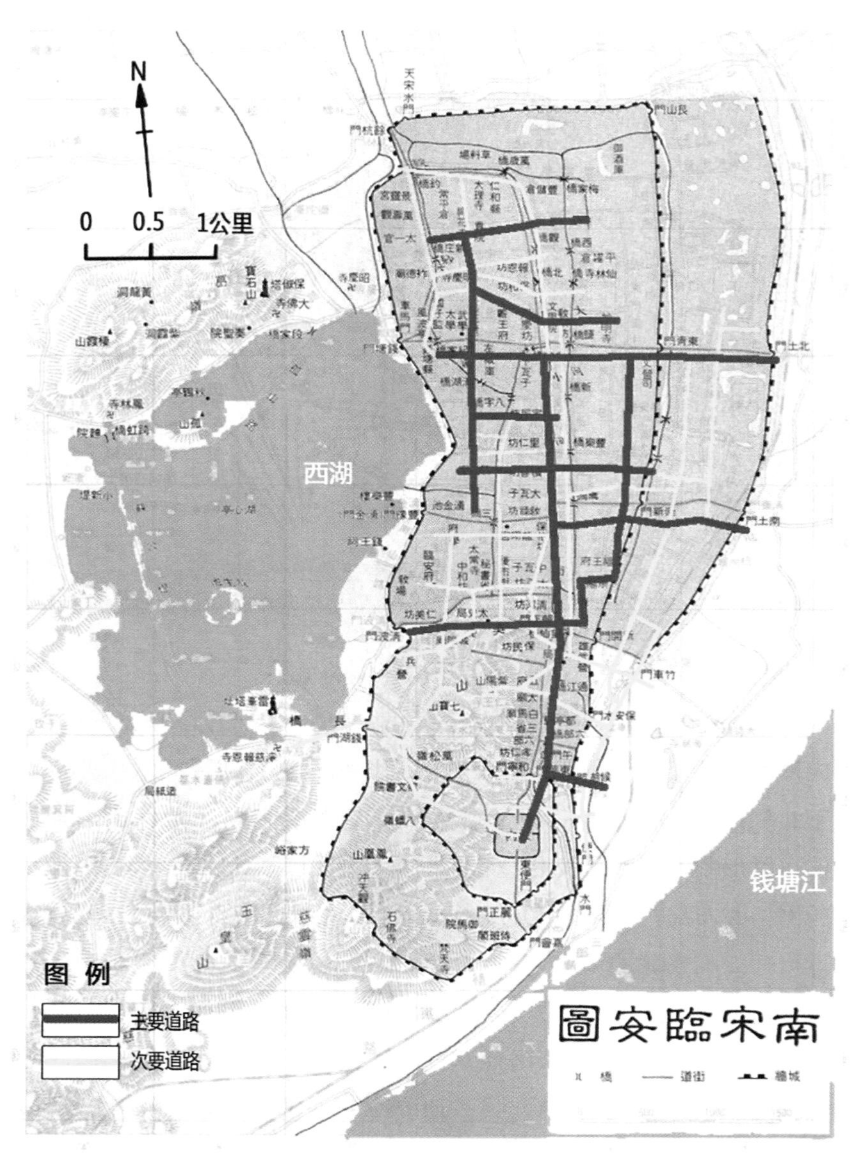

图 4－46　南宋临安路网形态分析

（根据《历代都城图》中的《南宋临安复原图》绘制）

临安城内外河道纵横，水网密布。据《淳佑临安志》《咸淳临安志》《梦粱录》等史料记载，南宋时期临安共有河流 22 条，其中主要有 4 条南北向河流，分别是茅山、盐桥（大河）、市河（小河）、清湖（西河）（如图 4－47）。通过对河道的整治和组织，桥梁联系起水网和路网，构成了水乡城市特有的“水上交通网络”。图 4－48 清晰地显示出南宋临安城水陆双路网的城市格局，河流既是水网也是城内主要的路网骨架。水系走向大多与街道和城墙走向平行，因此城内水网形态和主要道路街巷形态是重合的，两者分布密度相近。另外，水网在功能上也与路网类似，除了具有水系的运输功能，还能方便居民日常生活和交流。南宋临安基于特有的地形地貌，不拘泥于形式，形成了水道与街道相依的网络格局，在众多古都中独树一帜，是适应地形、契合自然的绝佳体现。

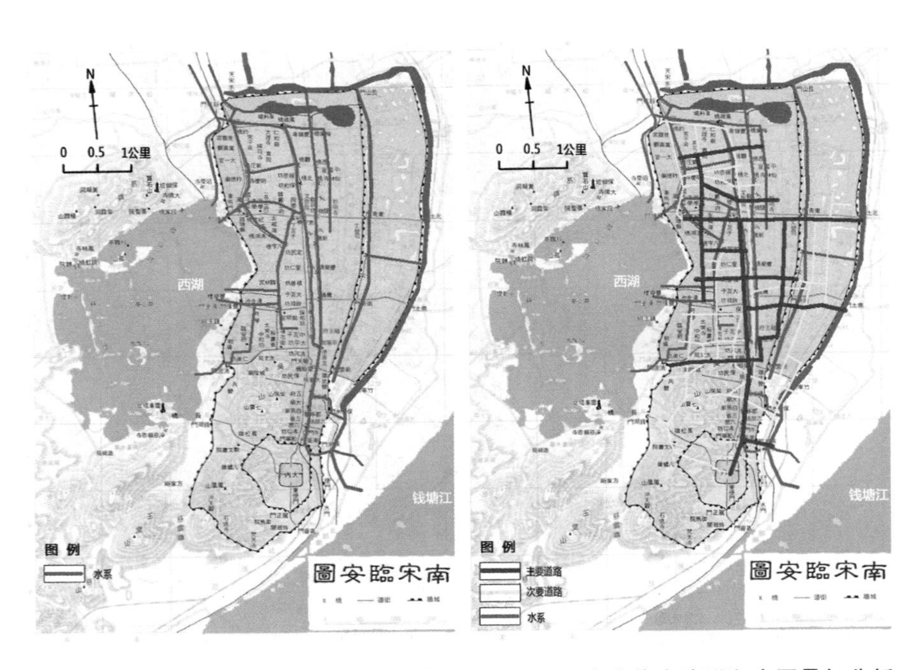

图 4－47　南宋临安城内水网形态分析　图 4－48　南宋临安路网和水网叠加分析

（图 4－47、4－48 均根据《历代都城图》中的《南宋临安复原图》绘制）

（五）南宋临安园林布局与环境的关系

中唐至宋初，中国政治和经济经历了一个大转变，政权的基础由贵族豪门扩大为整个地主阶级，大贵族逐渐减少，中上层的富人数量大大增加，市民经济渐趋发达，中上层阶层广泛追求现实生活的闲适与安逸。在这样的社会背景之下，宋朝初期的都城已不复有汉唐那种宏大、开朗、浑厚的气魄，皇家园林规模也大大缩小。园林的分布因其规模的减小而展现出更为自由的特点，不似汉唐时期园林布局囊括内外、圈山带水，而是倾向于依附自然山水资源，选择风景优美之地借景而造景。南宋临安自然条件优越，

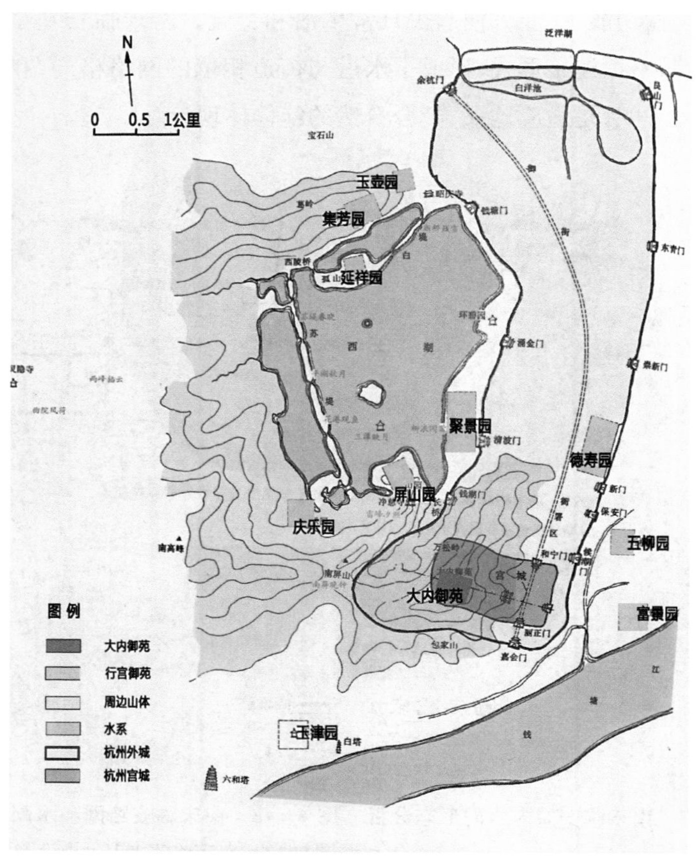

图 4-49　南宋临安皇家园林分布图

（根据王徽《古代城市》中的《南宋临安平面复原图》绘制）

在南宋定都的百余年间，新建大小花园数百处，其中皇家御苑十余处，私家园林近百处，且选址分布都与西湖、凤凰山、钱塘江密切相关。

临安的皇家御苑分为大内御苑和行宫御园，大内御苑即宫城的苑林区——后苑，依托宫城东部的凤凰山麓而建。行宫御园则大多围绕西湖而建，或依山，或傍水，搭配得当，张弛有度，与自然山水相映成画，天然和人工景观和谐自成一体。例如，西湖北岸有集芳园、玉壶园，西湖南岸有屏山园、庆乐园，湖东岸有聚景园，西湖北部的小孤山上有延祥园。还有一些行宫御苑分布在城南郊钱塘江畔和东郊的风景地带，如玉津园、富景园等。至此，整个临安城已成为一座大型园林城市，星罗棋布的园林借广阔湖山为背景，景致随地形时节而变化（如图 4－49）。

（六）南宋临安建筑形态与环境的关系

1. 建筑布局结合自然地形

临安城建筑的布局体现了与自然环境的交融与共生，从《咸淳临安志》所载的《皇城图》中可以清晰地看到，整个临安城的宫殿建筑与地形充分耦合，倚山而建，皇城内的空地被充分利用，分层筑台、立基建房，使得宫殿建筑顺应自然地形形成了高低错落、起伏变化的景观效果，不仅突出了宫殿层层递进的雄伟气势，还增强了皇城的城防优势。建筑布局较为紧凑，部分宫苑则超出了皇城的范围，结合更大尺度的山体景观，使得山体成为建筑的背景，与之相辉映（如图 4－50）。

南宋宫廷画反映了临安宫殿建筑的形象，展现出建筑精致灵动的一面。这些建筑与自然山水取得良好联系，常依山筑台、遇水搭桥，与名山湖泊相对，以树木花草为掩映。例如，南宋画家李嵩的《水殿招凉图》《月夜看潮图》生

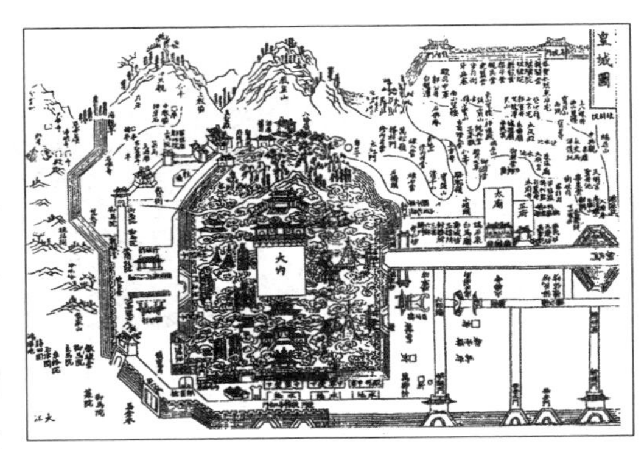

图 4－50　皇城图

（引自《宋元方志丛刊·咸淳临安志》）

动地表现了南宋宫廷建筑的重檐十字脊歇山顶，屋檐两头微微上翘，造型灵动，临水殿建在水边或花丛之旁，构造灵活多样，将建筑与水系的关系充分表达。马麟的《秉烛夜游图》则描绘了宫廷园苑亭廊建筑和园林布局。夜色掩映中的深堂廊庑，园中海棠盛开，展现了极为雅致的宫苑景观与氛围（如图 4 - 51、4 - 52、4 - 53）。

图 4 - 51　水殿招凉图
（台北故宫博物院藏）

图 4 - 52　月夜看潮图
（台北故宫博物院藏）

图 4 - 53　秉烛夜游图
（台北故宫博物院藏）

2. 气候影响下的建筑造型

南宋临安地处亚热带季风气候区，具有春多雨、夏湿热、秋气爽、冬干冷的气候特征，特别是在盛夏时节常处于副热带高压之下，容易出现晴热高温天气。史料记载，南宋时期杭州气候亦复如此，冷暖波动较大，极端寒冷和酷热天气时有发生。例如，绍兴五年（1135年）五月，“大燠四十余日，草木焦槁，山石灼人，暍死者甚众”；绍兴三十一年（1161年）正月戊子，“大雨雪，至于己亥，禁旅垒舍有压者，寒甚”。显然，从中原地区南渡至杭州的皇室贵族们对于杭州这种夏季酷热、冬季湿冷的气候，一时之间很难适应。因此，为了形成舒适宜居的生活环境，南宋临安的居住建筑，尤其是宫苑与贵族居住建筑的营造，充分考虑到气候特征，展现出对自然环境的适应性。

首先，从建筑结构来看，杭州建筑的室内层高较高，开间大，前后贯通，具有一定的开阔性，这样会在屋内形成穿堂风，吹散屋内闷热的空气。其次，为了适应杭州夏季炎热潮湿、冬季阴冷的气候变异性特点，南宋民居中灵活可拆卸的木质格窗被大量运用。炎夏酷暑时节，人们可以

图 4－54　四景山水图之夏景
（引自〔南宋〕刘松年《四景山水图》，北京故宫博物院藏）

(1)　　　　(2)

图 4－55　当今苏州园林中开敞的建筑造型
(作者自摄)

(1)

(2)　　　　(3)

图 4－56　四景山水图之春景、秋景、冬景
(引自〔南宋〕刘松年《四景山水图》,北京故宫博物院藏)

(1)

(2)

图 4-57　当今苏州园林中的建筑门窗造型
(作者自摄)

拆去大部分格窗，增加通风面积，便于散热，于是房屋就变成了凉堂。冬季则装上格窗，完全封闭，以确保建筑整体的保温性能。这一建筑特征在南宋《四景山水图》中体现出来，同时也在当今建筑形态当中得以传承，从苏州园林当中可见一斑(如图 4-54、4-55、4-56、4-57)。

再次，南方湿热多雨，因此南宋建筑中长廊的使用变得普遍而多样，以便雨雪天气不必打伞，让行人不必受淋漓之苦，夏日也能避开骄阳曝晒。这些建筑特征在南宋绘画艺术中多表达，如南宋马麟的《楼台夜月图》(如图 4-58)，截取楼台亭廊的一角，横在图中左下角的爬山廊将低处的景亭和高处的楼台连接起来，反映了当时贵族阶层的悠闲生活。从南宋建筑与气候是相互协调与适应的情况看，它再次为我们展示和验证了

图 4-58　楼台夜月图
(上海博物馆藏)

古人天人合一的自然观。而今天苏州园林的布局也体现了这一特点（如图 4 - 59）。

(1)

(2)

图 4 - 59　苏州园林当中的廊空间
（作者自摄）

三、宋平江城市形态分析

（一）平江选址与环境的关系

1. 水系发达，便于航运

平江城始建于春秋，称阖闾城，经过千年发展，城市建设与经济繁荣到唐宋时期达到顶峰，直至成为今日的苏州城。前后数千年的时间跨度，其城址未曾有大的变迁，可见其城市选址的合理性。

平江城址最为突出的特征在于对水资源的青睐与充分利用。通过对水文地质条件的勘探，平江城最终选址于太湖水系中山岗与平原之间。其所在之处湖泊河渠众多，水系密布且相互连通，历来有“泽国”之称。长江在城市东北形成天堑，太湖环抱于城市西南，成为限定城市区域空间的大型自然水域。在长江与太湖之间，东西方向上，浏河、吴淞江、胥江、娄江等穿流而过，如毛细血管；南北方向上，京杭大运河绕城经过。平江城周边阳澄湖、金鸡湖、石湖、墅湖等大小不一的湖泊星罗棋布。如此丰富的水系资源不仅为平江城解决了农业灌溉、居民生活用水，成为宋时全国主要产粮区之一，还提供了极为便利的水运交通条件，使得平江城成为南北水运的重要枢纽（如图 4－60、4－61）。

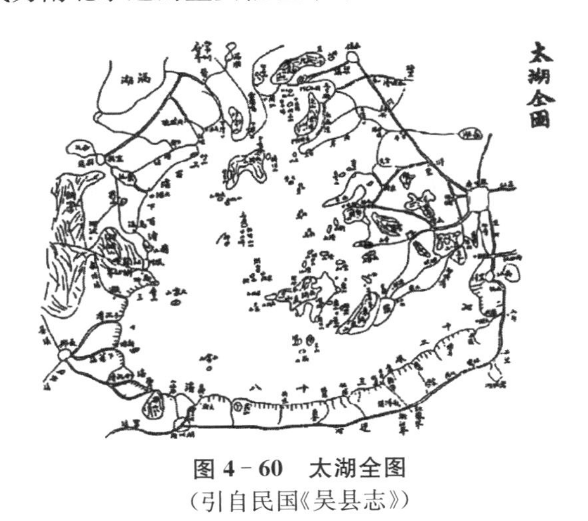

图 4－60　太湖全图
（引自民国《吴县志》）

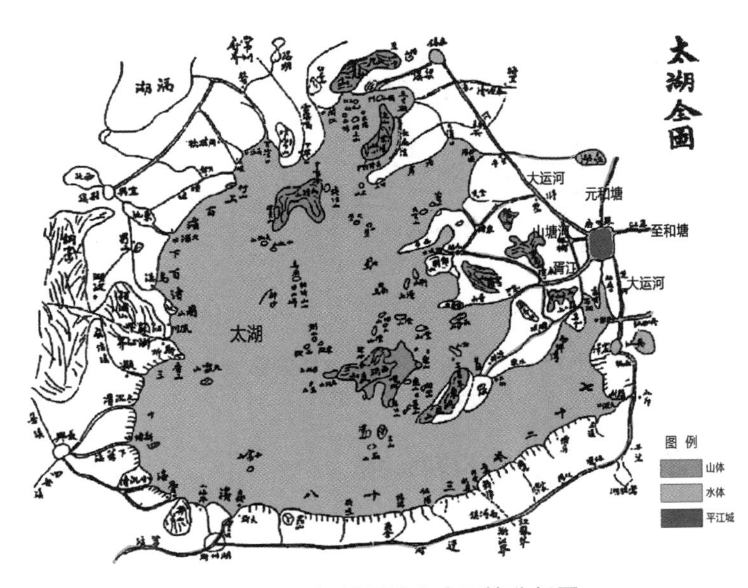

图 4－61　平江城周边山水环境分析图
（根据民国《吴县志》中的《太湖全图》绘制）

2. 山重水绕，利于防御

平江城的前身为吴国都城，其选址将军事防御放在重要的位置。从大的区域环境来看，以平江城为中心，周边的山水环境形成了多重防御圈层。最外层是由长江、太湖构成的水域防御线；第二层是由天平山、灵岩山、穹窿山、邓尉山、渔洋山、洞庭东山、西山等构成的远山防御线；第三层是由阳山、虎丘、狮子山、横山、上方山等构成的近山防御线。同时，平江城周边河道水网众多，出入都要涉水，这样的水系格局不仅有利于御敌防守，还可充分借助水道进行水上作战。可见，从军事防御的视角，平江城进可攻、退可守，地理位置与环境极佳（如图 4－62）。

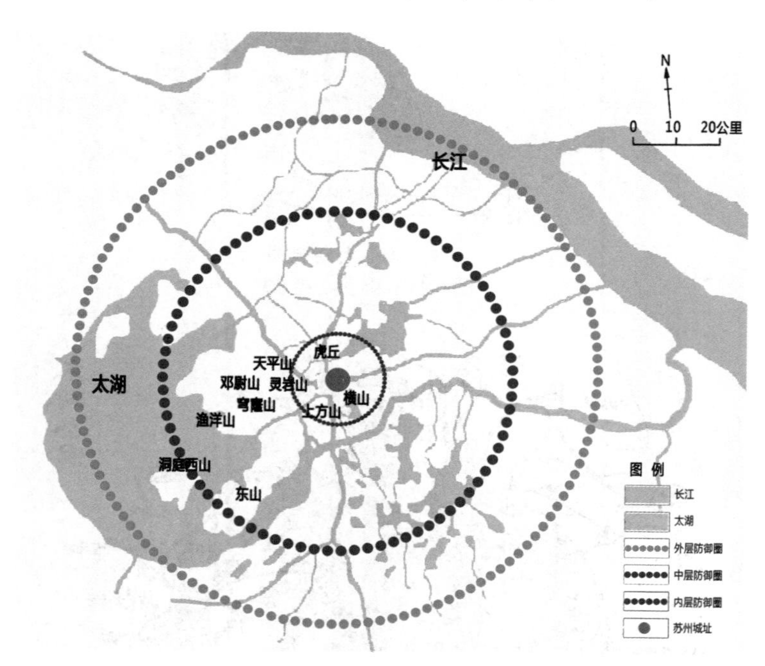

图 4－62 平江城区域山水防御圈层示意图
（作者自绘）

（二）平江城郭形态与环境的关系

1. 因地制宜，方正抹角

宋平江城的城郭形态是遵循礼制又结合自然的双重表现。从《平江图》所描绘的城郭轮廓可以清晰看到平江城大体呈南北长约 4.5 公里、东西宽约 3.5 公里、周约 16 公里的长方形，符合自春秋阖闾城建设以来，象天法地、敬天法祖下所一致遵从的方城形制，是王权礼制的写照。然而不难发现，平江城城郭并不是绝对规整的长方形，除了东南角为直角，城墙在东北及西北角出现了抹角，西南角呈弧形，东、西两侧城墙也有曲区。究其原因，是平江城适应地形，结合水流方向，因地制宜进行规划设计的结果。平江城所在区域多水，水患频繁，一旦面临洪水灾害，水势湍急凶猛，弯曲转折的护城河有利于水势的缓冲与疏导，可以有效地避免洪水冲毁城墙，灌入城内。故而平江城城郭形态顺应护城河走向而产生了抹角与曲区，展现了协调自然的形态特征（如图 4 - 63、4 - 64）。

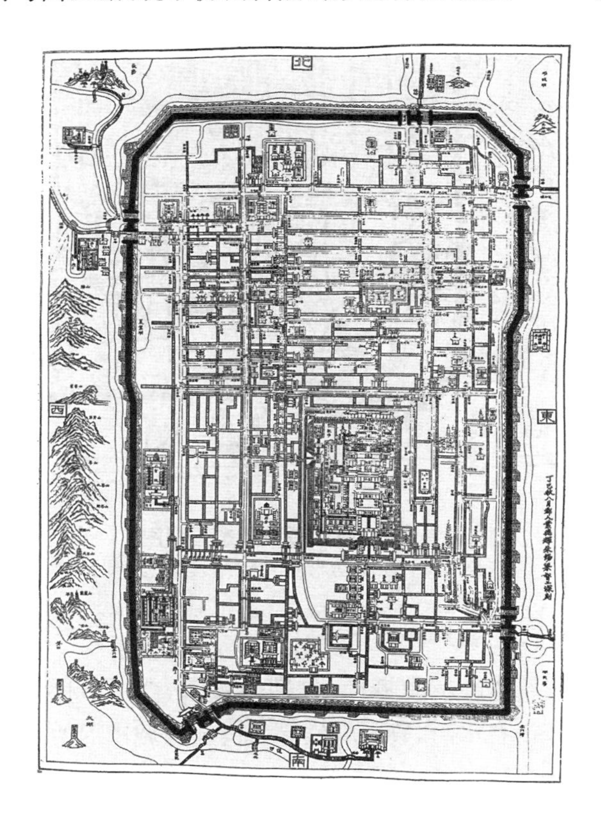

图 4 - 63　平江图

（引自《宋平江城坊考》，南京：江苏古籍出版社 1985 年版）

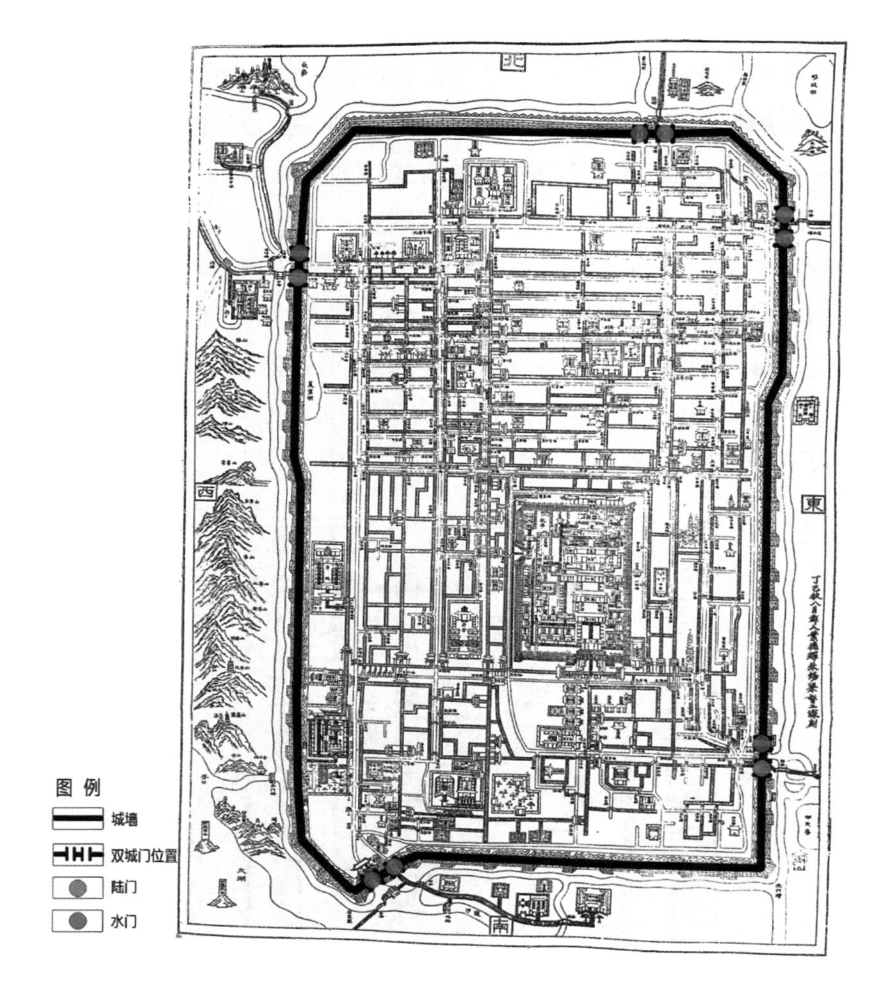

图 4-64　平江城郭形态分析图

（根据《宋平江城坊考》中的《平江图》绘制）

2. 水陆两门，航陆并举

平江城有五座水陆双重城门，分别为盘门、娄门、葑门、齐门、阊门，每一座城门皆兼设有水门，故城门位置的设定与城市周边水系河道的位置关系密切。盘门位于西南角，运河由南至北环城而过，其西北走向正对盘门；阊门位于西城墙偏北，正对运河与山塘河；齐门位于北城墙偏东，正对元和塘；娄门位于东墙偏北，对接至和塘；葑门位于东墙偏南，与通湖天荡相接。这样的城门布局方式将城内与城外水运交通连接起来，保证了水陆运输的通畅（如图 4－65）。

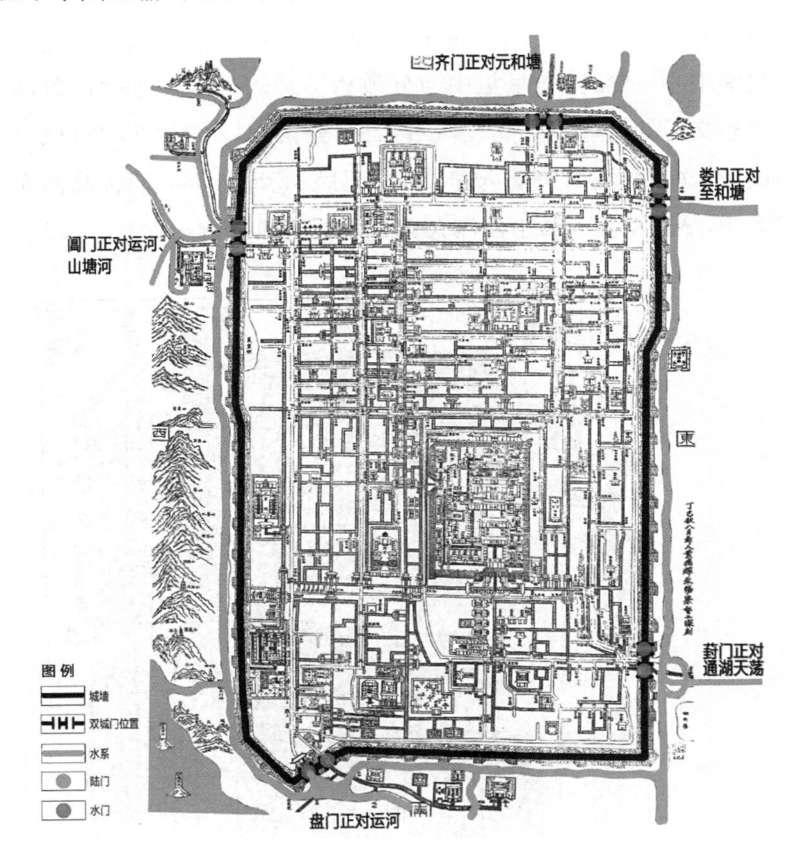

图 4－65　平江城水陆双门与周边水系关系分析图
（根据《宋平江城坊考》中的《平江图》绘制）

（三）平江空间结构布局与环境的关系

宋朝时期，随着经济的繁荣，坊市制瓦解，平江城的空间结构在旧时国都规则式规划基础上向着更为开放的布局模式发展。全城的政治中心位于中央略偏南，符合古代“宫城居中”的政治考量。以政治中心为核心，全城主轴线呈南北向，东西两部分基本上沿轴线对称布局，衙署沿主轴线布局于政治中心以南，这与《周礼·考工记》所载的王城模式相仿。但平江城的其他功能区，如市场、驿馆、贡院、园林等突破了传统布局形式，更多的是考虑地形地貌、交通条件等影响因素，因地制宜，更为合理地进行布局。从《平江图》中不难看出，市场并未按照“前朝后市”集中布局于政治中心一侧，而是呈集中与分散相结合的临水道进行设置，体现了对水运交通的依赖。尤其在城市西面，路网、水网密度以及里坊数量明显高于东面，西城中大量宾馆、驿站、贡院、仓库、市场、店铺临河布局，非常繁荣，显然是受到城市西侧大运河的影响(如图 4-66)。

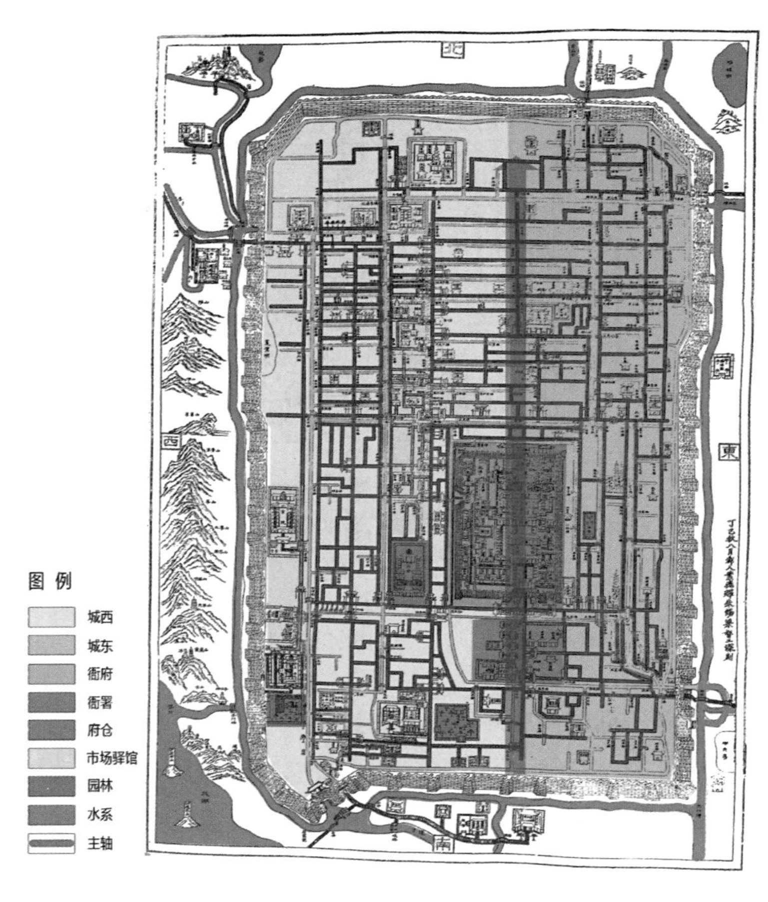

图 4-66　平江城空间结构与布局分析图

(根据《宋平江城坊考》中的《平江图》绘制)

（四）平江路网和水网布局与环境的关系

平江城的路网、水网布局充分考虑了其“水乡泽国”的地理环境，以水系作为城市的骨架，建立了“三横四直、前街后河、水路相依”的交通网络，使得平江成了名副其实的水城。从《平江图》中可以看到，城内的三条横河和四条直河贯穿城市，与城门相通，由此成为城市的主要河道。同时，主河分流出丰富的支河，纵横交错、笔直周密，组成了城内的毛细

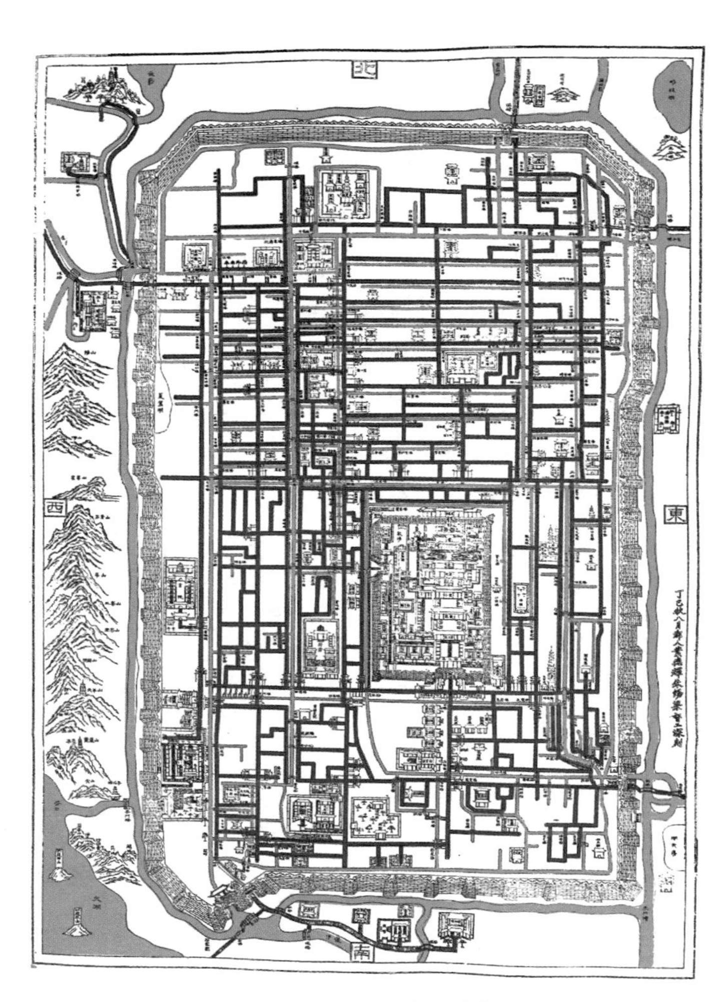

图例

道路

水系

图 4－67　平江城路网和水网布局分析图

（根据《宋平江城坊考》的《平江图》绘制）

血管，沟通各街巷与民居。发达的水系网路不仅为居民生产生活提供水源，还承担着交通运输、军事防御、改善环境等功能。城内道路与河道平行，位于河道一侧。《平江图》共刻有城内大街 20 条，巷 264 条，里弄 24 条，街道相交呈“十”字或者“T”字形。河道与街道相互交织，互为补充，共同构成了平江城的交通网络。在整个交通网中，桥梁把被城河断开的街道连在一起，形成一个整体，创造了“小桥、流水、人家”的城市艺术审美（如图 4－67）。

（五）平江园林布局与环境的关系

不同于皇家园林的恢宏大气，苏州园林以其小巧精致的风格闻名于世。苏州园林起于春秋时期，大兴于宋代，据《平江图》所载，平江城中园林众多，明确标出的园林共有 12 座，私园 5 座，官署园圃 7 座，其中以“沧浪亭”“南园”“韩园”“杨园”“乐圃”等最具代表性。苏州水网密布，环境优美，充沛的水资源为园林灌溉与造景提供了条件，故两宋时期，许多官僚大臣、文人雅士选择此处兴宅造园。

其中，沧浪亭是江南现存历史最悠久的私家园林之一，在总体格局和景观意境上至今仍保持着宋代苏州园林的风格。从选址到布局，皆体现了其契合自然的生态意识与隐逸恬淡的风雅之趣。沧浪亭位于城南三元坊附近，始为五代时吴越国广陵王钱元璙近戚中吴军节度使孙承祐的池馆。后宋代著名诗人苏舜钦被贬黜来苏，因其原址环境幽静，水系环绕，符合其归隐

图 4－68　沧浪亭平面图

（引自顾凯《江南私家园林》，北京：清华大学出版社 2013 年版，第 57 页）

园林的精神诉求，便以四万贯钱买下废园，进行修筑，傍水造亭。园林内部布局与景观营造以清幽古朴为特征，注重园内景观与园外景观的联系、人工与自然的融合，以营造山林野趣为目标。园外以水造景，葑溪河绕园而过，故园林北向开门，筑石桥，借河成景。园内以山景为主，利用土石师法自然，模拟山体，建筑廊道环山布置，起到点景、观景的作用。山水之间，用复廊相隔，采用图案各异的漏窗使得园内园外，似隔非隔，相映成趣，融为一体（如图 4 - 68、4 - 69）。

图 4 - 69　沧浪亭平面格局分析图

（根据顾凯《江南私家园林》中的《沧浪亭平面图》绘制）

第五章　元明清时期

第一节　元明清时期城市发展的环境思想背景

元代在中国历史上的地位虽然不能和隋唐及明清相比，但元大都则是同隋唐长安与明清北京齐名的世界级著名城市。明代在中国封建社会处于重要地位，一方面封建制度与小农经济在此时期维持与发展，另一方面新的经济因素（市场经济）出现，继承与转型成为明代环境思想的重要特点。清代是中国最后一个封建王朝，学术思想呈现出全面总结、兼容并包的倾向，在农业文明与儒道互补的思维模式影响下，环境思想体现了生态主义与人文主义相结合的特点。又由于清代中叶帝国主义列强入侵，西方文化的影响，中国的环境思想也因此增加了新的因素，并促使具有西方文化色彩的城市环境观出现。本章节以明南京、元明清北京城、明清扬州城为典型案例进行分析，在环境思想的影响下，其城市空间形态特征重点突出以下几个方面。

首先，注重城市规划与建设在政治和宗教上的意义，比如明成祖朱棣选址北京作为全国政治中心就考虑了北京是“龙兴之地”以及便于控制北方，他迁都北京的选址依据和营建过程，体现了政治理性和风水学的结合；又如明清宫城及祭祀空间形态，体现了“象天法地”“天圆地方”的环境理想。

其次，在儒、道、佛的共同影响下，形成了追求规则与自然和谐统一的环境思想，注重礼制与风水的完美结合。一方面，元明清时期，政治上高度统一，礼制思想完备。元朝时期的城市规划严格遵守《周礼·考工记》的原则，元大都更是最接近该书所载王城之制的城市。至明清北京城，礼制思想得以延续与发展。城郭形态、功能布局、道路网络、宗教空间、建筑形态，都渗透着王权礼制、等级制度的痕迹。另一方面，明清时期的风水学已达成熟，流派很多，代表人物有刘基等，重要风水著作有《汉原陵秘葬经》《披肝露胆经》《地理总括》《阳宅十书》《堪舆漫兴》《水龙经》，等等。聚风藏气、阴阳相生在城市当中，尤其是政治空间、宗教空间与园林空间当中被充分表现。礼制与风水思想的结合，使得明清时期的都城通过轴线的组织与空间的对照，展现出秩序与内涵的统一。北京紫禁城成为中国宫殿建筑的最高成就和总结。

再次，尊重自然、顺应自然的思想，遵循人与自然融合的哲学观念得以继承与发扬。明代徐光启的《农政全书》虽是农业生产的专业书籍，但其中有大量关于田野、村居的描述，以及人与大自然和谐相处、邻里相助的生活情趣，体现出中华民族尊重自然、顺应自然的哲学意味。李渔、袁枚不仅在其诗文中有大量关于自然环境和人居环境的描绘与审美体验，而且对环境审美设计有更独到的见解。例如，李渔在《闲情偶寄》中提出了因地制宜、取景在借、成法中变法的环境设计思想。沈复《浮生六记》一书中有对风俗民情的审美表达，有诗意栖居的居游观和适性怡情的环境价值理念。袁枚提出了随顺自然的环境观、宜居与宜游的环境居住理念、“弃”与“取”辩证统一的环境设计思想。因此，这一时期的都城规划更侧重于人与环境间的有机联系及其交互感应，从整体把握人与自然关系，尤其在明代南京与明清北京城的选址、城郭形态、功能分区、骨架结构、园林营造当中多有体现。

从次，市民阶层的兴起和资本主义萌芽的出现，使明清时期的环境思想出现了由园林化走向城市化的重要转型，城市生活的便利性和物质享乐使得市民化的“利居”理想十分突出。民居文化呈蓬勃发展的态势，居住方式从“乡居”走向“市居”，将“利居”融入“雅居”。对浓厚城市市井趣味的追求，对城市理想居住生活的向往成为这一时期环境选择与建设目标。因此，在城市中融合山林之趣，是明清时期城市建设的主要特点。明清时期的民居建筑繁荣，形成了诸多风格。最具有代表性的当数北京四合院民居建筑，通过院落将人与环境、民居与自然进行沟通，不仅充分地适应了北京地区的气候特征，还充满了市民乐趣与文化，体现了安居、利居、和居和乐居的环境理想。

最后，明清时期的园林艺术达到鼎盛，皇家园林与私家园林都非常繁盛。清代园林很好地总结了中国古代造园理论中的情景论、虚实论、借景论、意境论，在审美设计上又吸收了外国的一些建筑技术，呈现出新的时代特质。因此，在本章节中，笔者将着重论述，以明清北京、承德的皇家园林为研究对象，对皇家园林山水布局，园林建筑组合及分布进行分析，认识其“移天缩地在君怀”“本于自然、高于自然”，追求诗画情趣的环境美学思想。

第二节　元明清时期城市形态与环境的关系

一、明南京城市形态分析

（一）明南京都城选址与周边环境的关系

明朝朱元璋定都南京，从宏观层面来看，优越的区域条件成为明朝定都南京的重要因素。南京地处我国东南部，长江三角洲的西端，东距长江入海口 300 公里，北连辽阔的江淮平原，东接富饶的长江三角洲。势控两江，群山屏护，进可以战，退足以守，自古就是兵家必争之地。从中观层面来看，明南京城是在六朝建康、南唐金陵城的基础上扩建，城址所在区域有山水为限，也有前朝遗址占据一定空间，新城的扩展方向成为南京选址的重要问题。最终，通过对城市自然条件进行考察，形成了尊重自然环境的基本观念。城市所在区域山水资源丰富，钟山与其西面余脉富贵山、覆舟山、鸡笼山、鼓楼岗、五台山、石头山形成连绵的山岗，成为南京市内重要的分水岭。因此明南京在旧城的基础上向西北、东南方向扩展，北面、西面以古长江东岸为界，使得长江成为南京天然的护城河；东北至玄武湖；西南至莫愁湖。东面以钟山为限，南面以雨花台为界，由此形成了内城的城址范围（如图 5－1、5－2）。

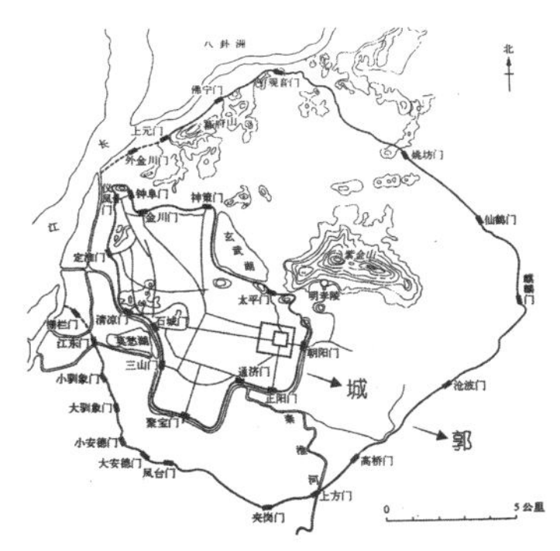

图 5－1　南京地形地貌图

（引自潘谷西主编《中国古代建筑史》第 4 卷，北京：中国建筑工业出版社 2009 年版，第 24 页）

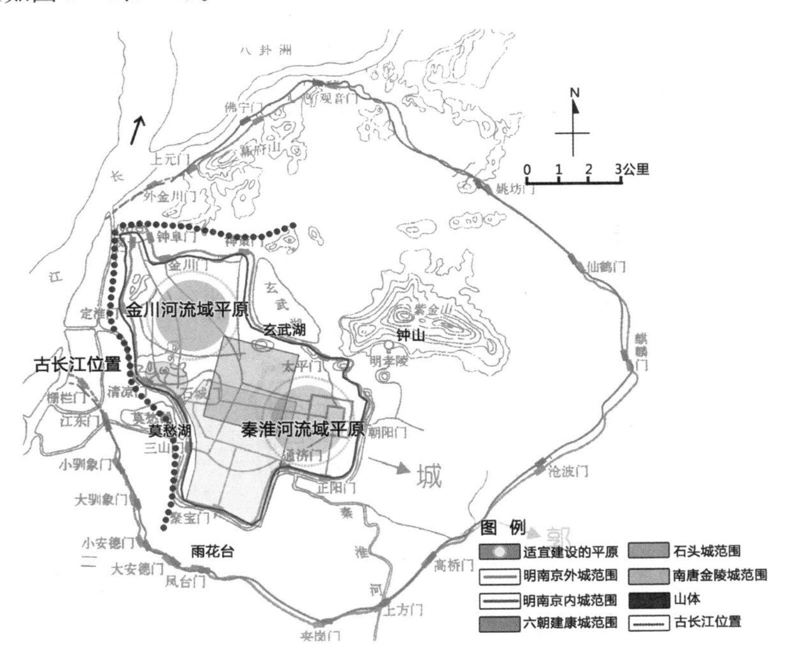

图 5－2　明南京城址与周边环境关系分析图

（根据潘谷西主编《中国古代建筑史》第 4 卷中的《南京地形地貌图》改绘）

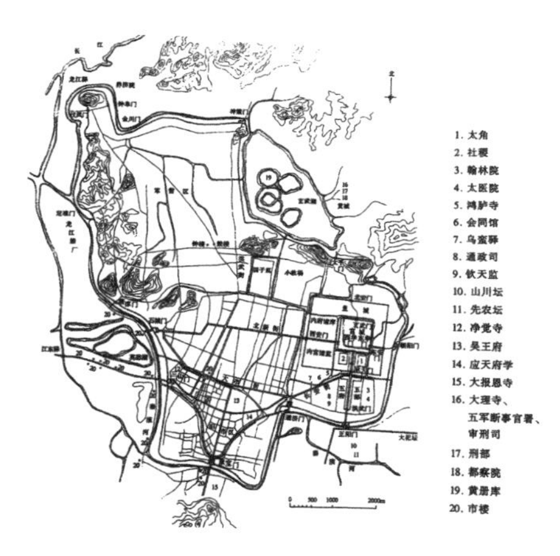

图 5－3　明南京城复原图
（引自潘谷西主编《中国古代建筑史》第 4 卷，第 23 页）

（二）明南京城郭形态与环境的关系

明朝南京城从其诞生到城市几次大的变化都是依据自然山体地形而构思规划。出于军事防御的考虑，朱元璋创造性地将城市构筑为四重城垣，从内至外分别为宫城、皇城、京城、外城，将南京周围连绵山峦逐步包入城市内，形成城市内的军事制高点。南京城之所以被称为军事防御性城池，是因为其充

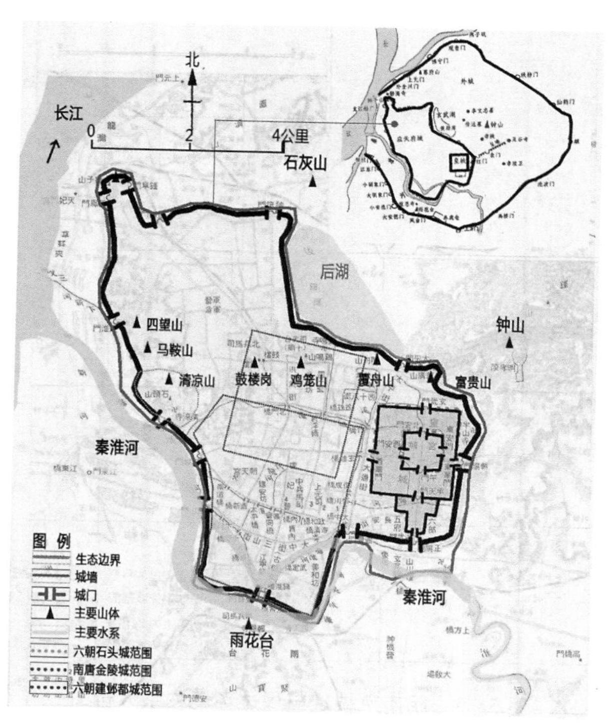

图 5－4　明南京城墙轮廓与都城内外环境关系分析图
（根据潘谷西主编《中国古代建筑史》第 4 卷中的《明南京城复原图》绘制）

分借助了秦淮河、玄武湖等水系，依托自然资源巧妙地形成护城河。

明南京城注重地形地貌的选址特征直接影响了城市的空间形态，首先表现为曲折多变的城郭形态。明代南京城的城郭形态是礼制思想与因地制宜思想结合的产物。受制于礼制思想，南京城的宫城为方形，但是外城和内城的城郭形态则与宫城完全不一样。内城平面呈南北狭长，西北、东南向外突出的不规则“粽子形”，周长为 35.267 公里。内城墙紧邻玄武湖、秦淮河、燕巢湖，将其作为南北护城河，另外顺应狮子山、富贵山、覆舟山、鸡笼山等，将众多山体纳入内城（如图 5 - 3、5 - 4）。

外郭城紧邻雨花台、紫金山、幕府山，西北边界为长江，整体形态呈菱形，周长为 60 公里，展现出东南依山控野，西北据山带江的格局。该形态的形成有两方面原因。其一，充分考虑城内外自然环境的关系。明南京城城内有诸多低山岗地与旧城遗址，另外城内历代所开诸河和秦淮河纵横交错，其不仅紧邻长江，而且四周负山带江。明南京在如此地势状况下很难让城郭形态继续保持方正。

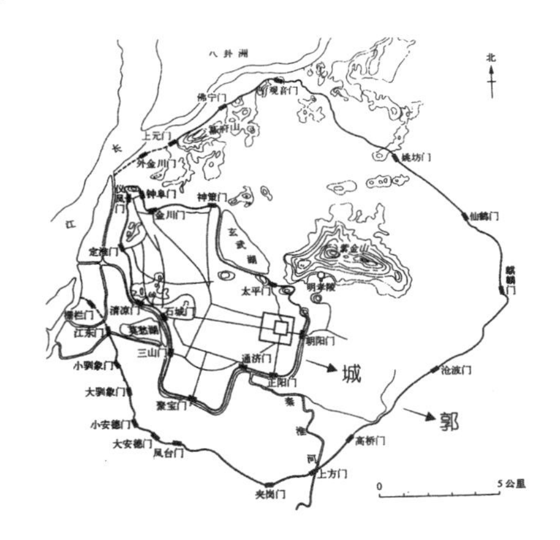

图 5 - 5　内城外郭示意图——以明代南京城为例

（引自潘谷西主编《中国古代建筑史》第 4 卷，第 24 页）

其二，和当时的统治者朱元璋的主导思想紧密相关。朱元璋通过农民起义战争建立了明朝，因此他在建设都城时更加注重防御功能，“高筑城”就是他这种建设思想的体现。六朝与南唐的都城皆远离长江，而且皆处于周边高山下，达不到利用天险防御的目的，增加了都城后期防御的难度。因此，南京城的建设，不仅圈山据岗，而且拓展了都城范围，让其紧邻长江，此外还充分发挥了旧城南侧和西侧的作用，综合城内的水道与地形条件，让墙垣实现灵活转折。换言之，明代南京城突破了方形城市布局，同时对自然资源进行有效利用，最终形成了江山雄峙、层林尽染、天工人力相辉映的美善之区（如图 5－5、5－6）。

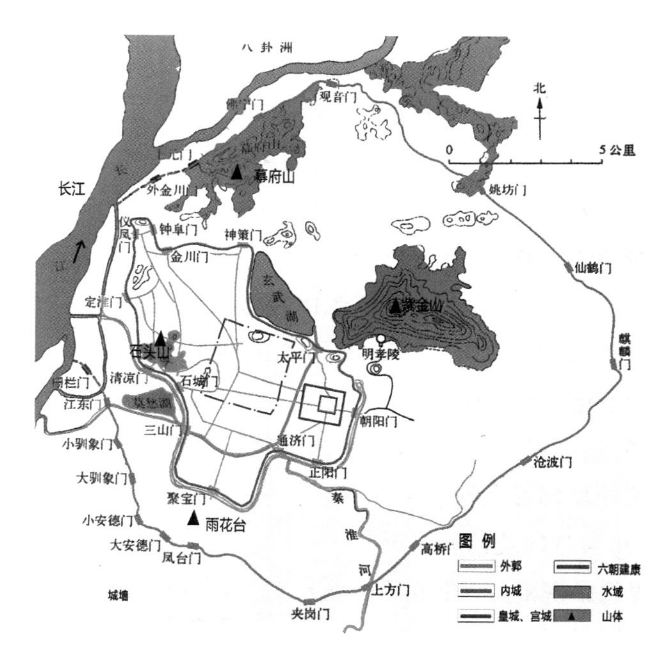

图 5－6　明南京外郭城墙形态与环境关系分析图
（根据潘谷西主编《中国古代建筑史》第 4 卷中的《内城外郭示意图——以明代南京城为例》绘制）

（三）明南京城市空间结构和布局与环境的关系

1．城市轴线定向与自然山水的关系

古人通常在建城前会详细考察自然资源，在确定城市结构格局与城市轴线走向时，遵循的设计原则是“轴线对山”，以山体为依据，选择地面上的控制点。这既满足了具象的对景景观要求，又展现了抽象的文化风水意向，从而实现了自然和人工两种环境的统一。明南京城充分利用周边自然条件完美地处理了城市轴线问题。

在明南京城的发展过程当中，依次形成了三条轴线。第一条是六朝时期建康城的御街轴线，北面指对玄武湖，南面遥指牛首山。第二条是南唐江宁府轴线，此轴线比六朝轴线稍向南偏转。其中心向北为南唐宫城，往北穿过大红山主峰可到达江边的燕子矶；往南穿过聚宝山西，从将军山和牛首山之间可直达祖堂山主峰。可以发现，这条轴线从南到北将很多人工以及自然要素紧密结合在一起，实现了自然和人工两种环境的深度融合与高度统一，而南唐都城空间结构骨架便是这条轴线。第三条轴线即明朝宫城的轴线。明代建都之时，另辟东面新建皇城，以钟山余脉富贵山为靠山，南北向延伸，从而确定了城市的轴线格局与朝对关系（如图 5－7）。

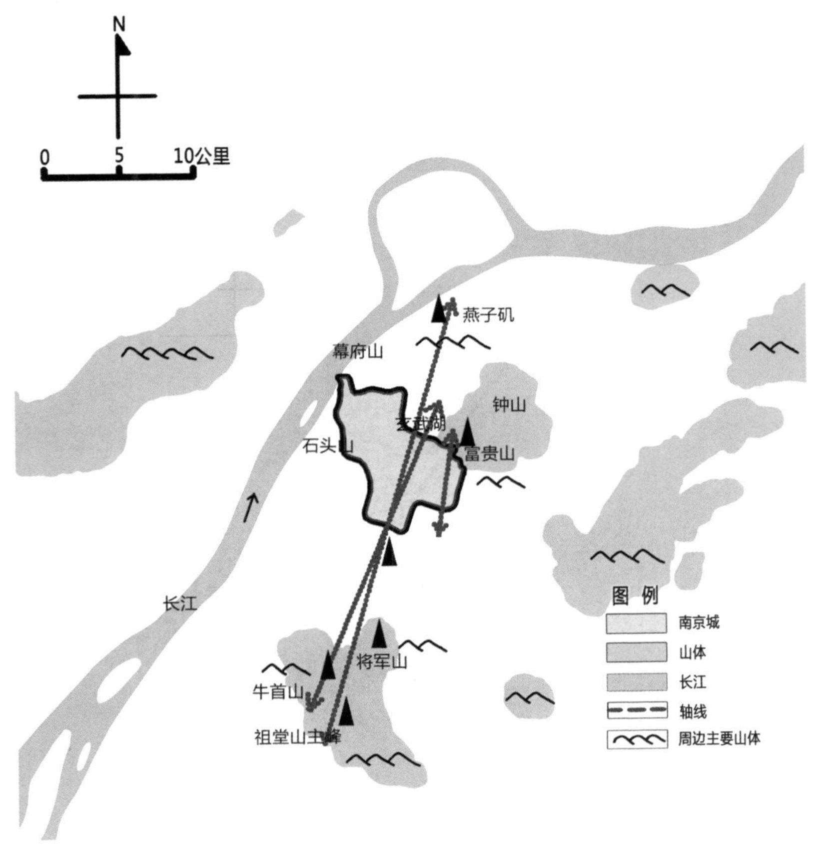

图 5－7　明南京空间轴线示意图
（作者自绘）

2. 城市内部轴线与空间组织

明南京城通过山水定向确定了城市主轴，宫城南北向的轴线与前朝故城江宁府轴线形成东西双轴并置的格局。同时，考虑到东西的衔接，又设置了三条辅轴。两条东西向轴线将宫城与前朝旧城联系起来，一条斜向轴线沟通西北部区域。此外，还在轴线近六朝都城区域布置了钟楼与鼓楼。城内道路走向、功能格局、建筑肌理皆依据主次轴线进行布局。主次轴线的设置不仅使得明南京城的空间结构

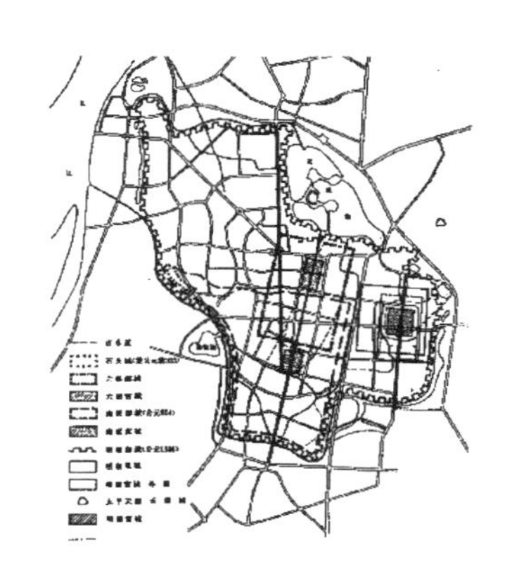

图 5-8　古都南京历代城垣范围示意图

（引自段智钧《古都南京》，北京：清华大学出版社 2012 年版，第 25 页）

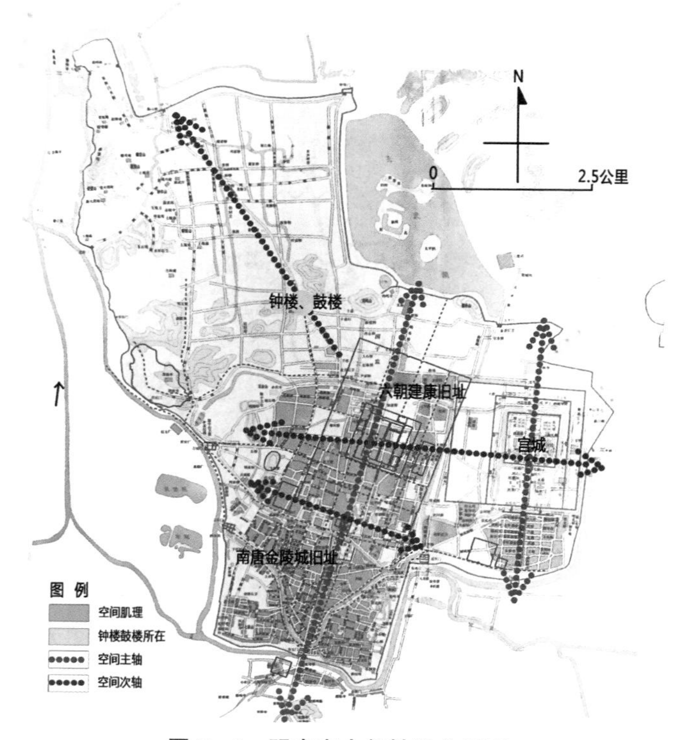

图 5-9　明南京内部轴线分析图

（根据段智钧《古都南京》中的《古都南京历代城垣范围示意图》绘制）

秩序井然，避免了不同功能区的相互干扰，保证了区域间的空间联系，还将区域山水资源引入城中，形成对景，拉近了城市与自然的距离（如图 5－8、5－9）。

3．功能分区对地形条件的考虑

明南京城根据四周山水环境确定了都城轴线，另外考虑到城防以及地形需要，在旧城的基础上，增加了新区。整体而言，为了协调都城全局建设，在划分功能区域时遵循了因地制宜原则。明南京城是在南唐江宁府这一旧城遗址的基础上不断向外扩充形成的，城墙也不断增高增厚。不过明廷并未将不规则的旧城拆除，而是让其成为新都城的应天府城，

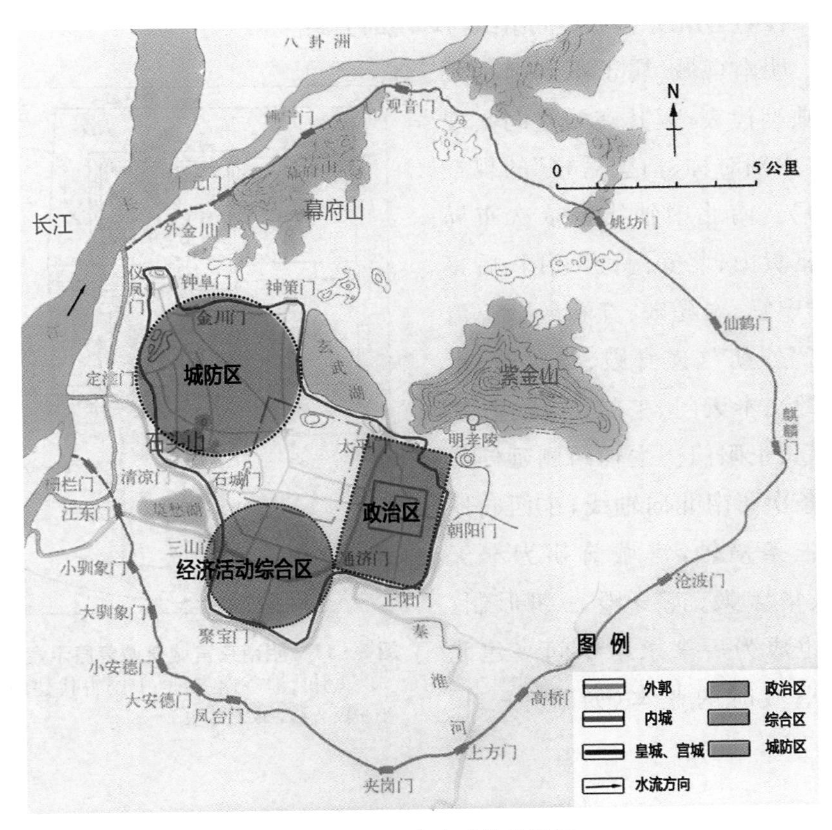

图 5－10　明南京功能分区图

（根据潘谷西主编《中国古代建筑史》第 4 卷中的《内城外郭示意图——以明代南京城为例》绘制）

因为大拆大建不仅会耗费更多人力、物力和财力资源，而且会阻碍城市产业发展，因此，保留旧城对于城市结构的协调发展具有积极意义。基于旧址的都城南部被划分为居住、商业和手工业等区域，形成了经济活动综合区。填塞都城东部燕雀湖的同时，运用该区域的洼地和高地，建成了政治活动综合区，轴线分明、规整有序。都城北部具有较多水道和高山，借助天险建立防御基地，以满足军事仓库、教场等场所的需要。此外，城防制高点还将幕府山、雨花台和钟山等纳入其中，在城市防御建设中充分借助了地形优势，实现天险防御的同时，也与自然环境高度协调（如图 5－10）。

（四）明南京宫城空间组织与环境的关系

明南京城，属于不规则都城的典型代表，但其宫城空间实现了“中轴对称、前朝后寝”的规整格局。南北中轴线上依次布局有富贵山、北安门、玄武门、后寝（坤宁宫、奉先殿、春和殿）、乾清门、“外朝”（谨身殿、华盖殿、奉天殿）、奉天门、午门、承天门、洪武门、正阳门。主轴两侧延伸出两条次要南北向轴线，东西向形成三条横轴，宫城前朝为奉天殿、华盖殿、谨身殿三朝形制。这也成为后来永乐年间兴建北京皇城时的蓝本（如图 5－11、5－12）。

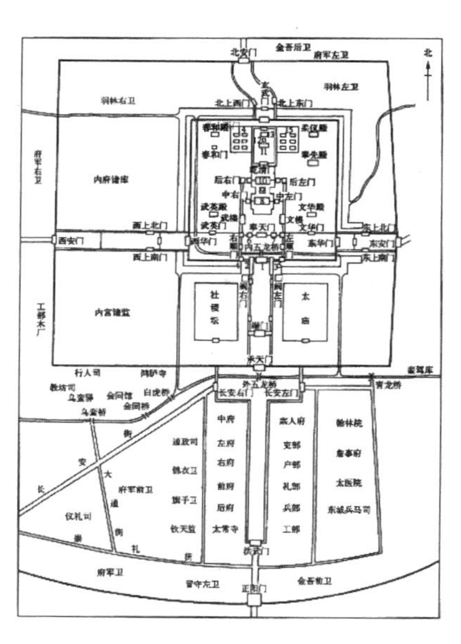

图 5－11　明南京宫城皇城复原示意图
（引自潘谷西主编《中国古代建筑史》第 4 卷，第 102 页）

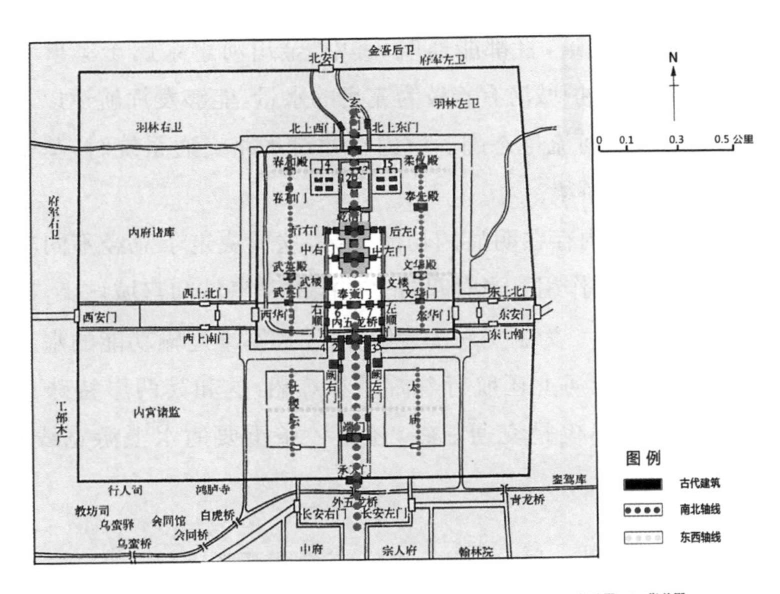

1. 午门　2. 右掖门　3. 左掖门　4. 西角门楼　5. 东角门楼　6. 西角门　7. 东角门　8. 奉天殿　9. 华盖殿　10. 谨身殿　11. 乾清宫　12. 省躬殿　13. 坤宁宫　14. 西六宫　15. 东六宫

图 5－12　明南京宫城皇城空间轴线分析图

（根据潘谷西主编《中国古代建筑史》第 4 卷中的《明南京宫城皇城复原示意图》绘制）

(五) 明南京道路网络和水系网络与环境的关系

1. 明南京城水网形态及功能分析

明南京城地处南方，城内有着发达的水网，具备诸多天然水系，如内秦淮河、进香河、小运河等；城外有上新河、龙湾、玄武湖等。但不同于历代都城，明南京并未将人工开凿运河作为自己的建设重点，而是直接依托天险长江建立自己的护城河，并将燕雀湖、玄武湖与秦淮河等纳入其中。该系统的主体是秦淮河，大多

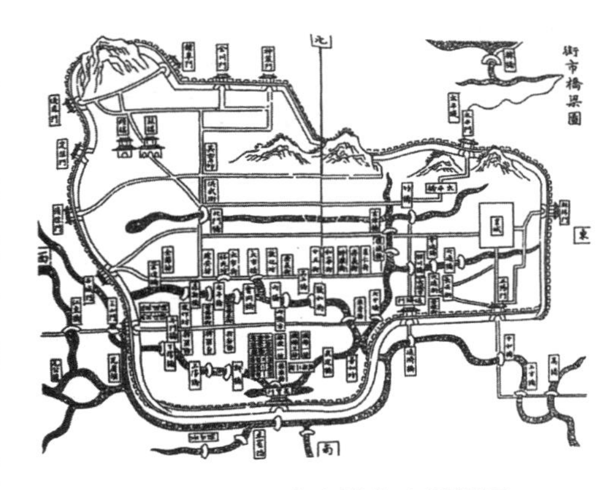

图 5－13　明南京城街市桥梁图

（〔明〕礼部纂修，欧明摩壹点校：《洪武京城图志》，南京：南京出版社 2006 年版，第 39 页）

水系都与秦淮河相通，且都能通航，其中，金川河水系属于军事专属航线。所以明南京城护城河有着较为充足的水量，能够发挥航运以及护城价值，同时形成了河流生态圈。城内在建设水路交通系统时，基于当前河道，建设对应的桥梁。

明初，南京城内存在明显的功能分区，这就决定了流经不同功能区的水道也具有不同作用。当时起防卫功能的是皇城和宫城城壕，起航运功能的是环城水运。为了实现军事给养，发挥军事运输功能的水系和各处相通。同时秦淮河上还航行着游船和灯船，这和其两岸特殊布局有关，总之，秦淮河不仅是交通航线，还是一条重要的水上游览线路（如图 5－13、5－14）。

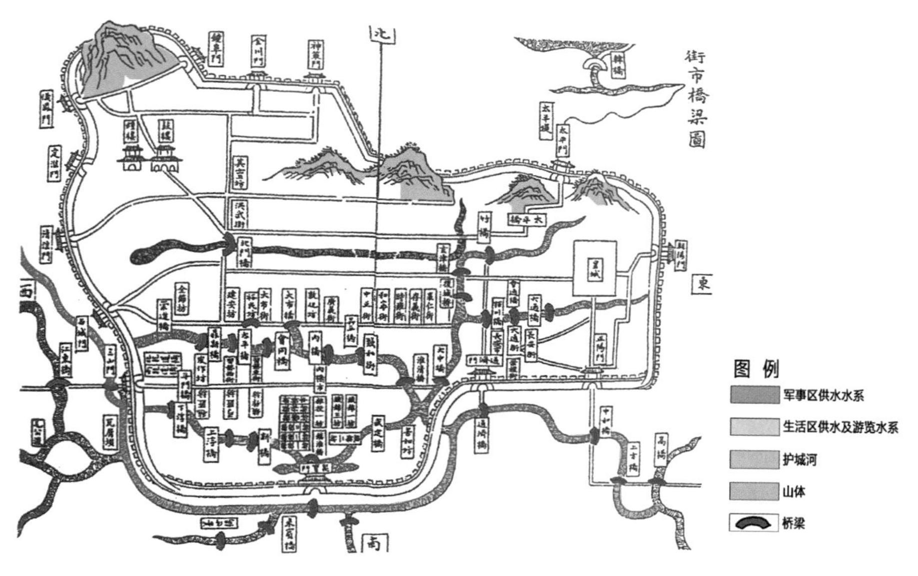

图 5－14　明南京城水系形态与功能分析图

（根据《洪武京城图志》中的《明南京城街市桥梁图》绘制）

2. 明南京路网与水系关系分析

明南京城的街道布局就是在这样的水系网络与地形地势的基础上建立起来的，同时由于受到内城形态、城门位置、五个城区先后形成于不同时期等因素的制约，规划整齐的街道体系并未形成。最终，五个城区各有一套不同的街道系统，旧城范围以六朝、南唐形成的道路为基本骨架，新城则以宫城为核心，以御道为轴线，不过南北向、东西向均无纵贯全城的大街。主要大街仅聚宝门至内桥原南唐的御街、正阳门至皇宫宫城的御街是直线形，余者多“纡曲”。各城门直接通向城内的街道多较短，主要大街以横街为主，斜街次之。这种道路形式是受前代街道形制的影响，据南朝宋刘义庆《世说新语・言语》中描述东晋丞相王导营建邺城，“无所因承而置制纡曲”“丞相乃所以为巧也，江左地促，不如中国，若使阡陌条畅，则一览而尽，故纡余委曲，若不可测”。可见，自然弯曲的道路网络增加了都城空间的丰富性（如图 5 - 15）。

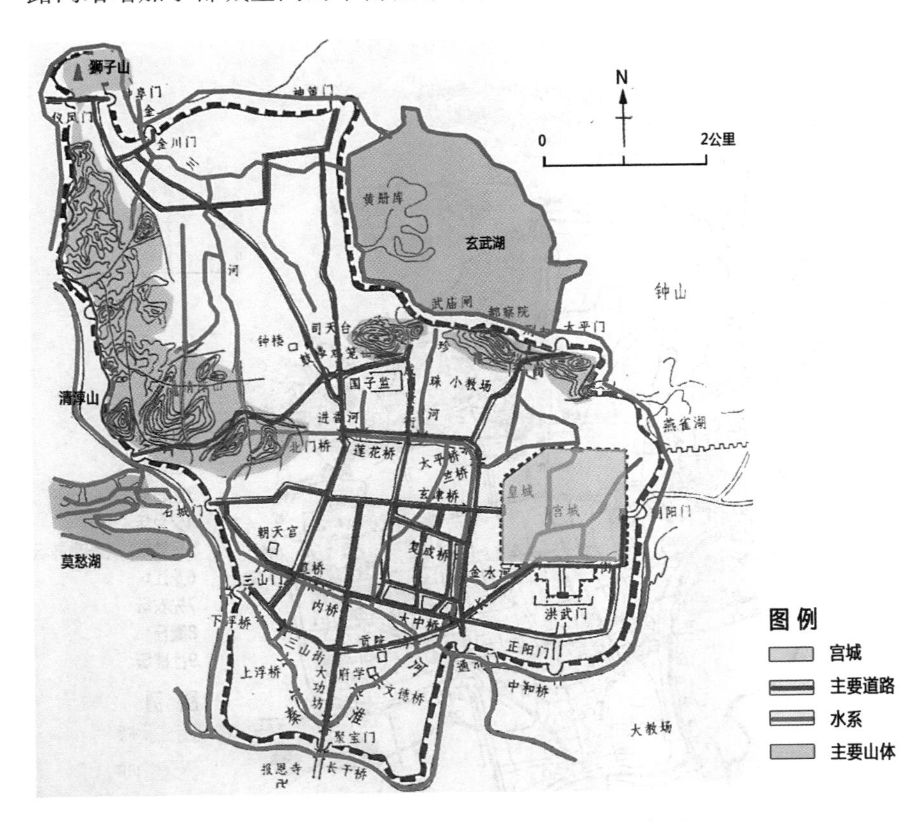

图 5 - 15　明南京主要路网水网叠加分析图

（根据潘谷西主编《中国古代建筑史》第 4 卷中的《明南京城复原图》绘制）

（六）明南京坛庙分布与环境的关系

明代南京城的坛庙分布符合郊祭的布局原则，同自然环境的关系与前朝相比更为紧密（如图 5－3）。圜丘、方丘、山川、朝日、夕月、先农坛都位于都城近郊，靠近山体或者水系。方丘位于太平门外钟山之北，夕月坛位于莫愁湖畔，马神坛、无祀鬼神坛位于玄武湖岛中。金川门外设置的龙江坛更是紧邻长江，直接面对祭祀对象而设。除此之外，明初南京鸡鸣山南边山脚建立了诸多祭庙，如关羽庙、帝王庙、城隍庙等，另外狮子山上还有徐将军庙，等等。这些宗教祭坛、庙宇的分布都体现了对自然山水的青睐。人们认为远离市尘，避开人烟，于自然之中进行祭拜活动，不仅符合需要，更具超凡脱俗、潜心敬神的神秘感（如图 5－16）。

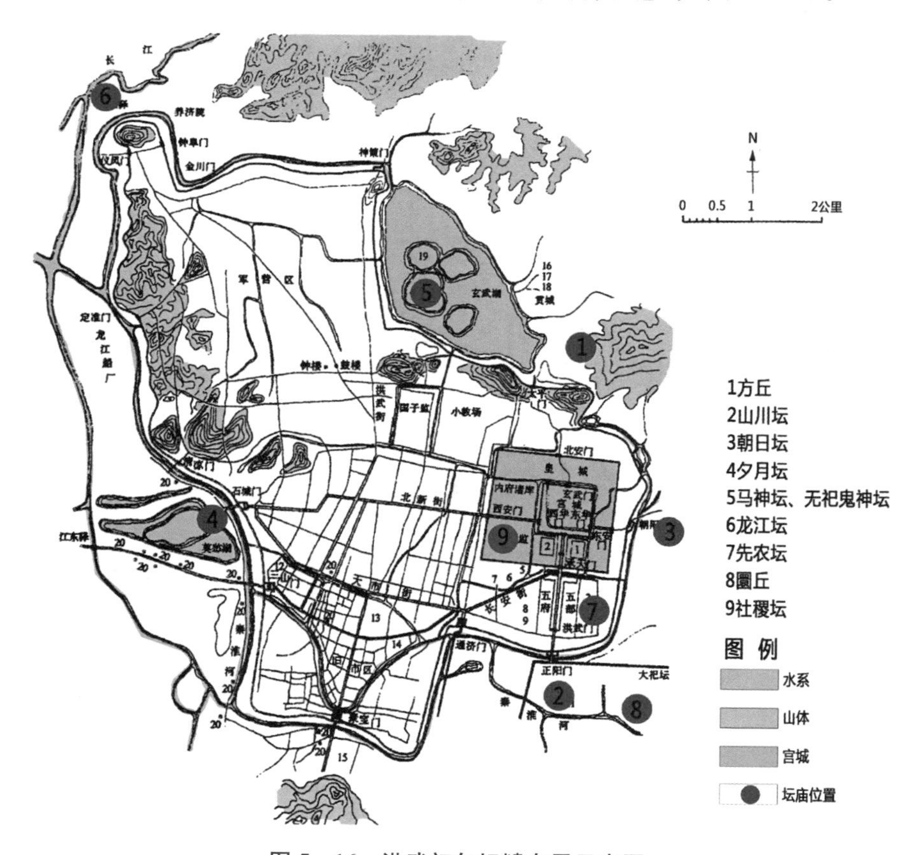

图 5－16　洪武初年坛壝布局示意图

（根据《洪武京城图志・坛庙》与潘谷西主编《中国古代建筑史》第 4 卷绘制）

此外，坛庙依阴阳方位而设的布局特征最为明显。明南京的城市形态虽然极不规则，但是其坛庙建筑的分布依然以宫城为核心，沿南北向、东西向的轴线进行布置，呈现出明显的规律性和“阴阳相对”的特征。圜丘与方丘分别为祭祀天地之坛，圜丘祭天，位于宫城以南正阳门外，方丘祭地，位于宫城以北太平门外，隔钟山南北相望，阴阳相对。《明太祖实

图 5－17　明南京复原图
（引自《明初南京城垣与山川形势图》，中国第二历史档案馆藏）

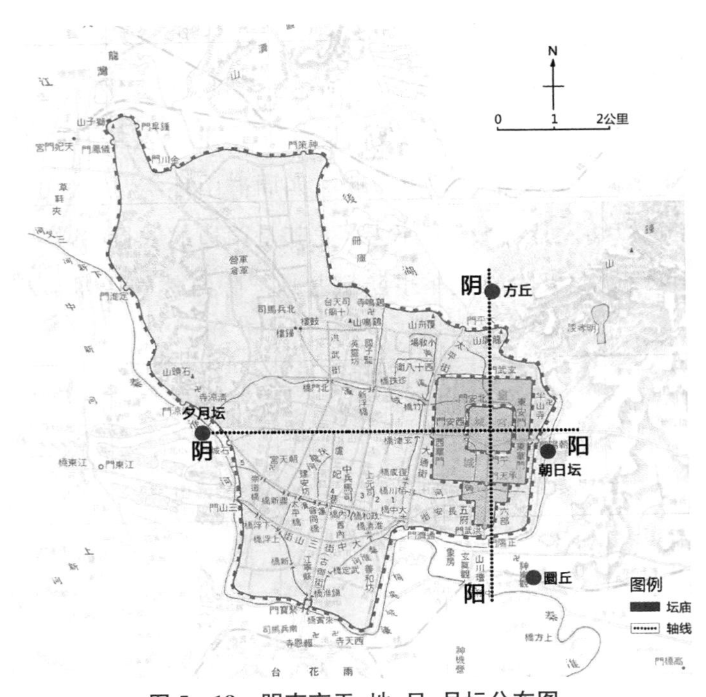

图 5－18　明南京天、地、日、月坛分布图
（根据中国第二历史档案馆藏《明初南京城垣与山川形势图》绘制）

录》卷114记载，洪武十年(1377年)八月，明太祖以为“分祭天地，揆之人情，有所未安”，下诏“圜丘旧址为坛，而以屋覆之”，而合祀天地，在圜丘旧址建了大祀殿。《明太祖实录》卷189又载，洪武二十一年(1388年)，明廷又于钟山东西相向新增日月两坛，朝日坛属阳，位于宫城以东朝阳门外，夕月坛属阴，位于宫城以西石城门外，形成东西向的阴阳对照关系。这些正好印证了阴阳关系不仅是相互对立，也是相互含有，阴中有阳，阳中有阴，最终归为一体的和谐(如图5-17、5-18)。

二、古都北京城市形态分析

(一) 古都北京选址与环境的关系

北方少数民族自两宋后开始崛起，其与汉族的争斗在各个朝代都未停止。基于这种背景条件，在选择都城时，南方长江流域与中部黄河流域这一斗争较为激烈的区域并不适合，都城只能逐渐朝北迁移。北京成为新都城建设地后，统治者有效地控制了北方和边疆地区，因此，辽、金、元、明、清等五代均将北京定为首都，前后持续近1 000年。

从大的区域环境来看，北京西临蒙古高原，北接东北平原，南有华北平原，正是多元文化交汇的地方。北京四周群山环绕，燕山山脉和太行山山脉都可以纳入其都城的建设中，尤其是西边的太行山，因为地势比较险要，可以以此天险建设军事防御基地。除自然的山水合抱维护以

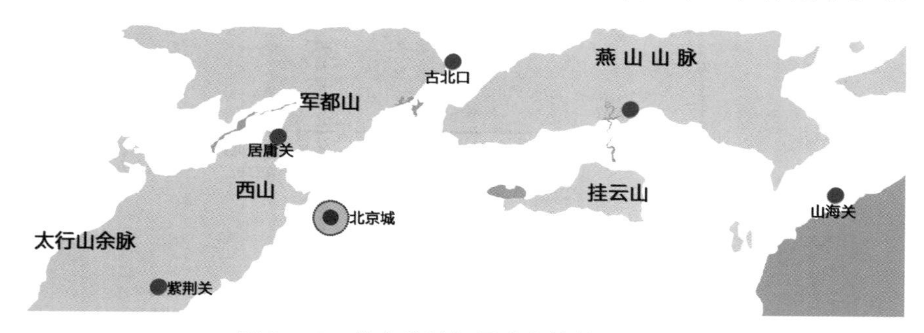

图5-19 北京选址与周边山体关系示意图
(作者自绘)

外，还有紫荆关、居庸关、古北口、喜峰口、山海关层层护卫，军事防御环境险要。《钦定日下旧闻考》一书曾经分析了北京地区的山川形势，指出“幽州之地，左环沧海，右拥太行，北枕居庸，南襟河济”“绵亘千里，重关峻口”“独开南面，以朝万国”，可见其山河形胜(如图5-19)。

从气候层面来看，西部的太行山余脉和北部的军都山环绕着北京，形成了向东南敞开的“北京湾”。这一湾区特征带来了湾区气候，东南方的暖湿空气遇到西北向的山体后，被迫抬升遇冷形成降雨，在太行山东侧和军都山南侧便形成了多雨区。这使得北京城不仅降雨较多，还有山上流下来的雨水作为补充，水资源十分充足。另外，太行山和军都山也阻挡住了北部的冷空气，使得北京湾整体气温较高。因此，北京城具有温暖湿润的气候环境(如图5-20)。

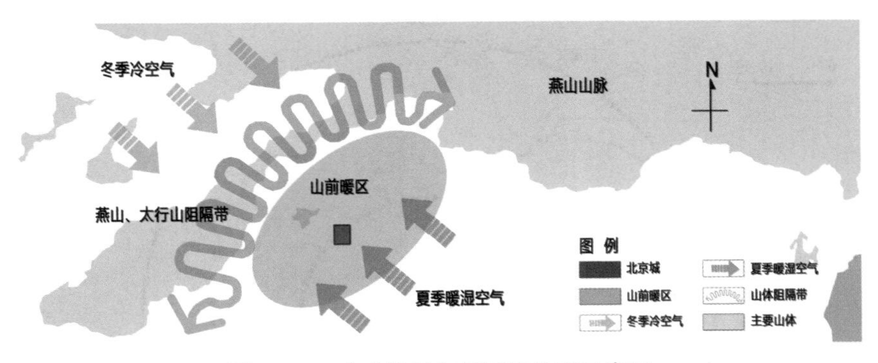

图5-20　北京选址与风环境关系示意图
(作者自绘)

可见，北京城市的选址巧妙地利用了周围的地理形势，借助高大的山体拦截降雨、抵挡寒风，为城市再创造了良好的气候环境。

由于前代都城遭受了洪水的严重破坏，以此为鉴，北京城在建设时，为避免水患，特选址于永定河冲击背脊上，这不但降低了洪水对城市的危害，而且能够为都城居民提供充足的西山山麓泉水资源。这种选址再一次验证了城址选择临水且避水的规律。

《元史・霸突鲁传》记载，霸突鲁谏世祖忽必烈云："幽燕之地，龙蟠虎踞，形势雄伟。南控江淮，北连朔漠。且天子必居中以受四方朝觐。大王果欲经营天下，驻跸之所，非燕不可。"故元明清时期都城选址于北京，位于其控制范围的中心。朱熹曾言"冀都是正天地中间"，这是从宏观地形地貌来推理的。他指出，"前面一条黄河环绕，右畔是华山耸立，为虎。自华来至中，为嵩山，是为前案。遂过去为泰山，耸于左，是为龙"，从山水拱卫冀都这一角度可确定圆心。在中观层面，北京城到周边山水的距离相近，如军都山、西山、居庸关、永定河等，确保了城市在周边山水围合格局中的中心位置（如图 5－21）。

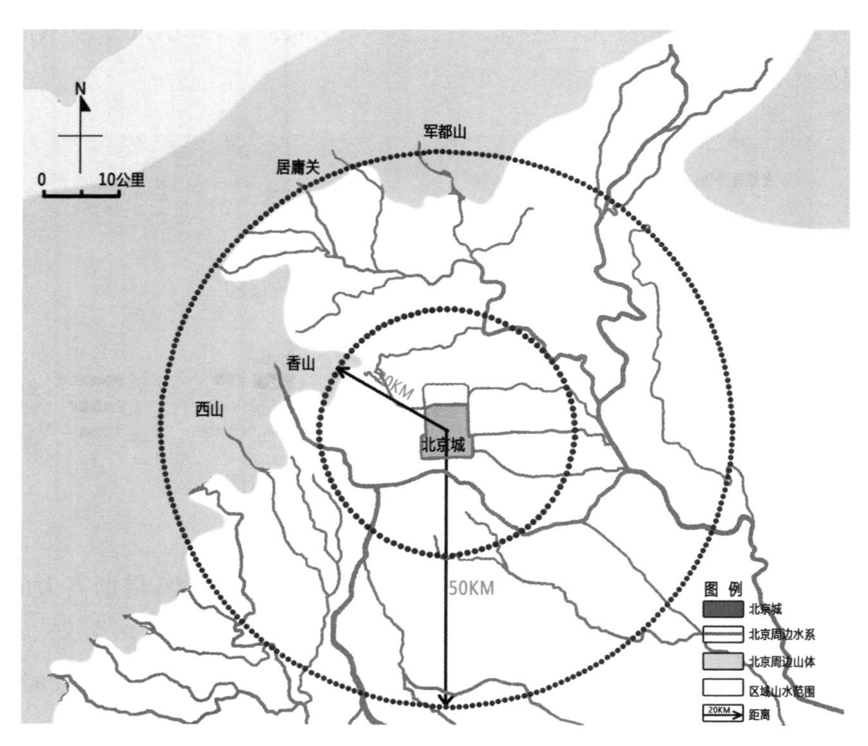

图 5－21　北京城址与周边山水关系示意图
（作者自绘）

（二）古都北京城郭形态与环境的关系

1. 方正雏形

明清北京城是我国封建社会都城建设中最能体现传统制度的都城，这一点是学术界所公认的。其城郭形态随时间演变，经历了漫长的春秋，整体城郭形态演变可分为三个变化过程。受传统环境秩序观念的影响，元大都城市平面呈长方形，南北长约 7 600 米，东西宽约 6 700 米，南北略长于东西（如图 5－22、5－23）。

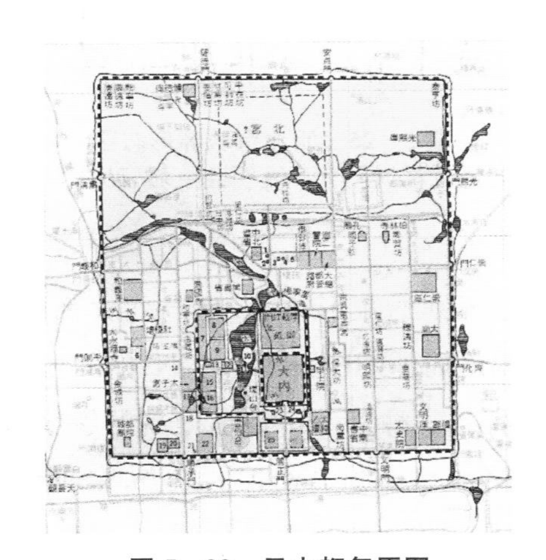

图 5－22　元大都复原图

（引自《历代都城图》，国学导航，www.guoxue123.com/other/map/dcmap/index.htm）

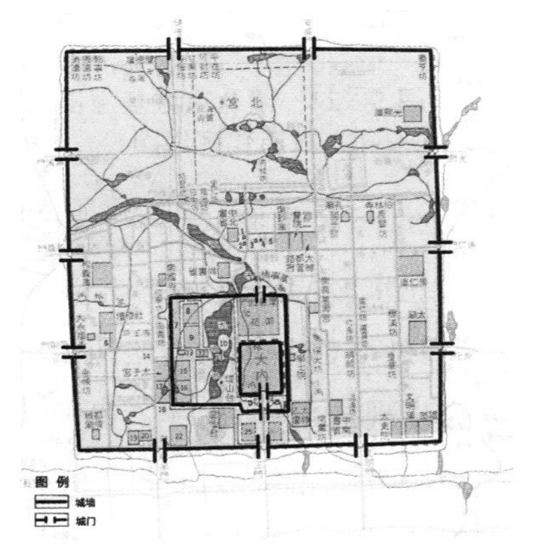

图 5－23　元大都城郭形态图

（根据《历代都城图》中的《元大都复原图》绘制）

明清北京城的城郭形态也是在元大都城垣基础上根据需要修筑而成。明代时，外城背面城墙向南推进了 2.5 公里，南面城墙向南扩展 1 公里。之后 100 年里，由于受到蒙古骑兵的威胁，嘉靖皇帝于嘉靖三十二年（1553 年）修筑了外罗城以包围南郊，从而决定了北京城最终的城市形态——“凸”字形城市格局（如图 5－24、5－25）。

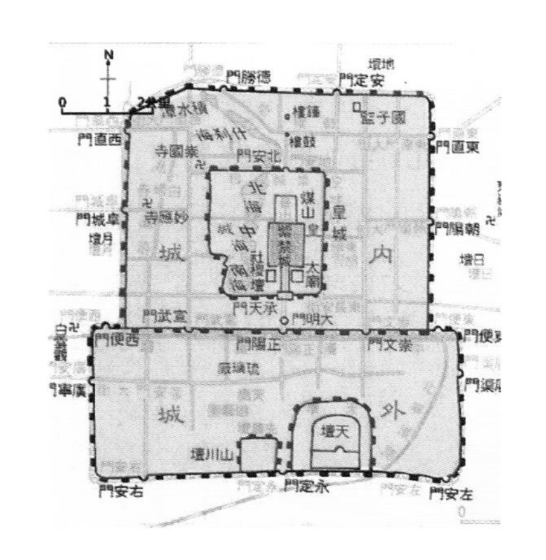

图 5－24　明北京城复原图
（引自《历代都城图》）

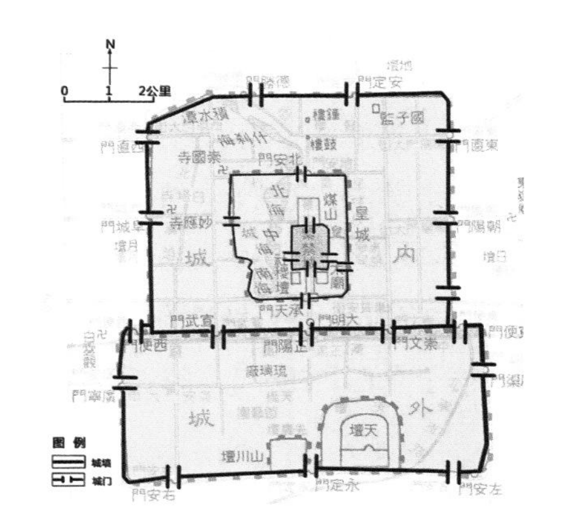

图 5－25　明北京城郭形态图
（根据《历代都城图》中的《明北京城复原图》绘制）

2. 略有曲折

北京城的外城形态整体上基本是规则的矩形拼合，但与元大都相比，在外城西北角和内城西南角则呈现出局部的曲折形态。西北角之所以会出现抹角，学术界有两种不同解释。一种是基于地形地貌的解释。因为城市西北角存在"L"型的什刹海，在与北部城郭交汇的地方，东西距离很长，如果城郭直线穿越水面，工程量和施工难度将成倍增加。因此，城郭在此处采取曲折的做法，垂直穿越什刹海最窄的水面，既减少了施工难度，也巧妙地将什刹海北部水体当成了护城河。另外一种是从地质结构方面解释。北京城北部存在一条"车公庄断裂带"，自西郊车公庄至德胜门外大街一线，正好有一部分穿过了城郭西北角，因此有学者推断，可能是某一次的地质灾害后，原来完整的矩形城郭变成了抹角形态。纵观这些推论，都可以看出，明清北京城所呈现出的不规则形态正是受到古代环境依顺观的影响，是注重对城市与地理环境关系的处理，因地制宜地进行规划的结果（如图 5－26）。

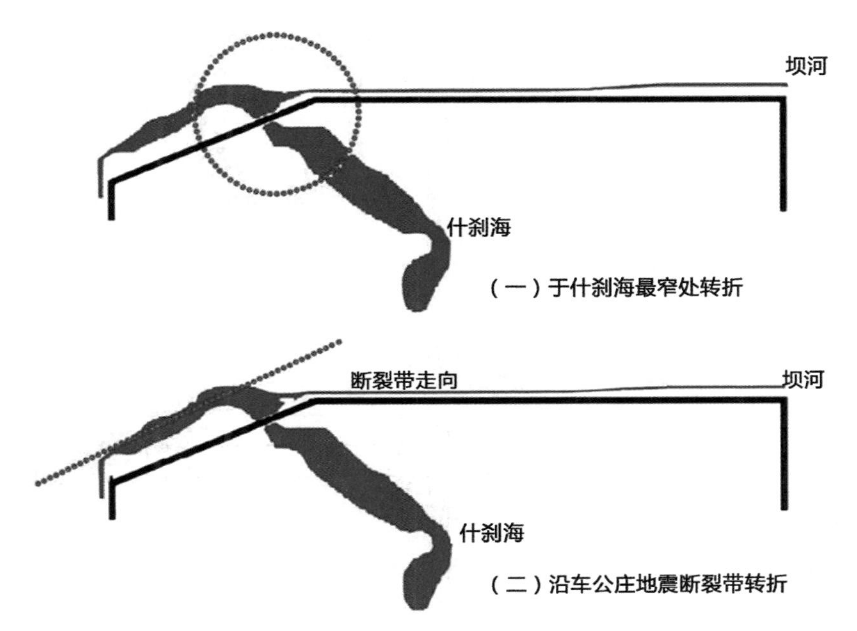

图 5－26 北京城北垣及西北城墙抹角形态及影响因素分析

（根据侯仁之《侯仁之文集》中的《什刹海与明清北京城平面图》绘制）

（三）古都北京都城空间结构和布局与环境的关系

1．象天法地的北京城市结构

元大都由太保刘秉忠主持规划。因为蒙古人崇拜火，喇嘛教崇拜“大日如来”，所以元朝处于最崇高地位的是日月和光明。中书省置于钟楼之西，位居紫薇垣。宫城则安于全城轴线南侧，位居太微垣。元宫城正殿是大明殿，在大明殿之前是大明门，左右有日精月华两道门（如图 5－27）。

到了明清时期，由于北部区域缩减，宫城不再位于城市的南端，而是位于内城中央偏南的位置，由原来的太微垣之位移至紫薇垣之位，并命名为“紫禁城”。而宫城南部的官署衙门则位于太微垣之位，统治者按照《晋书》里的“太微，天子庭也……南蕃中二星间曰端门”这一说法，

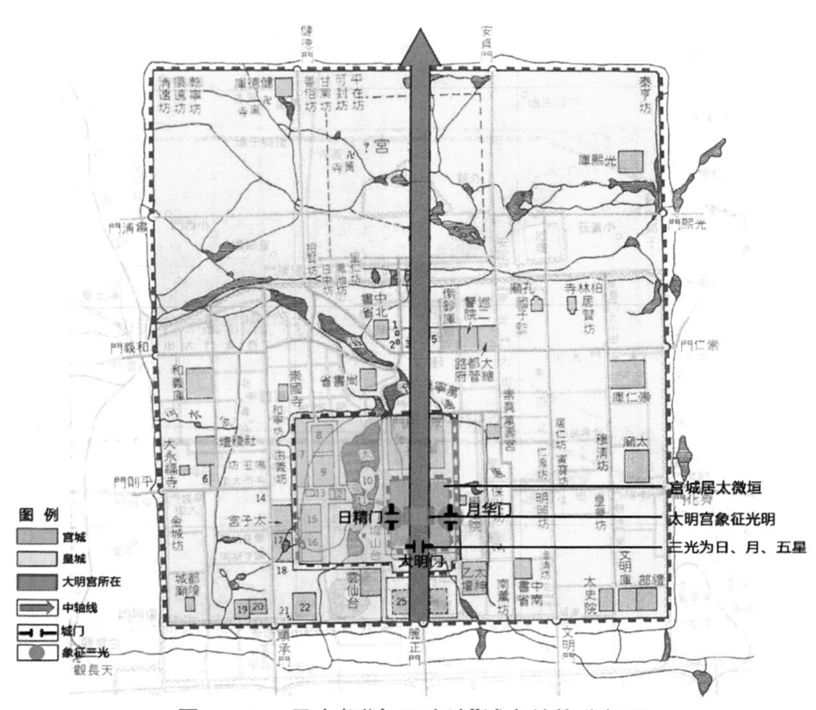

图 5－27　元大都"象天法地"城市结构分析图

（根据《古代都城地图》的《元大都复原图》绘制）

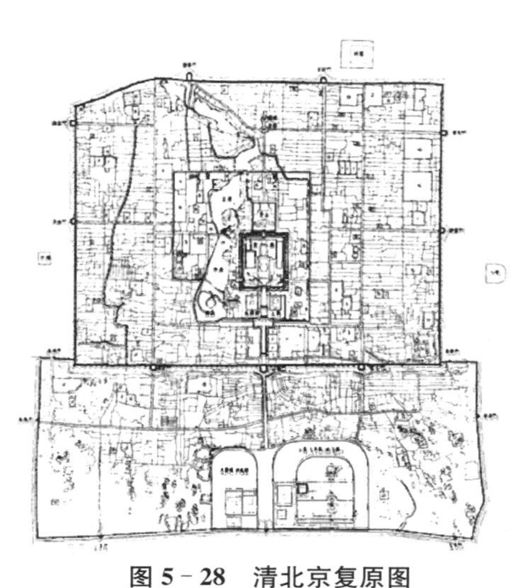

图 5－28　清北京复原图

（引自刘敦桢主编《中国古代建筑史》，北京：中国建筑工业出版社 1980 年版，第 280 页）

在衙署南面设置端门。自古乾坤象征天地，因而紫禁城城内的乾清宫、坤宁宫便是天地象征；东西两侧则以日精、月华两道门喻指日月；分布于周边的六宫和其他建筑则象征着天地周边的众多星辰。紫禁城内金水河由"乾位"流入，"巽位"流出，即从城西北角宣武门西侧的涵洞流入，沿城内西侧向南流，经过武英殿、太和门等，最后从东南角流出。“帝王阙内置金水河，表天河银汉之义也，自周有之”，可见，金水河象征天上的银河，表达了帝王对天宫的向往。宫城建设过程中处处模拟天宫，体现了人工环境对宇宙环境的尊崇（如图 5-28、5-29）。

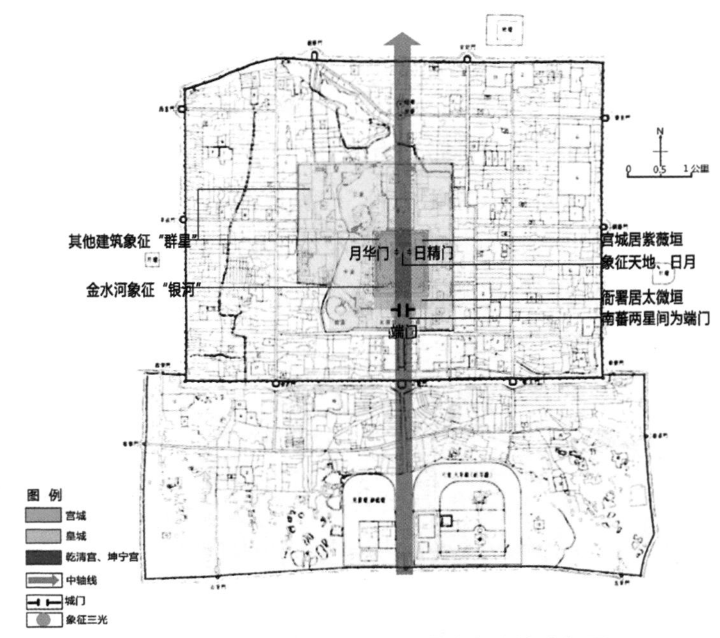

图 5-29　清北京“象天法地”城市结构分析图

（根据刘敦桢主编《中国古代建筑史》中的《清北京复原图》绘制）

2. 尚中重序的城市结构

北京城的位置是多个王朝都城的所在地，这也决定了明清北京空间结构的最终形成经历了漫长的演变。元朝时期，元大都空间结构规整有序，宫城位于中轴线正中，体现了皇帝贵为万物中心的思想。明成祖朱棣迁都北京后，城址在元大都原址上向南偏移，但大部分仍与元大都重合。之后清朝入关也没有破坏原有旧址，基本全部接受，并在此基础上进行了适当的改建、修复和利用。明清北京城在元朝的基础上，追求更为极致的中心性，因而外城由北向南压进 2.5 公里，南城向南延伸 1 公里，这样皇城和宫城的位置就更加居中，成为全城的中心。整个北京城呈现内城—皇城—宫城—太和殿—须弥山的向心型递进结构。

明清北京城的轴线结构已经达到了令人叹为观止的程度，轴线从南到北笔直贯通北京全城。宫城处于中轴线的中央，皇宫的大门是午门，午门以南沿轴线依次布局有端门、天安门、正阳门、前门大街、永定门，皇宫以北沿轴线布局有神武门、景山、钟楼、鼓楼、鼓楼大街。轴线两侧的建筑对称布局，御道东西分别布置有太庙与社稷坛，形成了典型的“中轴对称、宫城居中、前朝后寝、左祖右社”的秩序严格完整的空间结构。相比于元大都，明清北京城的三套方城结构更加严整有序，其南北轴线无出其右，同时也更具实用功能（如图 5－30）。

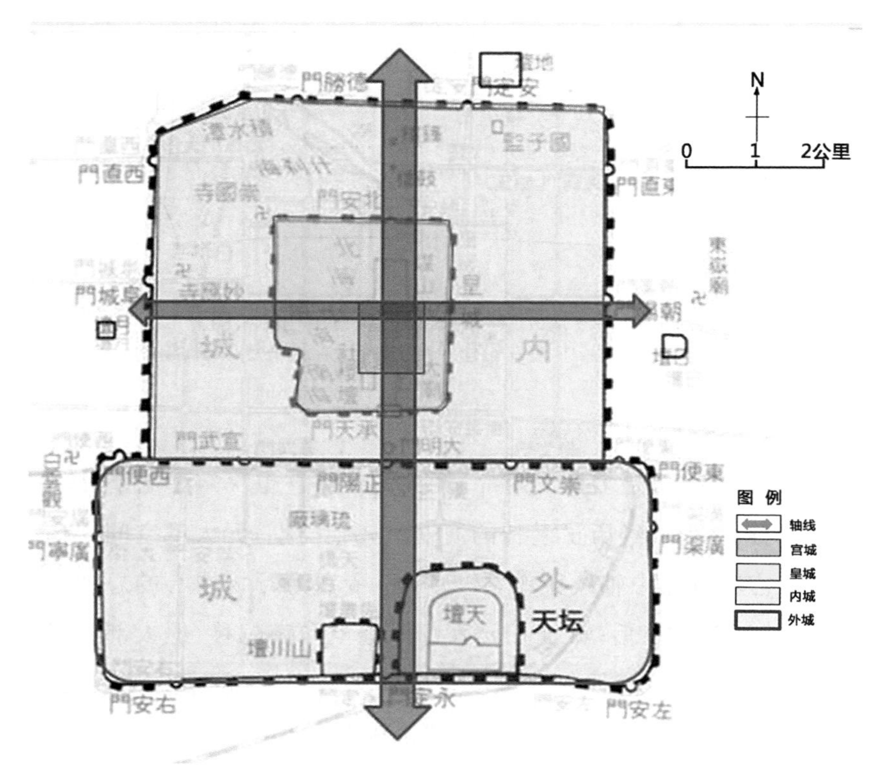

图 5－30　明清北京都城结构图

（根据《历代都城图》中的《明北京复原图》绘制）

在宫城内部的空间组织上，历朝的宫城核心区都有极为类似的形态特征，不管宫城之外的城市形制是否规整有序，宫城的空间组织都尽量保证“正殿居中、坐南朝北、中轴对称”的格局。宫城是帝王朝会和居住的地方，这两种功能的分化，就形成了“前朝后寝”的格局。朝区的主要建筑往往处于宫城中心，即《吕氏春秋·慎势》中的“择宫之中以立庙”。明清北京城布局中便体现了参照日月星辰之序发展空间之序的思想，其

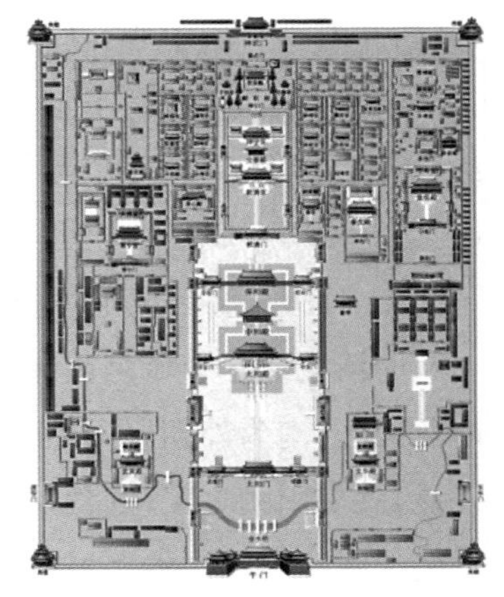

图 5-31　紫禁城平面图
（引自《导览地图》，北京故宫博物院官网）

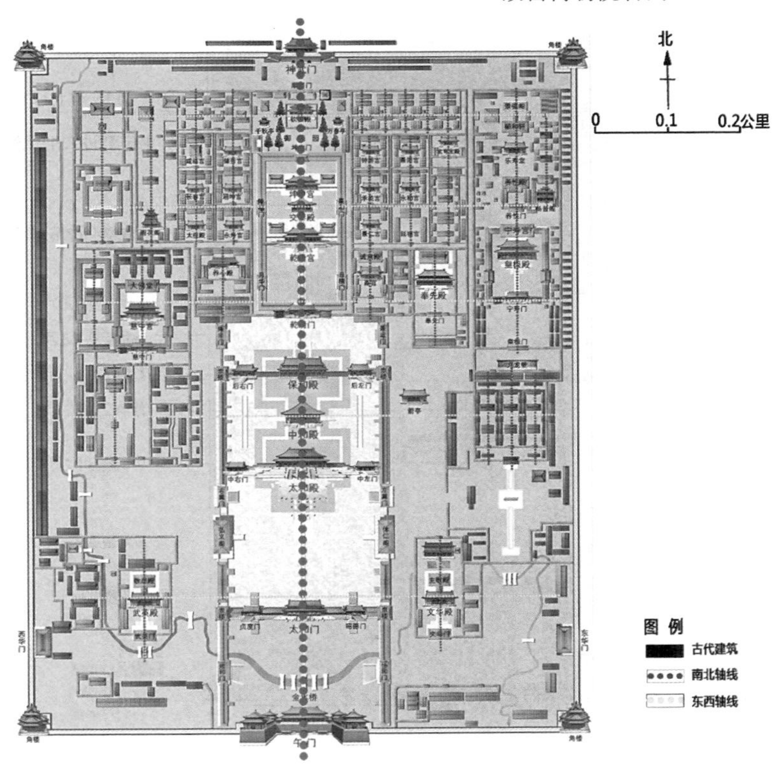

图 5-32　明清北京宫城轴线组织下的空间序列
（根据北京故宫博物院官网中的《紫禁城平面图》绘制）

前后、左右、内外、中心与周边附属的方位关系都包含日月星辰之位。一言以蔽之，在轴线组织下形成了主要的空间序列，在与中央大轴线平行的次轴线上组织了建筑群体，空间既规律又不失变化（如图5－31、5－32）。

2. 阴阳相生的城市结构

明清北京紫禁城是阴阳思想的最佳表达。东西向轴线将宫城分为南北两区，南为外朝属阳，北为内廷属阴。外朝建筑布局庄严，磅礴之气外显，展现阳刚之美；内廷建筑布局严谨，内檐装修纤巧精美，体现阴柔之美。南北向轴线将宫城分为东西两区，东方是太阳升起的地方，寓意

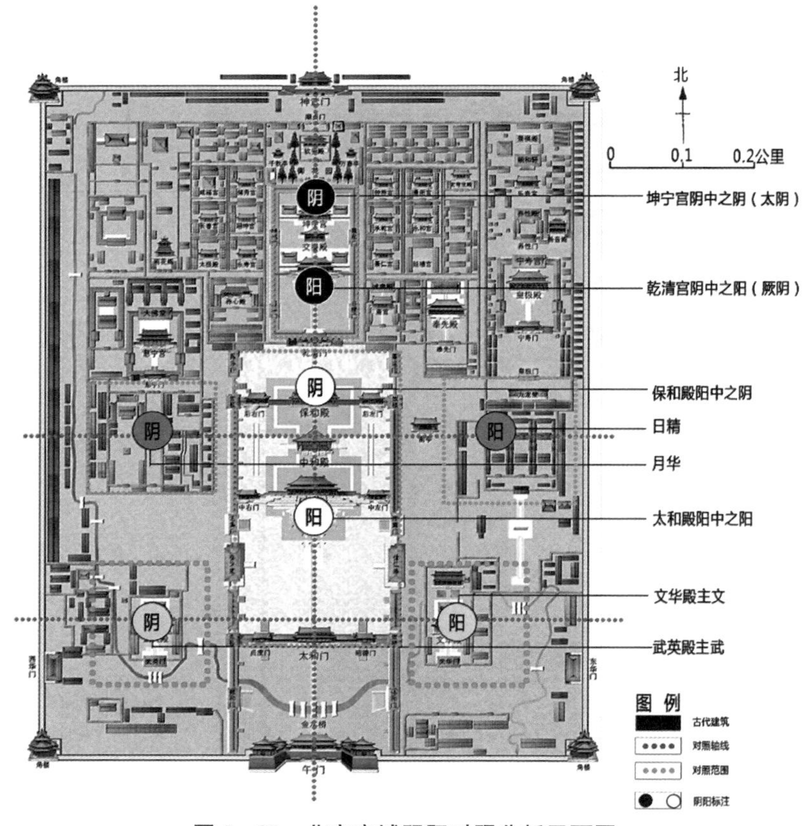

图5－33 北京宫城阴阳对照分析平面图
（根据北京故宫博物院官网中的《紫禁城平面图》绘制）

“阳”，因此布局与“阳”有关的建筑，如皇太子居所；西部为阴，布局与“阴”有关的建筑，如皇后、宫妃所居之处。为强化外朝阳刚之气，自午门起，中轴线上依次布置具有承天之意的大明门、承天门、端门，奉天门东西两侧则建有文华殿、武英殿象征文武，是帝王的左辅右弼。依据《周礼·考工记》中的“左祖右社”之制，太庙与社稷坛分立于御街的东西两

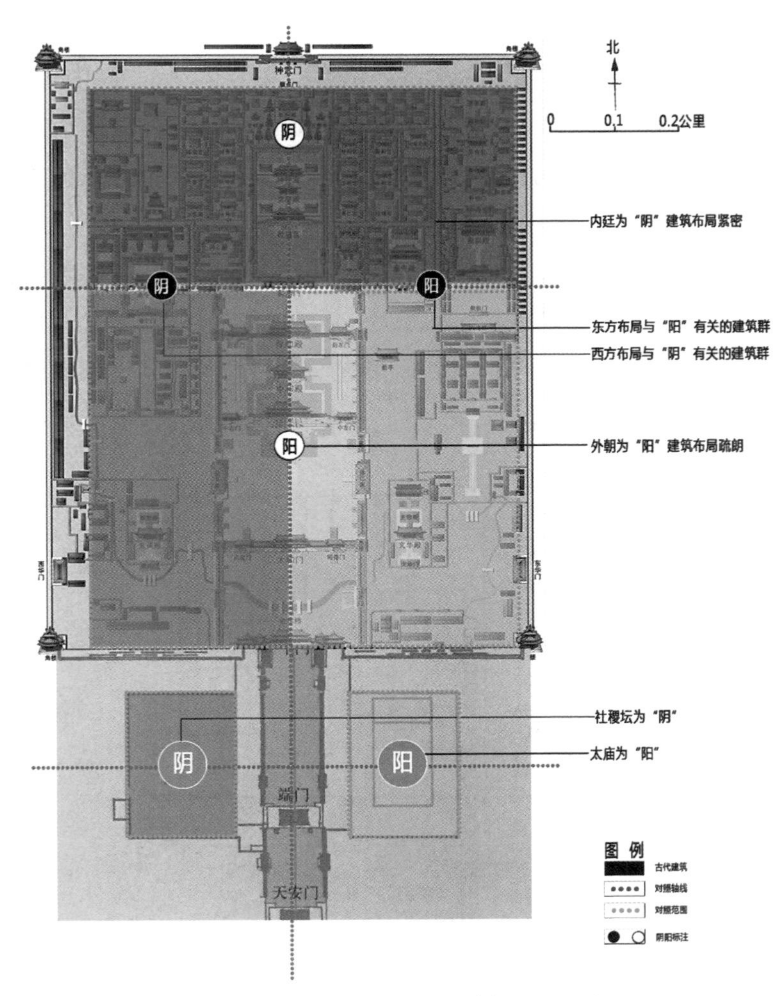

图 5－34　北京宫城阴阳对照分析平面图之二
（根据北京故宫博物院官网中的《紫禁城平面图》绘制）

侧,太庙以高大的三大殿建筑为核心,社稷坛以低矮的祭坛空间为核心,形成“一阴一阳、一实一虚”的空间对比格局。同时,在不同的功能组团中,通过不同功能与内涵的建筑地设置,达到“阴中有阳,阳中有阴,阴阳共生”的空间文化(如图 5-33、5-34)。

(四) 明清北京路网及水网结构与环境的关系

1. 明清北京路网

明清北京城的道路网络与水系网络形态综合体现了“尚中重序”与“因地制宜”的思想原则。内城的街道、胡同井然有序,外城的道路相对灵活,体现了官方规划与民间自发建设的和谐统一。明清北京的街巷系统经历了从“里坊制”到“街巷制”的变迁。元大都的道路布局“天肆宽广,九轨可并驰”,符合《周礼·考工记》“九经九纬”之制,道路系统井然划一,街巷胡同横平竖直,整齐的规划充分展现了秩序美,视觉冲击极其鲜明。马可波罗曾盛赞大都街道、府第之“美善并存”。元大都的路网奠定了明清北京城的道路骨架,和义门、崇仁门以南的主要街道均得以保

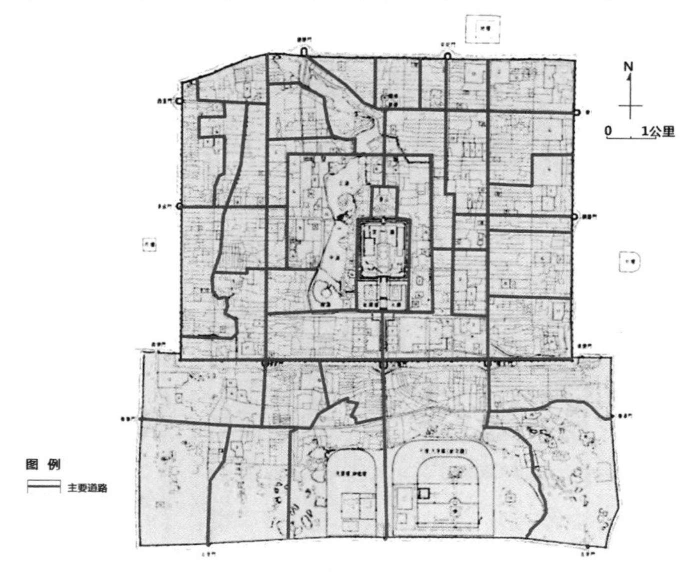

图 5-35　清北京路网分析图
(根据刘敦桢主编《中国古代建筑史》中的《清北京复原图》绘制)

留。明清北京的道路系统以东直门内大街、西直门内大街、朝阳门内大街、阜成门内大街、广宁门内大街为东西向骨架，以崇文门、宣武门、永定门、安定门、德胜门内的五条南北向大街为南北向骨架。此外，在上述五条南北向的大街基础上，形成了密布的东西向胡同，构成了明清北京的交通毛细血管，最终形成了由干道和胡同组成的道路系统（如图 5-35）。

2. 明清北京水网

明清北京的道路形态不完全是横平竖直的，还受到水系形态的影响。明清北京城内的水系呈面状与线状相结合的形态特征，除了宫城与外城的护城河依城墙呈笔直状，其余水道大多迂曲，或大小不一地分布于都城之中（如图 5-36）。因此，明清北京城内出现了许多顺应河道布局的斜街、斜胡同，如什刹海片区、外城区域。由于什刹海和积水潭从西北向东南穿过城市，为顺应水系，平行于水岸和垂直于水岸的道路——

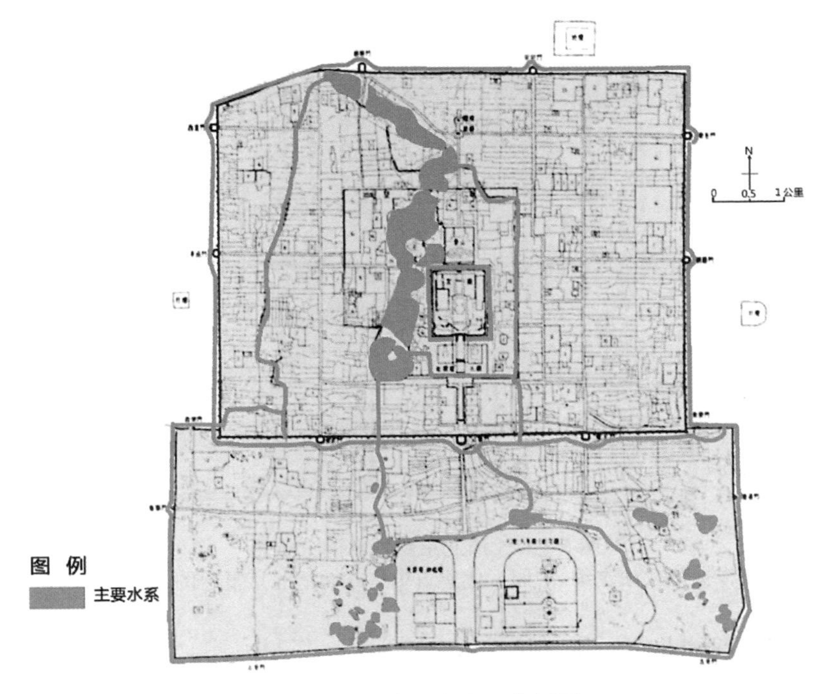

图 5-36　清北京水网分析图

（根据刘敦桢主编《中国古代建筑史》中的《清北京复原图》绘制）

斜街大量出现，与周边横平竖直的路网系统形成鲜明对比。另外，外城缺乏统一规划，主要道路比内城整齐划一的路网要曲折灵活很多。原因在于，外城许多地方地形凹凸不平，低洼处积水成湖、成塘，加之北面墙垣呈弧形，与元大都的道路基础有所冲突，因此为了适应地形、地貌，斜街和曲街大量出现，使得外城道路网呈现出灵活、自由的不规则形态。斜街与曲街位于北京城地形复杂的地段，并且通过局部的斜交与规整道路进行衔接，最终融为一体，并没有打破北京城的网络格局，反而为规整的北京城增添了一些"自由生长、因地制宜"的有机感(如图 5－37)。

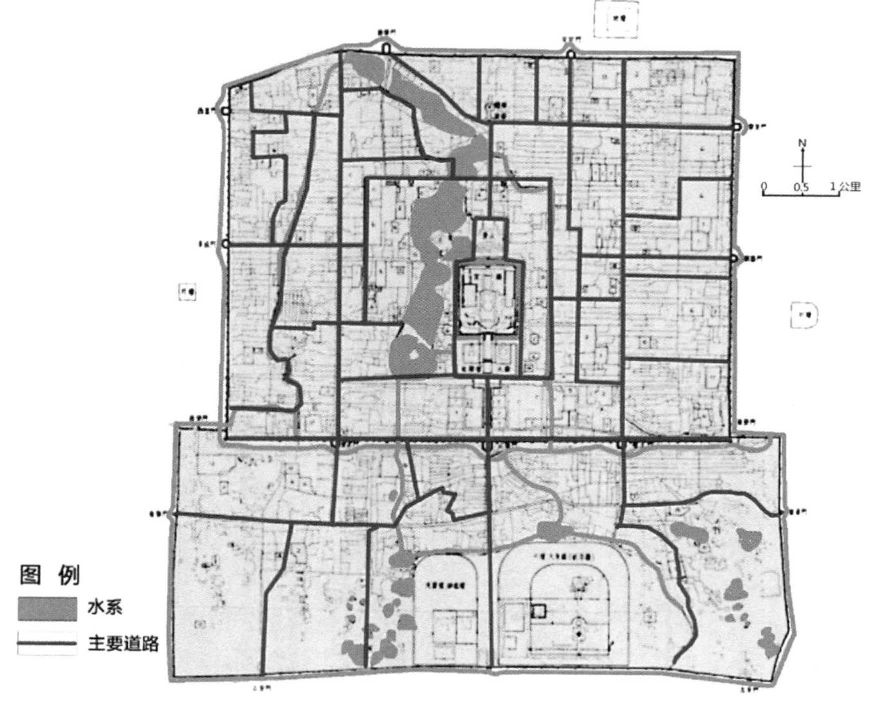

图 5－37　清北京路网水网分析图

(根据刘敦桢主编《中国古代建筑史》中的《清北京复原图》绘制)

(五) 明清北京居住空间与环境的关系

1. 王府宅第

中国古代居住空间通过轴线层次序列展开，通过方位及使用对象的

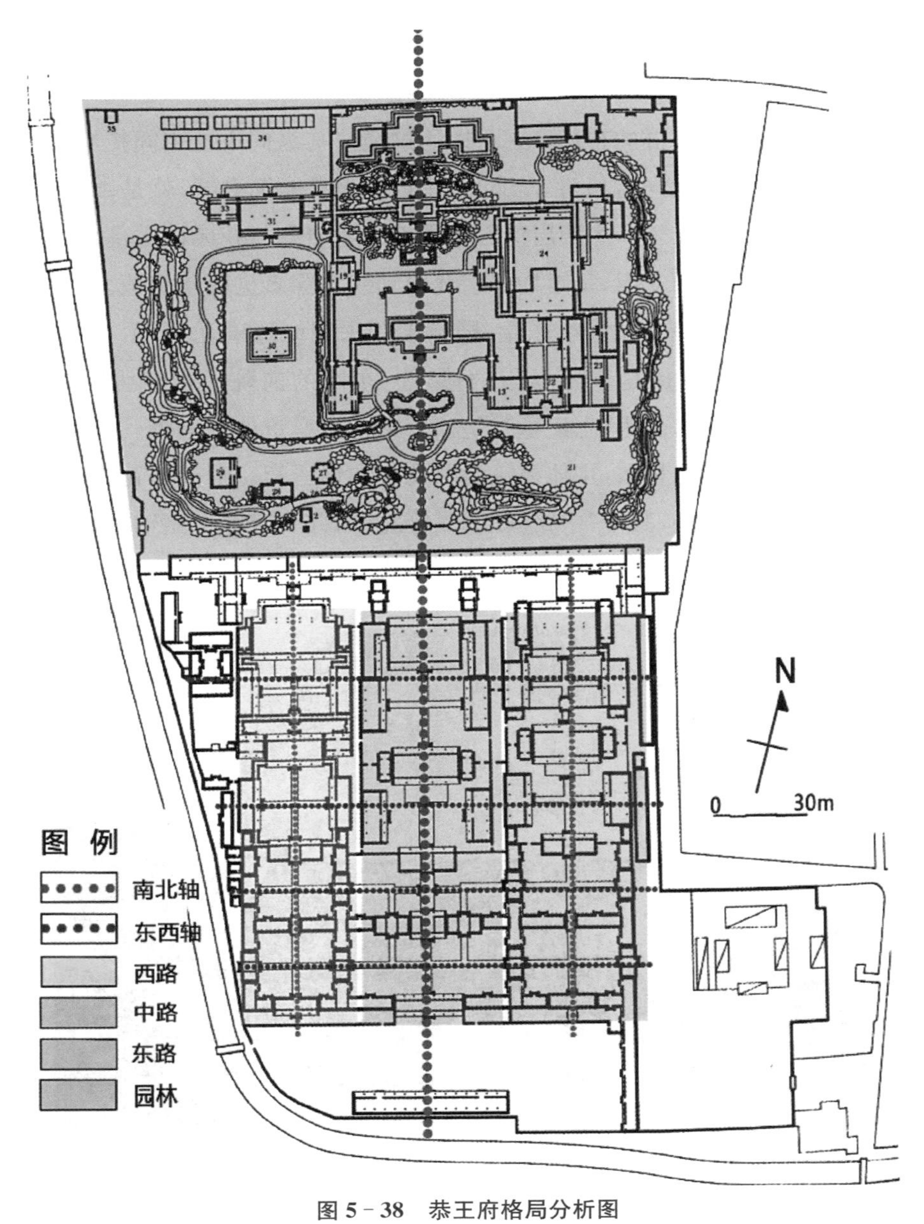

图 5-38　恭王府格局分析图
（根据张壮《恭王府建筑文化沿革考》中的《恭王府平面图》绘制）

尊卑等级进行布局，达到对立与合一的目的。它构成一个和序包容的统一整体，是实现和谐社会秩序的空间表达途径。

合院式建筑组群的布局形式可以通过横向与纵向进行空间扩展，表现出一定的灵活性与有机性，如同治时期恭王府建筑组群，就是由多个合院连接而成。恭王府由两层的后罩楼划分为府邸与花园两大部分，建筑组群分东、中、西三组，每组均由南北中轴线贯穿多进院落组成。中路最主要的建筑是银安殿和嘉乐堂，殿堂屋顶采用绿琉璃瓦，显示了中路的威严气派，同时也是亲王身份的体现。东路的前院正房名为“多福轩”，后进院落正房名为“乐道堂”，是当年恭亲王奕䜣的起居处。西路的四合院落较为小巧精致，主体建筑为葆光室和锡晋斋。恭王府花园也分为“三路”轴线布局，其中“中路”轴线贯穿花园，并与府邸中路轴线重合，使得宅与苑在空间上成为一个整体(如图 5－38、5－39)。

图 5－39　北京恭王府银安殿
(引自恭王府博物馆官网)

2. 普通民居

明清北京四合院民居，是“阴阳思想”与“市井生活”交融的空间表达。在建筑围合之中，庭院形成，也产生了第一组阴阳关系，即实体空间与虚体空间的相互对照。建筑作为居室，能为人们遮风避雨以安身，要求暗、静，故为“阴”；庭院作为活动空间，开阔明亮，为人民提供充足的阳光与空气，故为“阳”。在功能上，建筑与庭院各有分工，建筑起到居住、保温、防噪的作用，庭院则起到休闲、日照、通风的作用，建筑与庭院的对照与互补较好地协调了人与自然的关系。院落四周围合的建筑之间同样暗含着阴阳关系。在南北、东西两条轴线的导向下，南面的门屋与北面的正堂形成对照；东西两侧的厢房形成对照；主轴空间与次轴空间整体上形成对照。四合院的建筑布局不仅符合虚实、明暗、主次、开合的阴阳对立与平衡，还蕴含着四象稳固（青龙、白虎、朱雀、玄武）、四季祥和（春、夏、秋、冬）、五行生发（金、木、水、火、土）的文化意象，从而满足了人

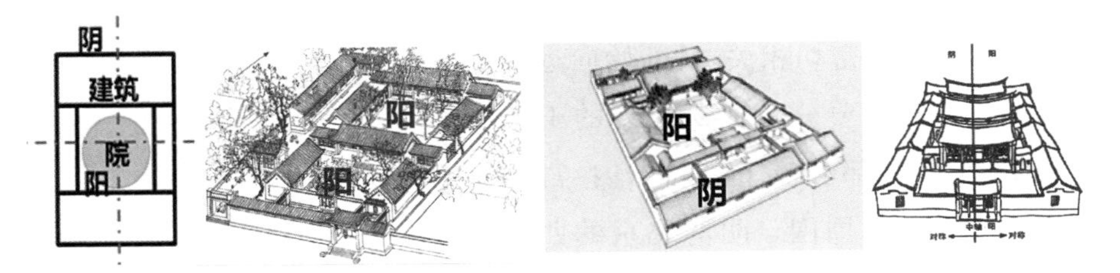

图 5-40　明清北京居住庭院与建筑的阴阳对照
（根据贾珺《北京四合院》绘制）

（1）

（2）

图5-41　北京四合院实景图

（引自视觉中国）

们趋吉避凶的生理与心理需求。人们在院中遍植花木，摆置藤椅石凳，养鸟赏花，在亲近自然的过程中，感受着闲适的生活乐趣与市井情怀（如图5-40、5-41）。

（六）明清北京皇家园林布局与环境的关系

1. 依赖山水的园林分布

从辽代至清代，北京皇家园林的分布与山水环境密切相关，且开始向远郊发展。它们主要分布在西北郊的玉泉山附近，另有部分位于皇城以内、宫城周边的太液池周围。明清北京的西北郊之所以成为皇家园林的集聚之地，离不开其优越的自然资源。北京城内地势平坦，无自然山丘，西郊则有太行山、军都山和燕山，蜿蜒曲折，一脉相贯，附近则有永定河、潮白河、温榆河和高粱河，为行宫御苑的建设奠定了基础。尤其是西北郊的玉泉山、西山、香山地段，层峦叠嶂，水源丰沛，是造园的绝佳地段。正如《西迁注》中"林麓苍黝，溪涧镂错，内中物产甚饶"一语，就是对其丰富的森林及水系资源的描述（如图5-42、5-43）。

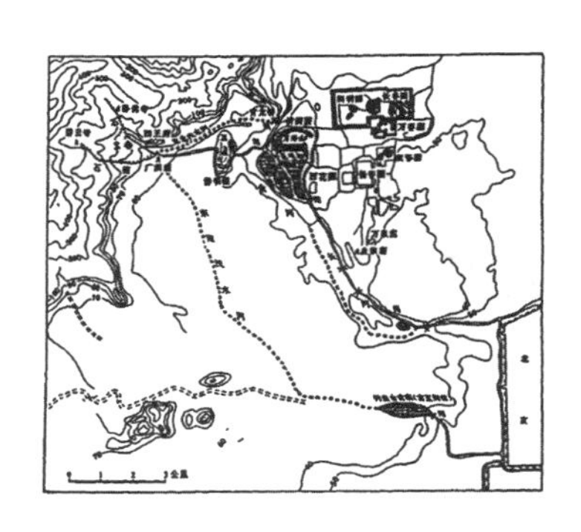

图5-42　清北京西北郊山川园林分布图

（引自马正林编著《中国城市历史地理》，济南：山东教育出版社1998年版）

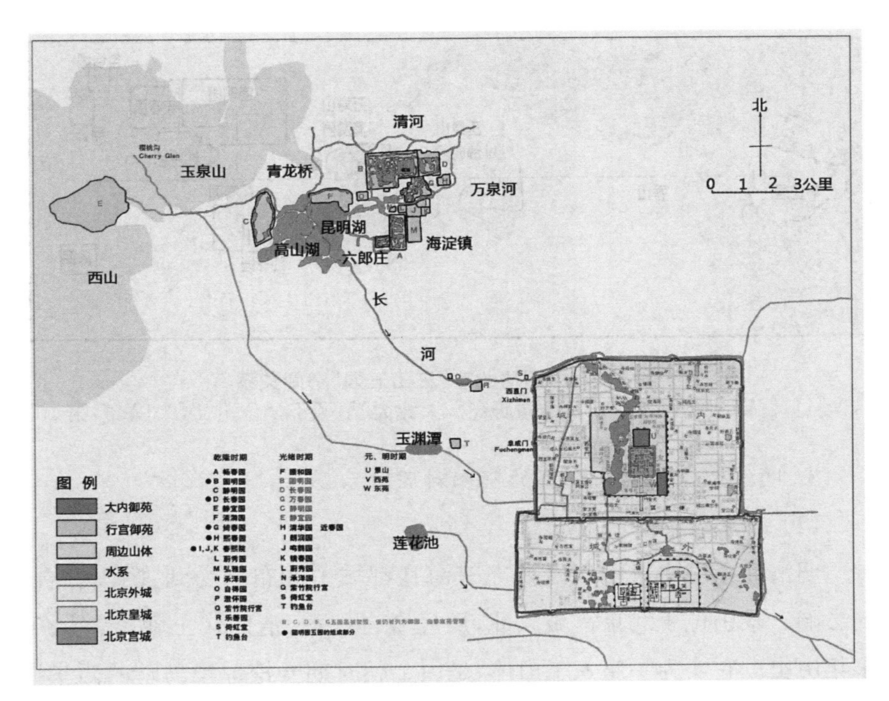

图 5－43　明清北京皇家园林分布与自然山水的位置关系

（根据马正林编著《中国城市历史地理》中的《清北京西北郊山川园林分布图》以及董鉴泓《中国城市建设史》绘制）

从金朝开始，统治者在北京城的西郊开始建设行宫。大宁宫和玉泉山行宫就是此时建成的。到元代时，通惠河被开凿出来，它将积水潭、高梁河、昆明湖等水体串联起来，形成了完整的游览水系。此外，统治者还在大都城的周边兴建了很多风景名胜，如齐化门外的东岳行宫、南城的风景园林、西郊的西山风景区等，形成了较为完善的园林体系。明清时期，统治者又对香山片区和玉泉山片区进行了升级改造，分别建设了香山行宫和静明园，还在西北郊新建了畅春园。后经雍正、乾隆两代的发展，北京城西北郊逐渐形成“三山五园”的格局。因为北京城西北郊皇家园囿、行宫、庙宇以及贵族园林鳞次栉比，所以该地又有“园林之海”的美称（如图 5－44）。

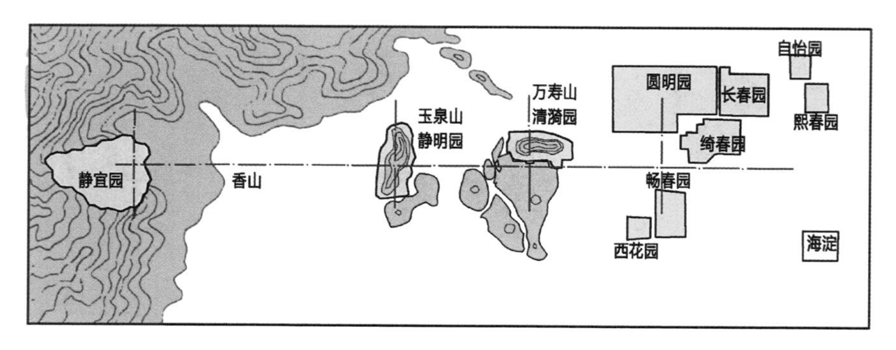

图 5-44　明清北京“三山五园”空间关系

（引自姜贝《圆明园规划布局其及结构研究》，天津大学，硕士学位论文，2012 年，第 10 页）

2. 明清北京园林与宫城的阴阳对照关系

（1）故宫与景山

明清北京城中景山以及西苑三海在都城中的布局受到“阴阳和合”的影响。景山位于北京宫城以北，历经金、元、明、清四代王朝，已有 800 多年历史。它实为一座人工山体，是由金朝时期开挖琼华岛畔的西华潭时挖出的泥土堆成的土山。元大都时，皇宫的核心建筑延春阁北靠土山而建，土山后被命名为“青山”，上面种植了各类奇珍异草，作为皇家后花园。明朝时期，明太祖朱元璋为了彻底破坏元朝的“国运风水”，不仅捣毁了元朝的皇宫，还在青山的基础上堆积了有五个山峰的大土山，作为“镇山”，又名“万岁山”，把延春阁基址牢牢压在山下，意为“镇压元代之王气”。万岁山的位置正好在全城的中轴线上，又是皇宫北边的一道屏障。到了清顺治十二年（1655 年），“万岁山”才改名为“景山”。从景山与宫城的位置关系来看，景山的存在有着至关重要的地位。元代以后，明清北京的宫殿中轴东移，使得元大都宫殿中轴位于西面，修建的人工景山正好位于新的轴线北面，就成了新宫城的主山。景山由五座山峰组成，高 43 米，符合查砂当中山形端庄方正、敦厚秀丽、高度合宜的要求。所以景山作为压制旧朝、振奋新朝的存在，一直沿用至今。经过历代的改造与优化，北京中轴线的空间序列更加丰富，起承转合更加完整。景山即为这条中轴线的高潮，在平坦的北京城内，成为视觉的中心点。高大的景山与宏伟的北京城在空间上形成了阴阳两极，相视而立，彼此烘托。景山与流经太和门的金水河，将紫禁城环抱其中，正好构成背山面水之势（如图 5－45）。

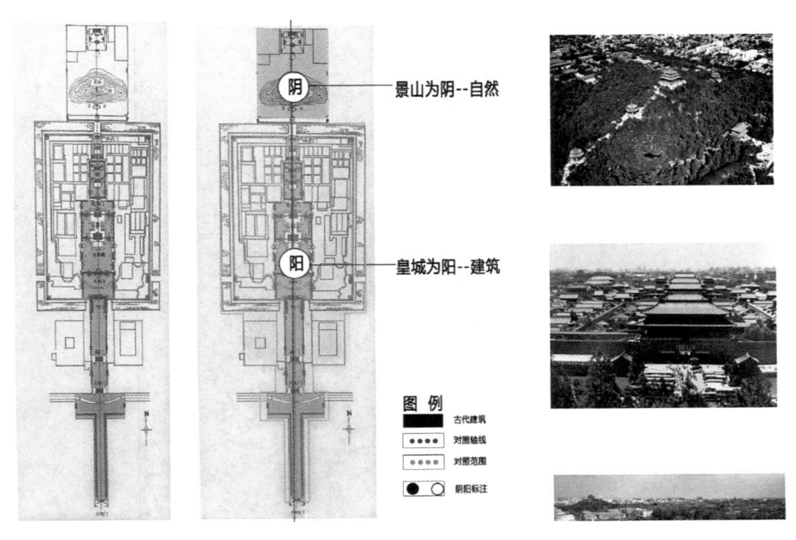

图 5－45　景山与紫禁城的阴阳对照分析
（根据萧默《古代建筑营造之道》绘制）

（2）故宫与西苑

西苑三海是北京城重要的皇家园林，从辽至清，经过历代皇室建设，最终成为由北海、中海、南海组成的三海。西苑三海紧邻紫禁城，且南北长度相当，在紫禁城西面形成了一道水的屏障。统治者在三海沿岸与池中岛屿上建造宫殿，与紫禁城之间以一条街道隔开。纵观西苑园林，三海南北纵列如银河倒挂，北海壮丽、中海疏朗、南海华美而不失优雅，各尽其妙又一气呵成。与

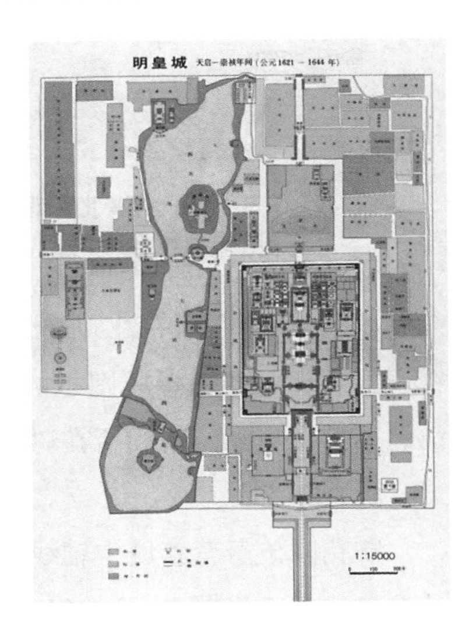

图 5－46　明北京皇城复原图
（引自孟凡人《明朝都城》，南京：南京出版社 2013 年版）

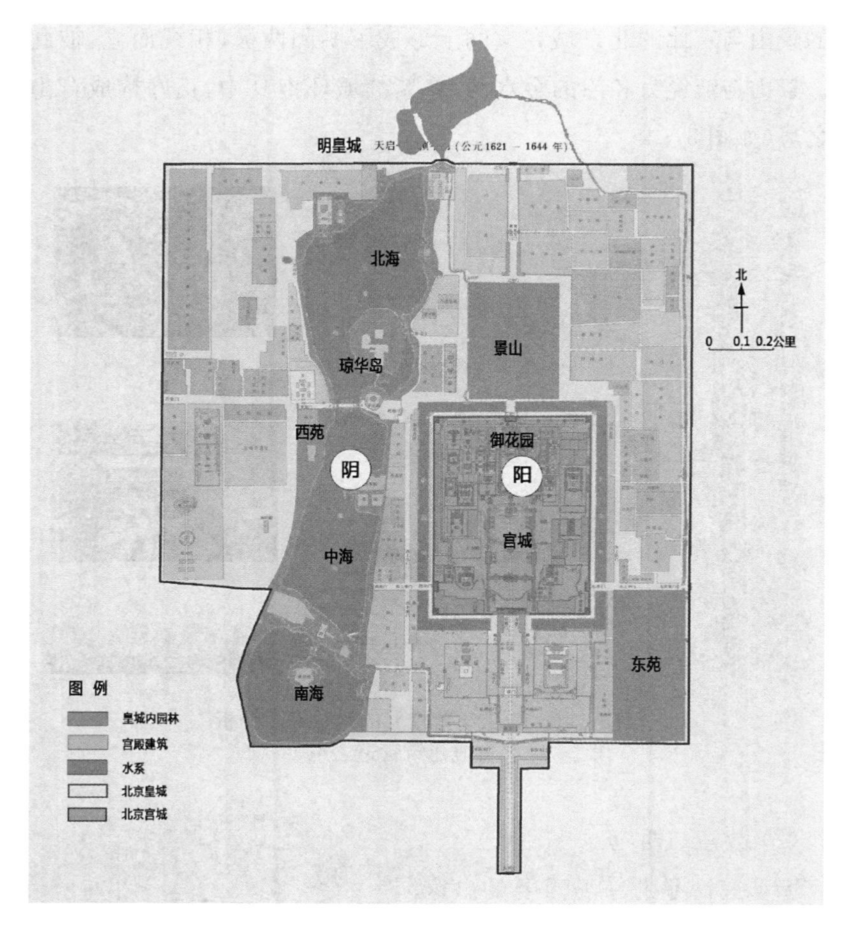

图 5-47　明清北京北海与宫城的“阴阳对照”位置关系图
（根据孟凡人《明朝都城》中的《明北京皇城复原图》绘制）

东面的紫禁城、左祖右社和景山所构成的整体景观一刚一柔，互相衬托，符合“阴阳和合”思想原则中的刚柔相济、阴阳相生的哲学内涵，实为古都北京景观规划的精髓所在（如图 5-46、5-47）。

（3）御花园

御花园位于紫禁城中轴线最北部，其主体格局在明代永乐年间紫禁城始建时就已经奠定，虽然经历了多次重建和改建，但没有大的变化，延续了将近 600 年的时间，一直完好保存。其空间组织延续了紫禁城的轴线模式，全园布局严谨，分东、中、西三路，形成一纵三横的轴线空间，表现了沉稳端庄的气质。位于轴线北端的钦安殿是御花园的核心建筑，它是一座无开间的重檐大殿，起到控制全局的作用。屋顶采用特殊的“盝

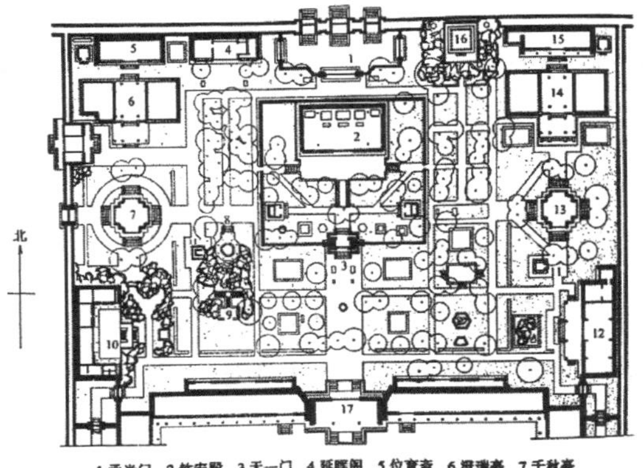

图 5－48 御花园平面图
（引自周维权《中国古典园林史》，第 367 页）

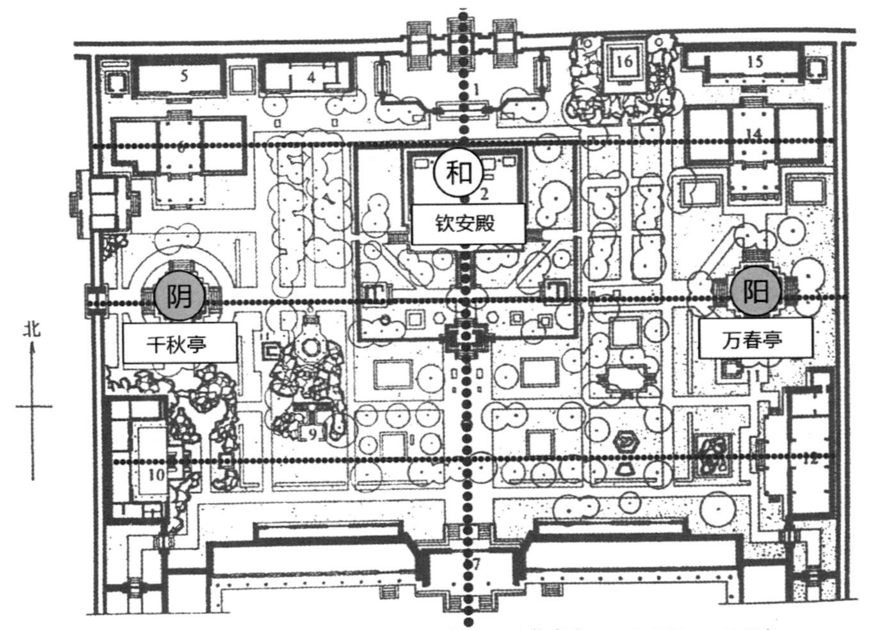

1.承光门 2.钦安殿 3.天一门 4.延晖阁 5.位育斋 6.澄瑞亭 7.千秋亭
8.四神祠 9.鹿囿 10.养性斋 11.井亭 12.绛雪轩 13.万春亭 14.浮碧亭
15.摛藻堂 16.御景亭 17.坤宁门

图 5－49 御花园空间中的对照关系图
（根据周维权《中国古典园林史》中的《御花园平面图》绘制）

顶”形式，中间是平顶，周围加上了一圈屋檐，檐上铺设了黄色琉璃瓦。东西分别设万春亭与春秋亭，形态完全一样，构成阴阳对照关系，也起到了控制御花园中部横轴的作用。

从表面上看，御花园与紫禁城保持一致的轴向对称的空间格局，略显呆板。但事实上，除万春亭与千秋亭、浮碧亭与澄瑞亭以及两个长条形水池相同之外，其他景观只是位置对应，造型均有变化。加之有花木假山、古树奇石的点缀，“正中求变”的特色得以体现(5－48、5－49)。

3. 明清北京皇家园林的轴线空间

清朝时期，人们对秩序的追求在皇家园林空间组织上达到顶峰，以颐和园、圆明园、北海、避暑山庄等最为著名。皇家园林的总体布局极其讲究中正和谐，严格遵循中轴对称的秩序美。园内中心不论在高度还是位置都处于明显的统领地位。宫殿布局主次分明，左右对称，彰显出统一性，轴线另一端与园内景观相对应，形成对景，达到和谐统一。

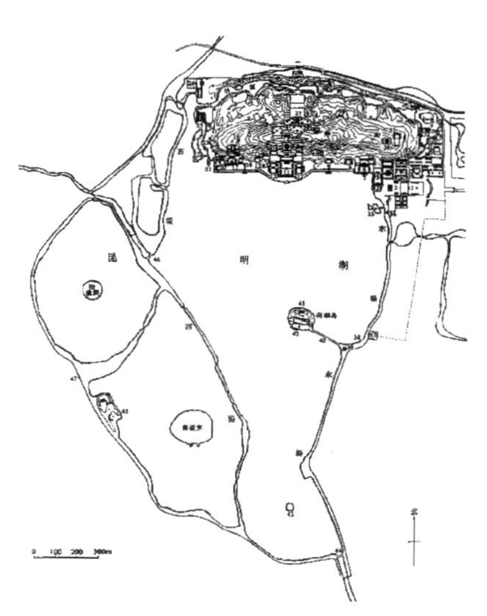

图5－50　光绪年间颐和园总平面图
(引自周维权《中国古典园林史》，第574页)

例如，大型自然山水园林颐和园，以万寿山至昆明湖为主轴线，而整个园区的空间又在此基础上展开，形成了层次分明、井然有序又变幻无穷的景观序列。主体建筑群位于万寿山至昆明湖的主轴线上，体量庞大、左右对称、严整规则。其中佛香阁位于万寿山山巅，是整个园区最高的位置，可俯瞰全园，是颐和园的中心。中轴线两侧各有一条南北次轴线，分别是五方阁至清华轩轴线、转轮藏至介寿堂轴线，以此来烘托中心轴线，突出其中心地位。再往东西，各有数条南北次轴线串联建筑群，建筑布局方式相对更自由。颐和园以轴线将山、湖、建筑串联起来，建筑组群的巍峨规整与山体水体的自由多变被统一起来，形成了明确的主次区别、左右位置、前后位序、内外层次等关系，使人们能感受到强烈的空间变换，也增加了园林的整体感与平衡感，展现了皇家园林一脉相承、气势磅礴的皇室氛围（如图 5－50、5－51）。

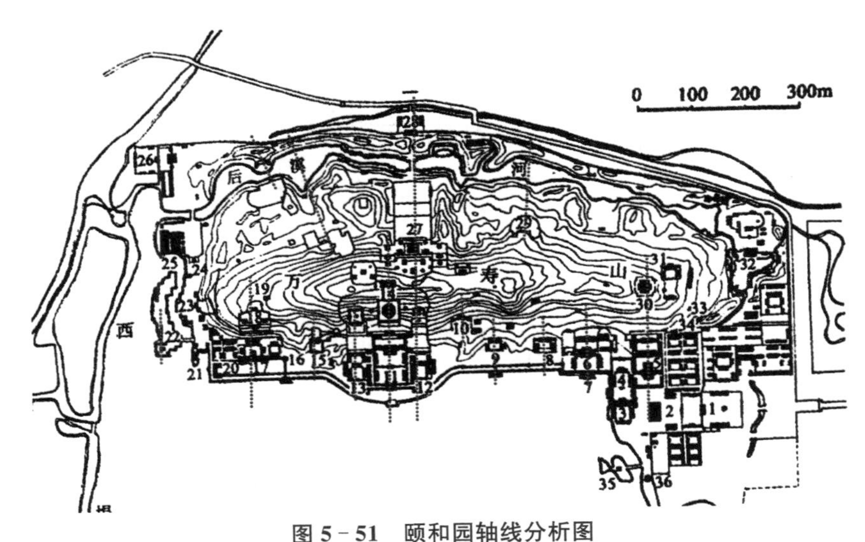

图 5－51　颐和园轴线分析图

（根据周维权《中国古典园林史》中的《光绪年间颐和园总平面图》绘制）

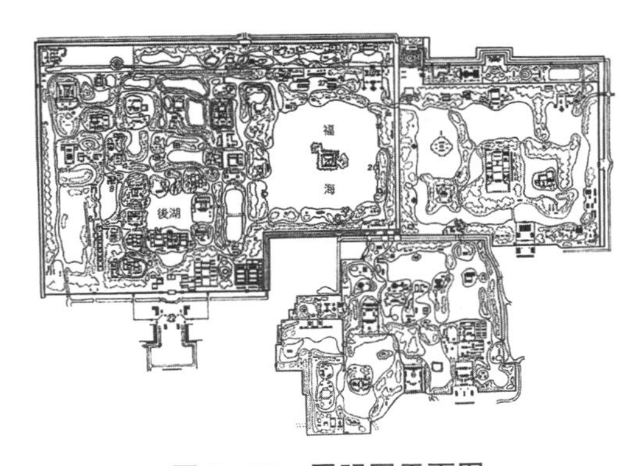

图 5－52　圆明园平面图

（引自中国圆明园学会主编《圆明园》，北京：中国建筑工业版社 2007 年版）

又如，圆明园在整个平面布局上，主轴清晰可见。这条轴线南起于圆明园大宫门，途经贤良门、正大光明殿、寿山、前湖、九州清晏、后湖，最后延伸至园林北部。这条轴线将前朝、内寝和后园完整地串接起来。前朝从大宫门到正大光明殿，布局仿照紫禁城格局，是三进式的宫殿区。内寝区从寿山到九州清晏，是皇帝

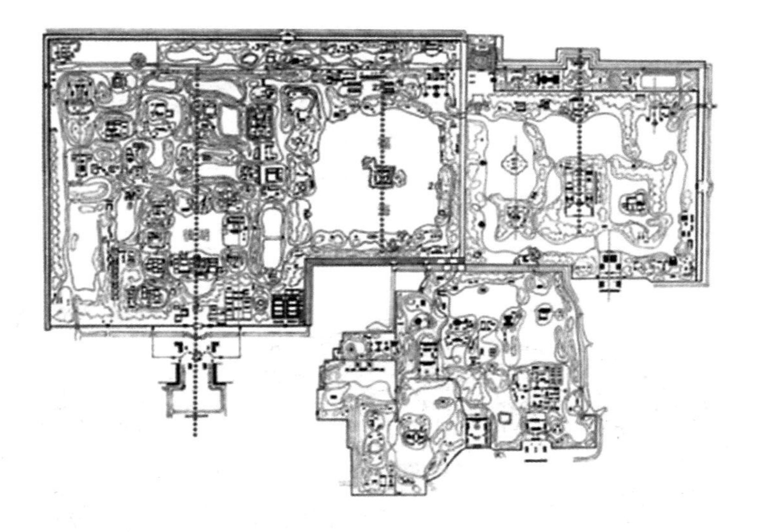

图 5－53　圆明园平面轴线分析图

（根据中国圆明园学会主编《圆明园》中的《圆明园平面图》绘制）

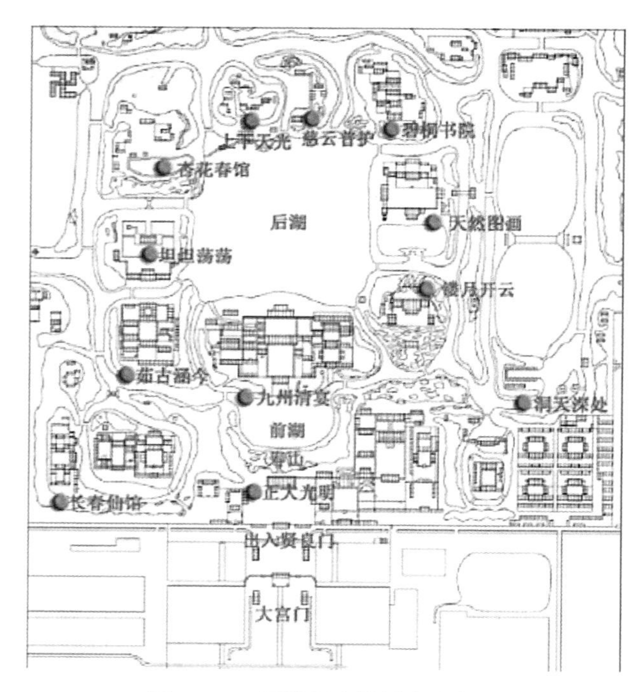

图 5－54　圆明园主轴景点分布图

（根据中国圆明园学会主编《圆明园》中的《圆明园平面图》绘制）

和妃子的寝宫，承担日常起居、宴请宗亲等功能。后园区是以后湖为中心的园林区，包括众多岛屿和院落，如杏花春馆、碧桐书院、慈云普护、万方安和、文渊阁等，对九州清晏呈环绕拱护之势。这条主轴线不仅组织了布局规整的“宫廷区”，也巧妙地引导了布局自由的“苑林区”，是一条统领了建筑、水面、植物景观的轴线。此外，在圆明园东侧的长春园和东南角的万春园，同样采用了以轴线引领建筑群融入山水格局的手法。从圆明三园的空间组织可以看出，中国古代善于运用轴线将崇尚严整的宫殿区与自然随性的山水有机组合，形成鲜明的主次关系与对照关系，体现了和谐与礼制的双重之美(如图 5－52、5－53、5－54)。

4. 明清皇家园林对仙境的模拟

明清北京西苑的内部空间组织，遵循了“悟道修心”的环境思想原则。首先全园以北海为中心，三海统一于南北轴线上。三海各有一岛，北海象征“太液池”，琼华岛象征“蓬莱”，团城和犀山台则象征“瀛洲”和“方丈”，符合“一池三仙山”的昆仑山布局模式。园中还有“吕公洞”“仙人庵”“铜仙承露盘”等许多求仙的景观遗迹，展现了道家洞天福地的仙境意味。三海轴线上从北至南依次布局有西天梵境、琼华岛、堆云积翠桥、团城、水云榭、勤政殿、南海岛屿，其中不乏佛教建筑景观，北海中布局有承光殿(供玉佛)、永安寺、蚕坛、小西天、阐福寺、万佛楼。琼岛上高67米的藏式白塔，是禅宗思想在园林布局中的表达(如图 5－55、5－56)。

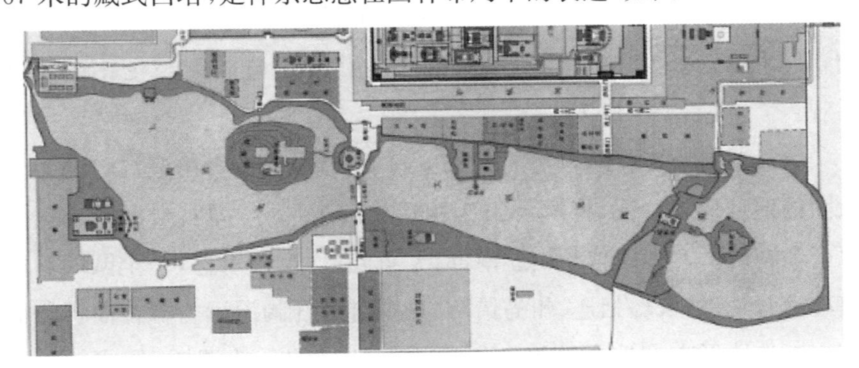

图 5－55　明北京皇城复原图

(引自孟凡人《明朝都城》)

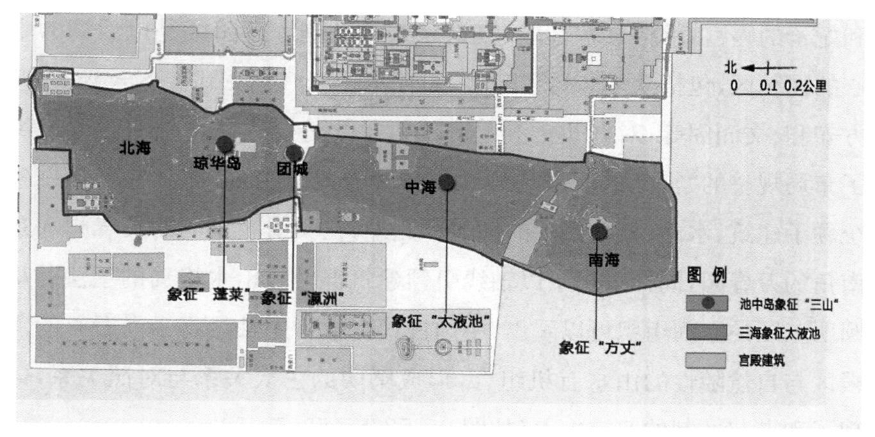

图 5-56　明北京北海中的"一池三山"模式

（根据孟凡人《明朝都城》中的《明北京皇城复原图》绘制）

5. 明清皇家园林对自然的模拟

承德避暑山庄是清代帝王避暑和处理政务的皇家园林，其园林空间组织正是受到环境依顺观的影响，表现为顺应自然、模拟自然。康熙御制《避暑山庄记》中言："度高平远近之差，开自然峰岚之势。依松为斋，则窍崖润色；引水在亭，则榛烟出谷。皆非人力之所能，借芳甸而为助；无刻桷丹楹之费，喜泉林抱素之怀。静观万物，俯察庶类。文禽戏绿水而不避，麀鹿映夕阳而成群。鸢飞鱼跃，从天性之高下；远色紫氛，开韶景之低昂。一游一豫，罔非稼穑之休戚。"这高度概括了承德避暑山庄的造园思想，即尊重山水、借助自然，巧妙地进行改造和利用，做到人工与自然完全融合，以最小的代价创造出无与伦比的园林景观。

承德避暑山庄将对自然的效法达到了极致，统治者仿造清时国家之版图的地理形貌特征，将避暑山庄构建成四个部分，即宫殿区、山区、平原区和湖区。宫殿区位于山庄南部，九重院落，严整对称，是全园的功能核心；湖州区的桥堤相连、州岛错落，景观讲求开阔深远与含蓄曲折兼而有之。水体形态仿造在江湖与平原交织地带的天然湖沼，形成大小不一、形态万千的水体，充分展现了自然水体的灵动与飘逸；平原区榆、柳、杨、槐疏密相间，茂草丛生，大片森林与草原构成了开阔而纯净的景观，突出了蒙古草原特色；山岳区沟壑纵横、奇峰争秀、山形饱满，形成起伏连绵的轮廓线，勾勒了祖国西北风光。山中建筑的布置也不求显而求隐，突出了山庄的天然野趣。整个山庄分区明确，景色丰富，完全借助于自然地势，因山就水，顺其自然。东南多水，西北多山，山区所有的峡谷都是东西走向，谷口向东，与我国的大江大河流向一致，是中国自然地貌的缩影(如图 5－57、5－58、5－59、5－60、5－61)。

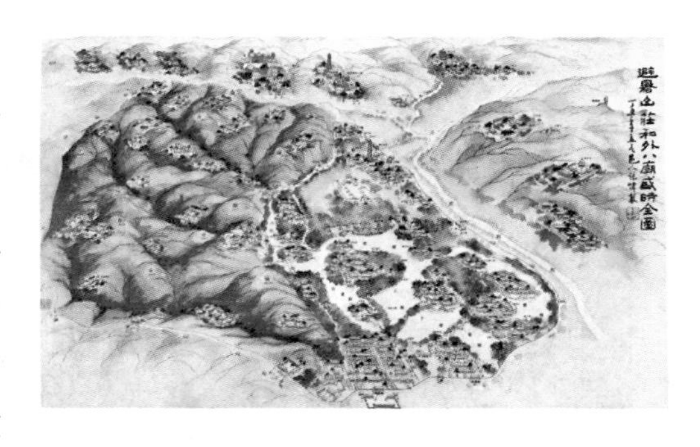

图 5－57　避暑山庄及外八庙示意图
(引自刘晓光《象征与建筑》，北京：中国建筑工业出版社 2015 年版)

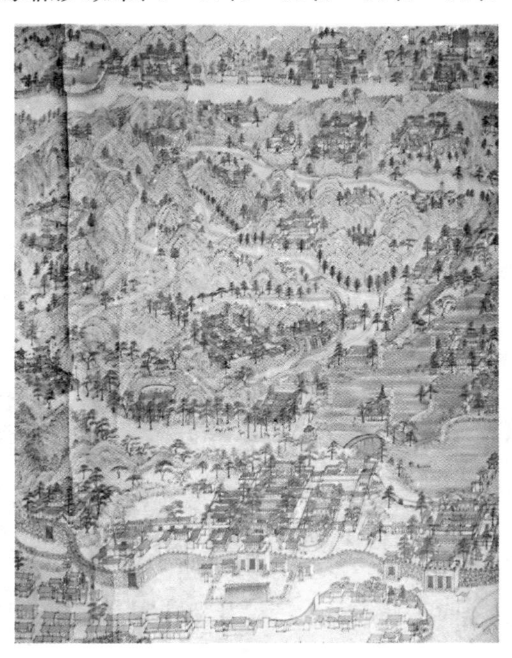

图 5－58　避暑山庄全图
(中国国家图书馆藏)

图 5－59　避暑山庄烟雨楼
（引自承德避暑山庄博物馆官网）

图 5－60　避暑山庄金山
（引自承德避暑山庄博物馆官网）

图 5－61　避暑山庄宫墙模拟长城
（引自刘晓光《象征与建筑》）

（七）明清北京的宗教空间形态与环境的关系

1. 坛庙分布

古代帝王重视祭祀，往往将重要的坛庙建筑设置于城市中轴线上。从明清北京城的平面布局可以清晰看出，坛庙的分布都与北京宫城及轴线有着密切的关系，天、地、日、月、先农、先蚕坛分别布局于宫城的四面，沿南北、东西轴线按照阴阳关系相对而设，分别取方圆之意进行命名。日坛位于朝阳门外，在都城的东部方位。古人认为日为“阳”，是活跃和运动的，用圆形象征，故日坛有一道东部圆形、西部方形的坛墙，象征“日圆月方”。月坛按照《周易》的说法建在北京城西面，属“阴”。月坛外坛墙呈方形，也照应了月为“阴”的说法。嘉靖九年（1530 年），朝廷按照阴阳学说，与先农坛皇帝亲耕的籍田相对，在定安门外建造了皇后行恭蚕典礼的先蚕坛。坛呈方形，边长二丈六尺，垒二级，高二尺六寸，四出陛，都用阴数。① 祖庙与社稷坛位于城内，也沿轴线对称布局。祖庙是帝王祭拜祖先的地方，社稷坛是帝王祭祀土地神、粮食神的地方。《周礼・考工记》中“左祖右社”的布局展现了“阴阳和合”的思想原则，左为“阳”，是人道之所向，故祖庙在左；右为“阴”，是地道之所尊，故社稷在右（如图5-62）。

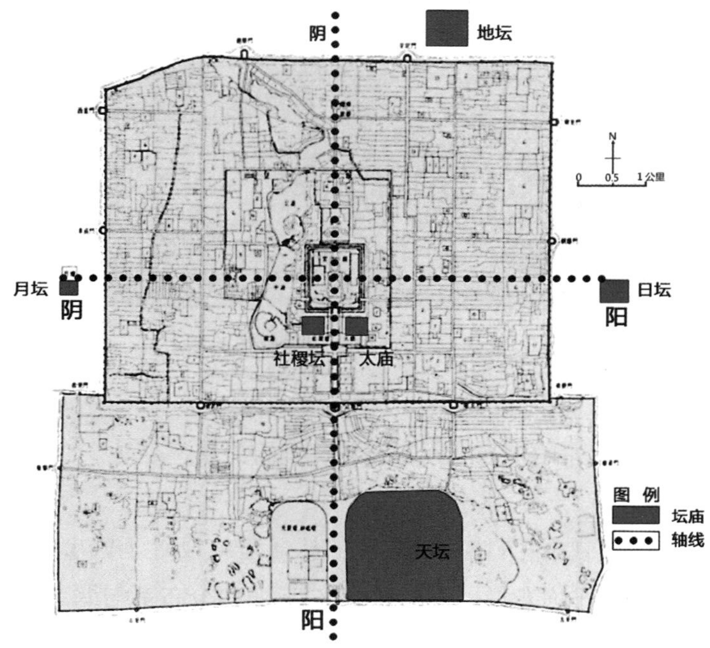

图5-62 明清北京坛庙分布的阴阳对照关系

（根据刘敦桢主编《中国古代建筑史》中的《明清北京平面图》绘制）

2. 明清北京天坛空间形态

(1) 天坛分布及总体结构

作为皇家的祭祀场所，神祇坛庙往往要表达对祭祀对象的尊重，表现为运用轴线与中之方位来强调主体祭祀建筑的特征。明清北京天坛通过环境陪衬、轴线设置、象征手法等多种空间组织方式从整体到局部

---

① 丈、尺、寸均为长度单位。1丈合$3\frac{1}{3}$米，1尺合$\frac{1}{3}$米，1寸合$\frac{1}{30}$米。

都表达了对宇宙图示的模拟，实现了“天”与“人”的沟通。

首先，天坛共有内外两重坛墙，西北、东北为弧形，寓意“天圆地方”，呈现出“南方北圆”的形状。其次，内墙中布局有天坛的主体建筑，其中央偏东处贯穿一条南北向中轴线，南北端分别布局有祭天的圜丘、皇穹宇和祈祷丰年的祈年殿。从天坛西门经内坛西门直达内坛东墙形成东西向干道，与南北主轴线相交，成为天坛辅轴线。辅轴线西端以南布局有斋宫与神乐署，斋宫为皇帝祭天前住宿、斋戒之所，神乐署为饲养祭祀所用牲畜和舞乐人员居住之所。以此共同构成天坛的主体结构，而稳定、敦厚的轴线格局与建筑组织体现了对秩序的追求。再次，天坛内外坛墙内遍植松柏，苍劲挺拔、林海茫茫，进入坛区，便觉一股旷野自然的气息，令人心平气和、思绪沉静。随着轴线，仰望苍穹，遥望直指青天的祈年殿，在林海的烘托下，进入此地的人如有登天之感，发出与天沟通的遐想，内心充满了崇敬之情（如图 5－63、5－64）。

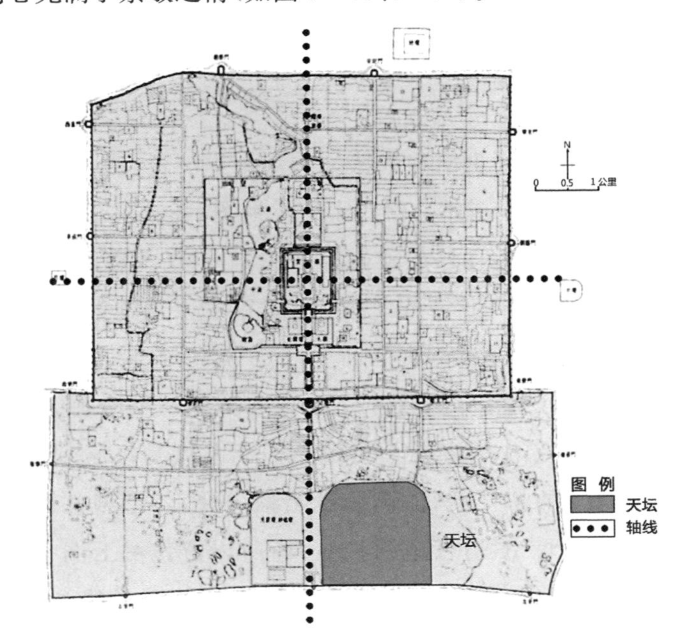

图 5－63　明清北京天坛位置图

（根据刘敦桢主编《中国古代建筑史》中的《明清北京平面图》绘制）

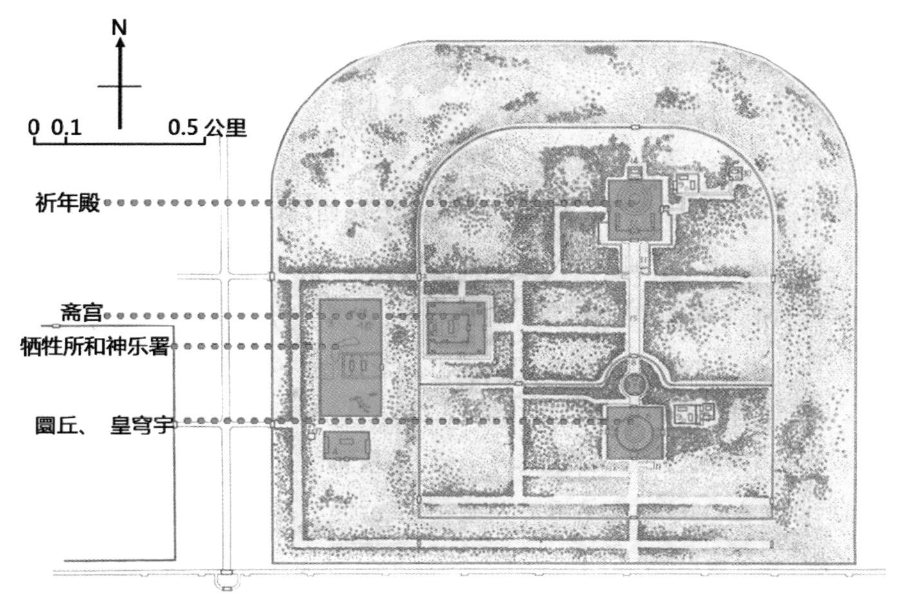

图 5-64 北京天坛的空间组织

（根据刘敦桢主编《中国古代建筑史》中的《明清北京平面图》绘制）

(2) 天坛建筑形态

“尊天重地”之情衍生出象天法地的规划手法，反应于建筑之上，主要表现在建筑单体的构成暗含着对宇宙天地图示的模拟，天坛的建筑形态中无不体现了对天地秩序的崇敬与效法。古有“天覆地载”之语，“屋宇”之“宇”与“宇宙”之“宇”一致，屋宇就是宇宙天盖的象征。天坛建筑群中的祈年殿、皇穹宇等全都是圆形的平面模式，符合古人“天圆地方”的宇宙认识，而皇穹宇的单檐圆攒尖顶、祈年殿的三重檐圆攒尖顶，毫无疑问全是“天盖”意象。屋宇象征宇宙之天，台基就是象征“地载”。在古人的心目中，“台”的特征就是“高”。《尔雅·释宫》记载：“四方而高曰台。”古代人们“崇天”，由于上苍难以企及，所以古代帝王们将建筑建于高台之上，希望能够尽可能接近天国。天坛中的祭祀建筑更是如此，皆建于三层台基之上。而连接“天”“地”的宇宙天柱就幻化为建筑的屋身。在这样的演化之下，坚固的台基、挺拔的立柱、高大的屋宇、深

图 5－65　北京天坛俯瞰图
（引自视觉中国）

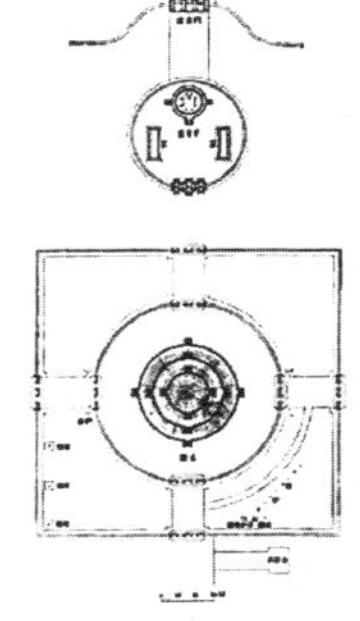

图 5－66　北京天坛圜丘平面图及透视图
（作者自摄）

远的挑檐，“三段式”的结构几乎成为古代都城中所有建筑单体的共同特征。尤其是祭祀建筑，如天坛的祈年殿，圜丘都充满了“天覆地载”的象征意味（如图 5－65、5－66）。

3. 明清北京地坛空间形态

与天坛位于南面、玄（蓝）色、圆形、阳（奇）数相对，出于对“地”的崇敬，地坛居北、黄色、方形、阴（偶）数，并用围绕于周边的一圈水渠象征“泽中方丘”之“泽”。

因“南阳北阴”，故地坛择址于宫城以北。“因地为方”，地坛以沿中心多重相套方形作为基本构图。又因“天玄地黄”，地坛重黄色，故坛的侧面被贴上黄色的琉璃砖以象征地祇。在数字使用上，地坛用偶数，与天坛用奇数形成“阴阳相对”。《宸垣识略》载：“方丘二成（层），上成方六丈，下成方十六丈六尺，均高六尺。二成倍上成八方八八之数，以合六八阴数。”连坛周围的水渠尺度也合阴偶之数：“方折（泽）四十九丈四尺四寸，深八尺六寸，阔六尺。”（如图 5－67、5－68、5－69）

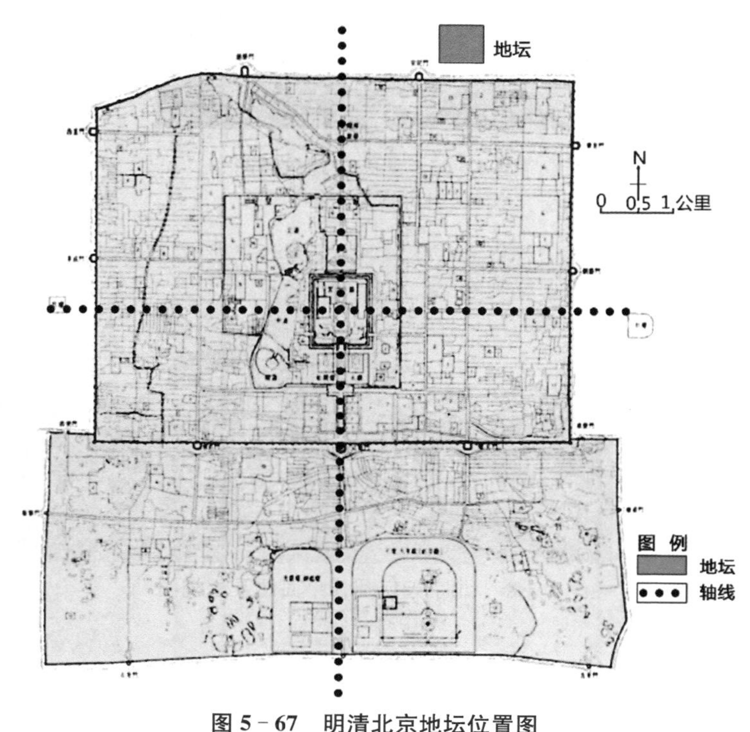

图 5－67　明清北京地坛位置图

（根据刘敦桢主编《中国古代建筑史》中的《明清北京平面图》绘制）

图 5－68　地坛全景图

（张肇基摄）

图 5－69　地坛局部透视图
（作者自摄）

4. 明清北京太庙空间形态

在历代都城当中，庙的空间组织方式具有一定的共性，它们以严谨规整、中轴对称、秩序井然的结构特征来凸显对祖宗先辈的崇敬，体现了“尚中重序”的环境秩序观念。现存唯一可见的帝王宗庙仅北京太庙一处，作为古代都城祭祀设施“庙”的最高等级的建筑群，其空间组织更是将传统的环境秩序观念表现得淋漓尽致。

位于北京城御街以东的太庙符合《周礼·考工记》中“左祖右社”的方位布局。全庙用地呈南北长的矩形，有内外两层墙垣，外墙南面将金水河纳入其中，左右配置井亭与库房。内墙中布置有主体建筑，从南向北依次建有戟门、正殿、寝殿、祧庙四座建筑。正殿居于绝对的中心位置，为皇帝祭祖行礼的地方，原为 9 间，后改为 11 间，殿前有月台和宽广的庭院，以衬托主题建筑的高大和庄重。寝殿为供奉历代帝后神主的处所，位于正殿后，符合“前殿后寝”的官式住宅通用的形式。后殿为供奉时代久远、亲缘疏远而从寝殿迁出的祖宗神主。东西两侧各建配殿 15 间，分别配给有功的皇族和功臣。太庙的布局呈现出严格的中轴对称形态，所有的建筑都是成双成对均衡布置。在太庙环境设计中，首先种植大面积的高大林木，塑造肃穆、庄严的氛围；其次在入口部分设计门、河、桥、殿等元素，增加空间的仪式感和深邃感，展现了对祖先的崇敬。大殿体积巨大，坐于三层台基之上，庭院广阔，周围廊庑环绕，展现了雄伟的效果。

太庙的空间组织不仅符合中轴对称的模式，还受到“尊天重地”的影

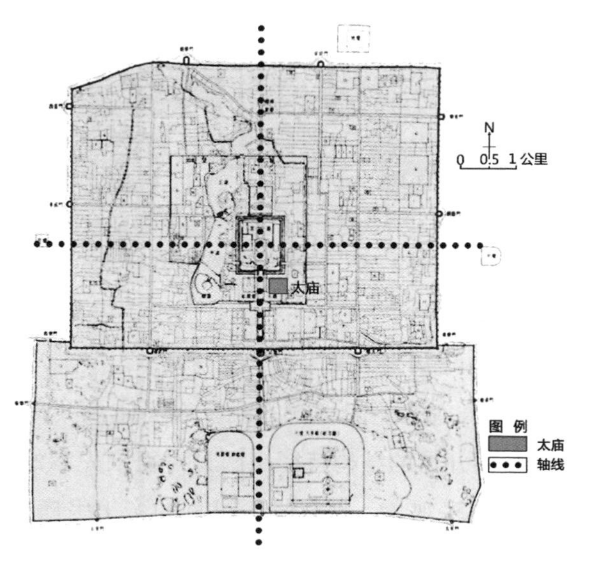

图 5－70　明清北京太庙位置图
（根据刘敦桢主编《中国古代建筑史》中的《明清北京平面图》绘制）

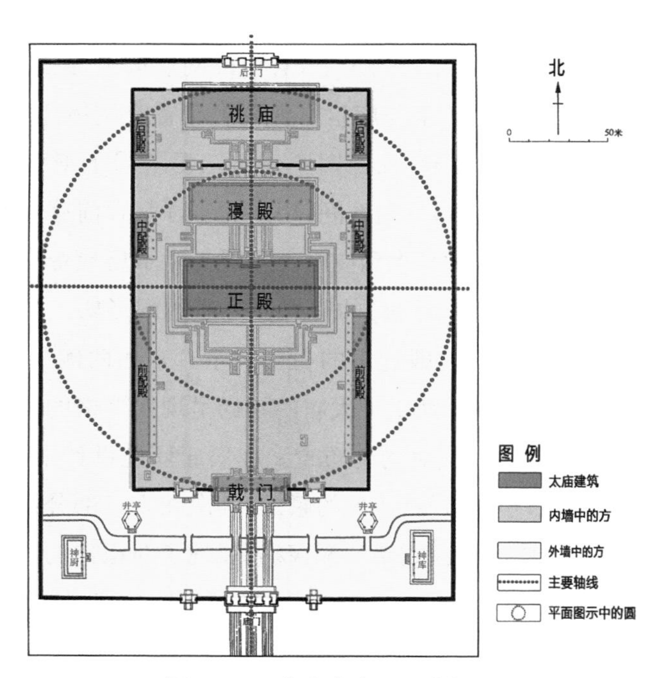

图 5－71　北京太庙平面分析图
（根据潘谷西主编《中国古代建筑史》第 4 卷中的《北京太庙平面图》绘制）

响，表现为对“天圆地方”的宇宙图式的模拟。在其规整方正的平面布局当中，暗含着“方圆结构”的痕迹，形成了以正殿中心为圆心，以到内墙与外墙的轴距为半径的两个同心圆的空间限定，以此来确定主体建筑群的建筑间距与建筑的面宽。从以下图示可以看出，太庙的空间布局明显暗含着“方圆相套”的空间模式（如图5－70、5－71）。

5. 明清北京寺庙空间

古印度人认为，宇宙由地、水、火、风“四轮”构成，佛在中央，向四方衍生为四种“波罗密”相，象征佛的“四智”。宇宙中心是须弥山，有主峰和四座从峰，日月升降在其左右。须弥山位于大海中央，陆地在周围对

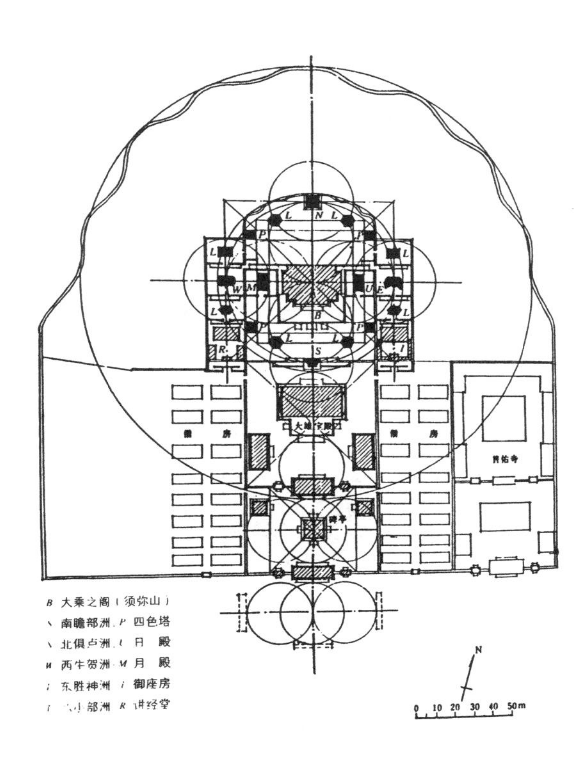

图5－72　普宁寺的平面构图的方圆同构

（引自刘晓光《象征与建筑》，第56页）

称排列，分别称为“四大部洲”和“八小部洲”。最外面的铁围山是宇宙的边缘，以此构成的宇宙模式称为曼荼罗。佛教传入中国之后，与儒家礼制思想相交融。从某方面而言，佛教对佛祖的崇敬之情就如同儒家对天地、天子的崇敬一样，而这种认识反映到物质空间载体当中就是以中轴对称来突出主体建筑的重要性，等级清晰、主次明确、秩序井然。因而，许多寺庙、塔幢都是按曼荼罗模式建造的。

例如，在普宁寺的平面构图中，普宁寺大乘之阁居寺庙中央，象征宇宙中心须弥山。大乘之阁东侧建有日殿，西侧建有月殿，象征日月环绕着宇宙中心运行。大乘之阁的东、西、南、北四方正中，各建有一座形式各异的台殿，称“四大部洲”。在“四大部洲”四个台殿的东西两侧，各有一座重层藏式平顶白台，饰有红色藏式梯形盲窗，内有踏步可通上下，共八座，称“八小部洲”。“方圆同构”的布局清晰地显示了曼荼罗体系的宇宙模式（如图 5－72、5－73）。

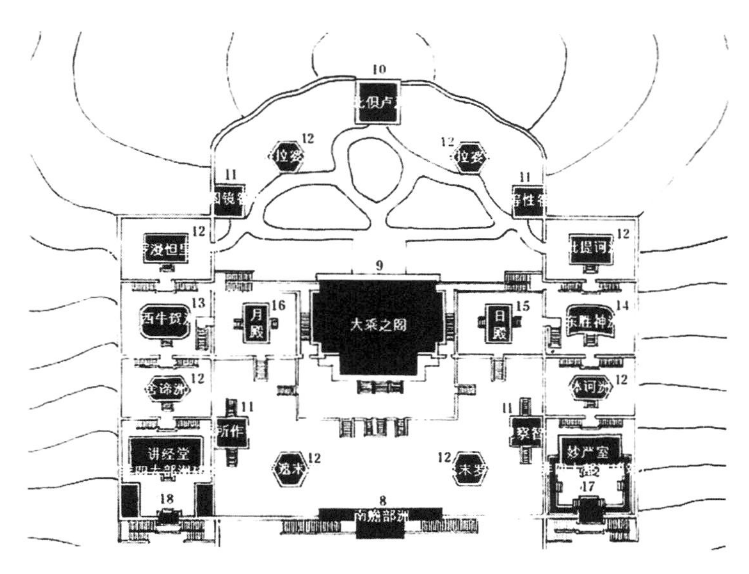

图 5－73　普宁寺的平面构图的曼荼罗模式

（根据刘晓光《象征与建筑》中的《普宁寺的平面构图》绘制）

三、明清扬州城市形态分析

(一) 明清扬州选址与环境的关系

1. 占据高地、依托水运

从大的自然区域环境来看，扬州地处长江下游北岸的三角洲地区，为长江冲积平原，气候温润，雨量充沛，地质稳定，土壤肥沃，地势上西北高，东南低。扬州最早建于蜀冈之上，就是考虑到蜀冈地势高亢，多丘陵的城防优势。因此，从吴至元代，虽然城址有所迁徙，但蜀冈一直作为扬州的军事据点，凭借其优于平原地区的地形条件，发挥着军事防御的作用。

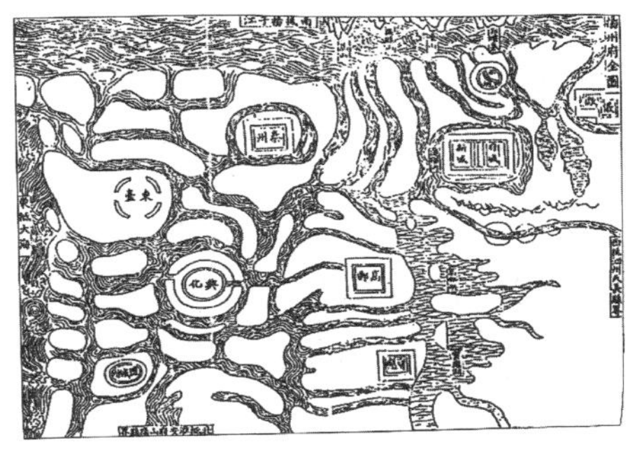

图 5－74　扬州府全图

(引自〔清〕阿克当阿修《重修扬州府志》，扬州：广陵书社 2014 年版)

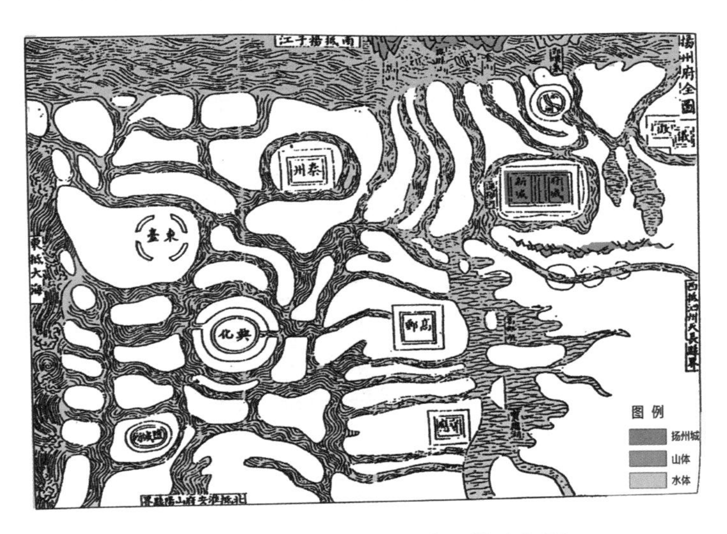

图 5－75　扬州城周边山水环境分析图

(根据〔清〕阿克当阿修《重修扬州府志》中的《扬州府全图》绘制)

境内水网密布，河湖交错，不仅适宜农业种植与生活用水，还为城市水运交通的建设营造了良好的自然条件，符合早期城市选址的考量标准。早期邗沟的修建及后来大运河的兴建，解决了扬州对于盐运与漕运的需求，从而使得其在明清时期成为粮食与淮盐运输的枢纽，奠定了扬州重要的区域经济与交通地位（如图 5－74、5－75）。

2. 水系变迁，城址迁徙

从城址迁移的角度来看，从吴至明清时期，扬州城不断向东南方向迁徙，这与城市周边水环境的变迁密切关联。一方面，从魏晋南北朝时期至明清时期，扬州与镇江之间的长江北岸不断淤积，向南移动，这与扬州的城址迁移方向一致，为城市空间南扩创造了必要条件；另一方面，大运河的兴建影响了扬州城市拓展方向，使得扬州渐渐脱离蜀冈高地，并沿着大运河的方向繁荣发展。发展至明清时期，旧城和新城规模相当，二城并立格局形成（如图 5－76、5－77）。

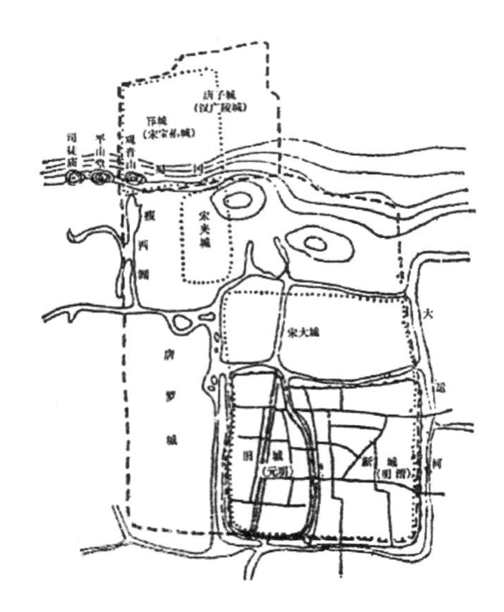

图 5－76 扬州历代城址变迁图
（引自朱福烓《扬州发展史话》，扬州：广陵书社 2014 年版）

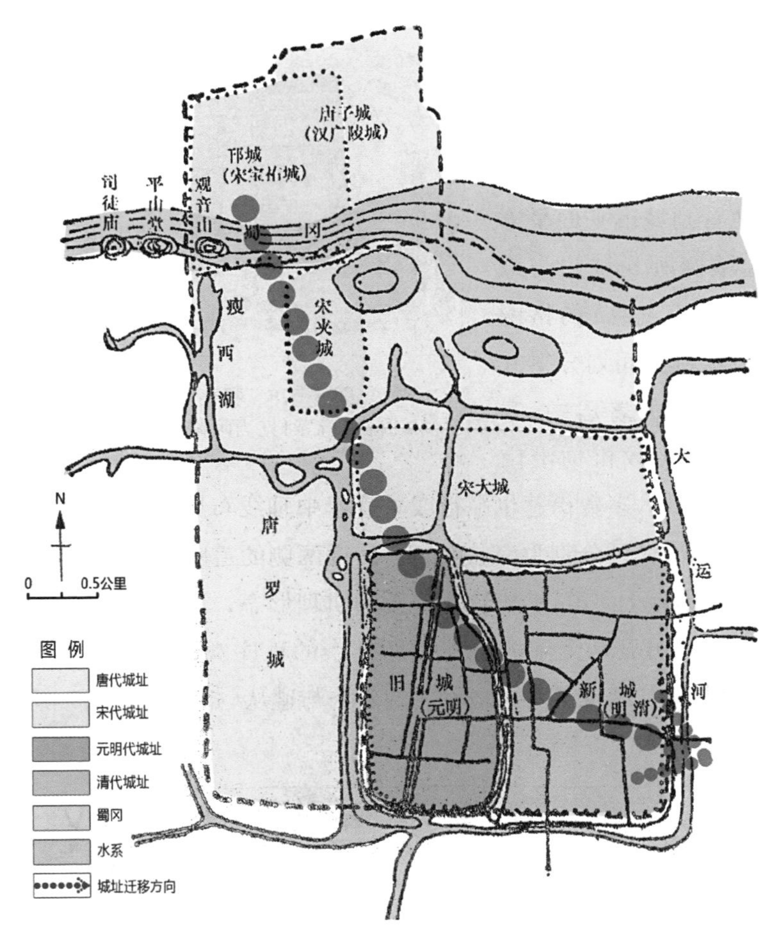

图 5－77　扬州城址变迁与环境关系分析图

（根据朱福烓《扬州发展史话》中的《扬州历代城址变迁图》绘制）

(二) 明清扬州空间布局与环境的关系

1. 方正格网，合于礼制

随着历史的发展，形态的演变，明清扬州城最终形成了“新旧二城并立”的独特空间形态。城市总体上为东西长 2 500 米，南北长 1 200 米的方形平面。旧城居左，新城居右，二者在不同环境思想的影响下，展现出不同的形态特征。

明代扬州旧城主要受到儒家礼制思想的影响，追求“方正规整”的布局形态特征。从《重修扬州府志》中可以清晰地看到城市平面呈方形，每边城墙所开城门与道路相连，“两横三纵”的格网形道路系统将空间划分得井然有序。府县衙署居中，占据高地；重要行政机构沿南北中轴线布局，大多数街巷也平行或垂直于中轴线布局。市河东西向穿越旧城，将旧城城区分割为南北两半。河道两侧的道路组织与建筑布局皆平行或者垂直于河道，形成较为规则的肌理形态。这样方正格网式的空间结构布局明显是受到儒家礼制所推崇的秩序观念影响，符合传统“方城”规划思想，展现了对天地秩序的效法与遵从（如图 5-78、5-79）。

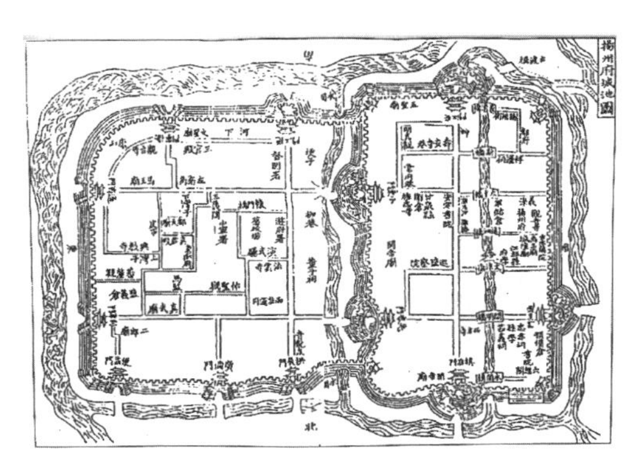

图 5-78　扬州府城池图

（引自〔清〕阿克当阿修《重修扬州府志》）

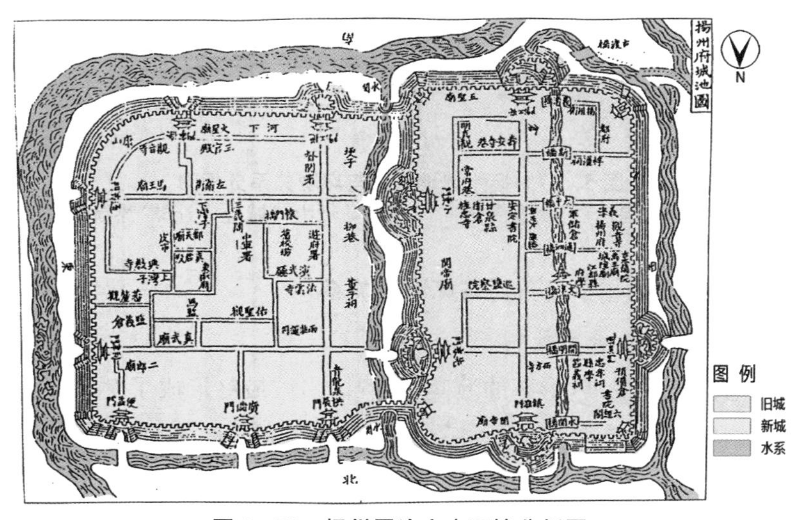

图 5-79　扬州周边山水环境分析图

（根据〔清〕阿克当阿修《重修扬州府志》中的《扬州府城池图》绘制）

2. 因地制宜，遵循自然

相较于规整的旧城，扬州新城的空间布局则更多地考虑地形因素与东边大运河的水运条件，呈现出自由式的不规则布局形态。由于东边大运河的交通吸引力，扬州城在旧城基础上自发地向东面拓展。依托运河而蓬勃发展的盐业经济与文化催生了众多仓库、市场、会馆、驿站、商业肆市、宅院，等等，盐商聚居区主要集中在新城东南部，紧邻大运河河道，以便进行盐业交易与运输。当时的盐商宅居离水体和盐运使司衙门越近，其地理优势就越好。这种自下而上的建设行为更多地关注空间的实用性以及对地形地貌的适应性（如图 5－80）。

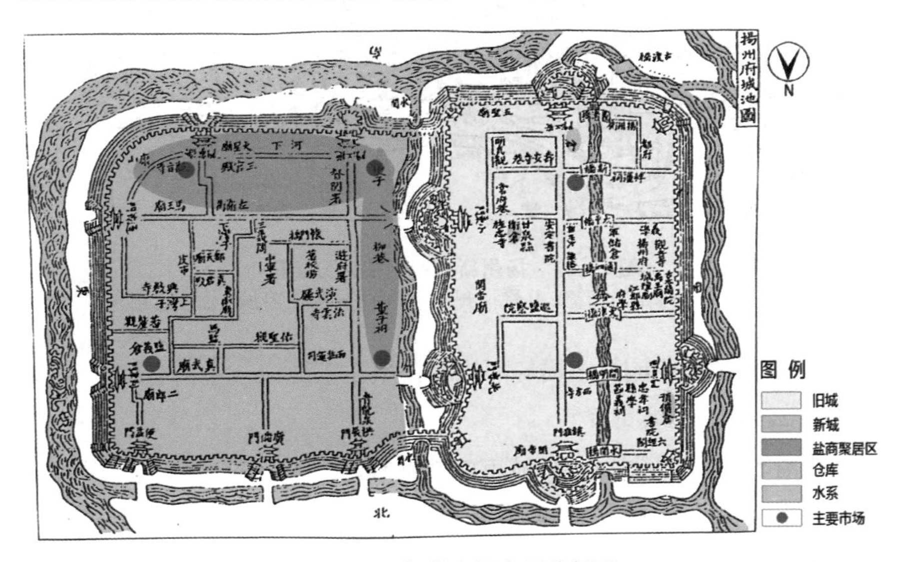

图 5－80　扬州空间布局分析图

（根据〔清〕阿克当阿修《重修扬州府志》中的《扬州府城池图》绘制）

因此，除了两条东西向继承宋大城主要道路的关东大街和左卫大街保持了平直，并且与旧城的大东门和小东门相接，新城的其他道路网和建筑肌理都为了适应地形而呈现出不规则的形状，蜿蜒曲折（如图 5－81）。

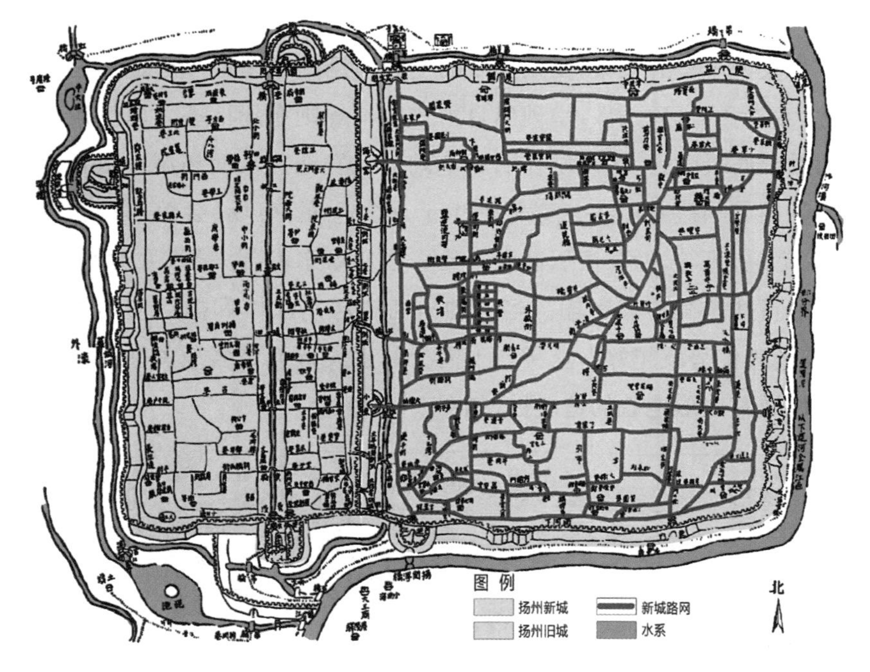

图 5－81 扬州新城路网格局分析图

（根据〔清〕阿克当阿修《重修扬州府志》中的《扬州府城池图》绘制）

（三）明清扬州园林布局与环境的关系

1. 因借山水，集群发展

明清时期扬州园林众多，城市内外都有广泛的分布。高度发展的盐业为扬州园林的营建提供了扎实的经济基础，丰富优越的自然山水环境又给扬州园林提供了自然基底，从而促成了扬州园林如日中天发展的盛况。从大的区域范围来看，扬州城外的园林分布表现为“因借山水、集群发展”的特征。扬州园林的选址充分与区域内的自然山水相结合，利用天然的山水资源造景，形成了扬名全国的瘦西湖园林组群。观察下图可以发现，园林基本分布在河湖两岸，从北门外向西至大虹桥，再向北沿瘦西湖集中分布在蜀冈平山堂脚下（如图 5－82、5－83）。

图 5－82　《竹西风景》所示瘦西湖景区

（引自顾风主编《扬州园林甲天下》，扬州：广陵书社 2003 年版）

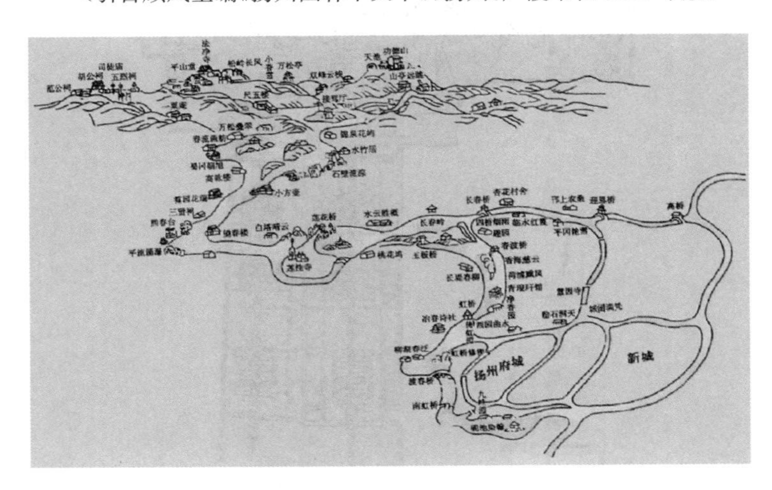

图 5－83　清乾隆时期扬州城外瘦西湖公共空间示意图

（引自杨建华《明清扬州城市发展和空间形态研究》，华南理工大学，博士学位论文，2015 年，第 134 页）

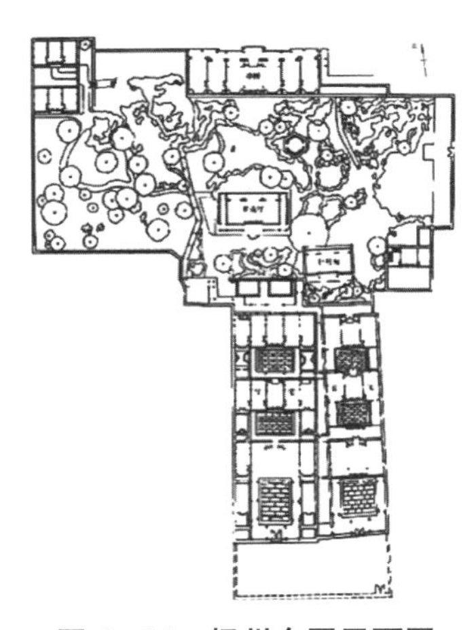

图 5-84　扬州个园平面图
（引自陈从同编著《扬州园林》，上海：上海科学技术出版社 1983 年版，第 56 页）

2. 宅园结合，大隐于市

扬州城市内部的园林往往不是孤立存在的，而是与住宅、寺观、会馆等建筑结合紧密，并以此引领扬州城市向园林化发展，使居民能随时亲近自然山水、花草鸟木，达到精神上的愉悦。同时这种造园方式也决定了园林规模不会太大，而是以小巧精致、趣味盎然著称。园林与其他功能建筑群的结合以盐商“宅园”最为典型，唐人姚合《扬州春词》中就有“园林多是宅”的经典论述。在造屋之时，盐商利用住宅的空隙，因地制

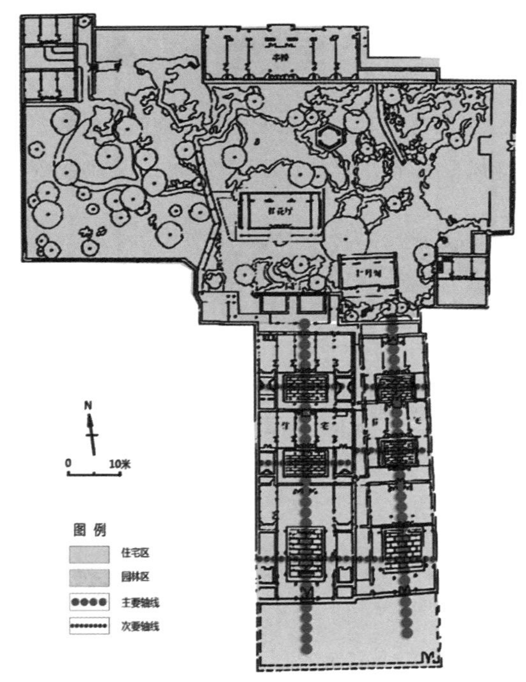

图 5-85　扬州个园“宅园结合”平面分析图
（根据陈从同编著《扬州园林》中的《扬州个园平面图》绘制）

宜地在宅第之后修建花园来美化环境，作为休闲娱乐之所。一般宅第布局规整，园林形态自由，如郑元勋的影园、黄至筠的个园，其布局特征大体如此。宅第与园林之间是方正与自然互补的关系，这种协调的空间关系可以调节居住者的身心健康，彰显人工与自然和谐变化相融的氛围（如图5-84、5-85）。

结　语

自五四文化运动以来，我国受西方文化影响较大，包括环境思想在内的中国传统文化在西方文化的冲击之下发生了深刻的变异，导致核心的生态价值观逐渐消失，塑造具有中国特色的空间观念日渐淡漠。在现代文明价值的导向下，毫无节制的开发建设导致居住环境及生态环境的日益恶化，历史文化断裂与自然环境破坏双重危机成为我们今天城市振兴之路要解决的关键问题。

党的十八大以来，习近平同志关于社会主义生态文明建设的一系列重要论述，立意高远，内涵丰富，思想深刻。他强调要坚持节约资源和保护环境的基本国策，要坚持节约优先、保护优先、自然恢复为主方针，立足我国社会主义初级阶段的基本国情和新的阶段性特征，以建设美丽中国为目标，以正确处理人与自然关系为核心，以解决生态环境领域突出问题为导向，保障国家生态安全，改善环境质量，提高资源利用效率，推动形成人与自然和谐发展的现代化建设新格局。这对于我们正确处理好经济发展同生态环境保护的关系、营造具有中国特色的生态文明城市，具有十分重要的指导意义。

本研究希望重新认识中国城市发展历史，并通过这些再认识唤醒我们对自然环境的尊重与保护意识，回归和谐可持续发展之路。这也是对生态文明建设思想和政策的有效回应与实践探索。中国古代环境思想是对中国几千年来人与环境关系的总结与提炼,它表达了不同于西方的思维方式与认知观点,其“天人合一”的思想核心在当代城市规划与建设当中同样适用。中国古代城市的空间形态可以说是古代环境思想的产物,体现了尊重自然、友爱自然、顺应自然的生态观念,是我国宝贵的历史文化遗产。毫无疑问,中国古代环境思想影响下的城市营造智慧存在着适用于当今城市规划的原则与价值,因此,对这种文化精神与空间特质的深入发掘与活化传承势在必行。

主要参考文献

〔清〕李卫修:《雍正西湖志》,杭州:浙江书局出版社 1878 年版。

中国科学院考古研究所西安唐城发掘队:《唐代长安城考古纪略》,《考古》1963 年第 11 期。

竺可桢:《中国近五千年来气候变迁的初步研究》,《考古学报》1972 年第 1 期。

群力:《临淄齐国故城勘探纪要》,《文物》1972 年第 5 期。

〔唐〕魏征等:《隋书》,上海:中华书局 1973 年版。

中国科学院考古研究所洛阳工作队:《汉魏洛阳城初步勘查》,《考古》1973 年第 4 期。

〔清〕张廷玉等:《明史》卷 136,北京:中华书局 1974 年版。

〔宋〕欧阳修、宋祁等:《新唐书》卷 38,北京:中华书局 1975 年版。

〔后晋〕刘昫:《旧唐书》卷 166. 北京:中华书局 1975 年版。

陈久恒:《"隋唐东都城址的勘查和发掘"续记》,《考古》1978 年第 6 期。

刘敦桢主编:《中国古代建筑史》,北京:中国建筑工业出版社 1980 年版。

陈高华:《元大都》,北京:北京出版社 1982 年版。

贺业钜:《考工记营国制度研究》,北京:中国建筑工业出版社 1985 年版。

王謇:《宋平江城坊考》,南京:江苏古籍出版社 1985 年版。

杨燕起等编:《历代名家评史记》,北京:北京师范大学出版社 1986 年版。

彭一刚:《中国古典园林分析》,北京:中国建筑工业出版社 1986 年版。

〔明〕王三聘辑:《古今事物考》,上海:上海书店出版社 1987 年版。

赵芝荃:《论二里头遗址为夏代晚期都邑》,《华夏考古》1987 年第 2 期。

刘庆柱:《汉长安城布局结构辨析——与杨宽先生商榷》,《考古》1987 年第 10 期。

〔清〕王先谦撰，沈啸寰、王星贤点校：《新编诸子集成·荀子集解》卷7，北京：中华书局1988年版。

〔唐〕李林甫等撰，陈仲夫点校：《唐六典》，北京：中华书局1992年版。

丘刚、孙新民：《北宋东京外城的初步勘探与试掘》，《文物》1992年第12期。

〔西汉〕刘安等著，刘匡一译注：《淮南子全译》，贵州：贵州人民出版社1993年版。

中国社会科学院考古研究所编著：《殷墟的发现与研究》，北京：科学出版社1994年版。

吴县地方志编纂委员会：《吴县志》，上海：上海古籍出版社1994年版。

南京市地方志编纂委员会编纂：《南京建置志》，深圳：海天出版社1994年版。

黄正建：《唐朝人住房面积小考》，《陕西师大学报（哲学社会科学版）》1994年第3期。

万艳华：《论我国古代城市建设模式——兼论我国古代方城之风水影响》，《武汉城市建设学院学报》1994年第1期。

何清谷校注：《三辅黄图校注》，西安：三秦出版社1995年版。

〔唐〕房玄龄等：《晋书》，长春：吉林人民出版社1995年版。

李毓芳：《汉长安城未央宫的考古发掘与研究》，《文博》1995年第3期。

王社教：《西汉上林苑的范围及相关问题》，《中国历史地理论丛》1995年第3期。

〔清〕张敦颐著，张枕石点校：《六朝事迹编类》，上海：上海古籍出版社1995年版。

贺业钜：《中国古代城市规划史》，北京：中国建筑工业出版社1996年版。

〔宋〕刘义庆编撰，柳士镇、刘开骅译注：《世说新语全译》，贵阳：贵州人民出版1996年版。

宋衍申、李治亭等主编，王崇实、刁书仁等译：《二十六史精华·元史·新元史》，长春：北方妇女儿童出版社1996年版。

佚名：《〈天文图〉说明》，《华中建筑》1996年第2期。

吴庆洲：《象天法地意匠与中国古都规划》，《华中建筑》1996年第2期。

〔汉〕刘安撰，吴广平、刘文生译：《白话淮南子》，长沙：岳麓书社1998年版。

傅熹年：《傅熹年建筑史论文集》，北京：文物出版社1998年版。

马正林：《中国城市历史地理》，济南：山东教育出版社1998年版。

刘玉文：《康熙皇帝与避暑山庄——读清圣祖〈御制避暑山庄记〉札记》，《清史研究》1998年第2期。

蔡镇钰：《中国民居的生态精神》，《建筑学报》1999年第7期。

〔东汉〕赵烨等撰，熊宪光选辑，徐洪火点校：《古今逸史精编吴越春秋等七种》，重庆：重庆出版社2000年版。

张岗：《河北通史·明朝卷》，石家庄：河北人民出版社2000年版。

傅熹年主编:《中国古代建筑史》第2卷,北京:中国建筑工业出版社2001年版。

王军:《中国古都建设与自然的变迁——长安、洛阳的兴衰》,西安建筑科技大学,博士学位论文,2002年。

段进、季松、王海宁:《城镇空间解析——太湖流域古镇空间结构与形态》,北京:中国建筑工业出版社2002年版。

傅伯星、胡安森:《南宋皇城探秘》,杭州:杭州出版社2002年版。

中国社会科学院考古研究所编著:《中国考古学・夏商卷》,北京:中国社会科学出版社2003年版。

郭黛姮主编:《中国古代建筑史》第3卷,北京:中国建筑工业出版社2003年版。

杨宽:《中国古代都城制度史研究》,上海:上海人民出版社2003年版。

顾风:《扬州园林甲天下》,扬州:广陵书社2003年版。

中国社会科学院考古研究所安阳工作队:《河南安阳市洹北商城的勘探与试掘》,《考古》2003年第5期。

〔清〕黎翔凤撰,梁运华整理:《管子校注》,北京:中华书局2004年版。

邓烨:《北宋东京城市空间形态研究》,清华大学,硕士学位论文,2004年。

潘谷西:《中国建筑史》,北京:中国建筑工业出版社2004年版。

吴隽宇:《井田制与中国古代方形城制》,《古建园林技术》2004年第3期。

吴庆洲:《建筑哲理、意匠与文化》,北京:中国建筑工业出版社2005年版。

〔明〕陈沂撰,礼部纂修:《金陵古今图考・洪武京城图志》,南京:南京出版社2006年版。

中华书局编辑部:《咸淳临安志・宋元方志丛刊》,北京:中华书局2006年版。

汪菊渊:《中国古代园林史》,北京:中国建筑工业出版社2006年版。

王国轩译注:《大学・中庸》,北京:中华书局2006年版。

唐俊杰:《临安城考古的回顾与展望》,《杭州文博》2006年第2期。

霍宏伟:《〈大业杂记〉与隋唐洛阳城》,《中国地方志》2006年第12期。

温春阳、周永章:《山水城市理念与规划建设——以肇庆市为例》,《规划师》2006年第12期。

余开亮:《六朝园林美学》,重庆:重庆出版社2007年版。

南舜薰、南芳:《建筑的山水之道》,上海:上海古籍出版社2007年版。

中国圆明园学会主编:《圆明园》,北京:中国建筑工业出版社2007年版。

闻人军注译:《考工记译注》,上海:上海古籍出版社2008年版。

徐卫民:《西汉未央宫》,西安:陕西人民出版社2008年版。

杭州市文物考古所编著:《南宋恭圣仁烈皇后宅遗址》,北京:文物出版社2008年版。

萧默:《古代建筑营造之道》,北京:生活・读书・新知三联书店2008年版。

张述任著,张怡鹤绘:《黄帝宅经:风水心得》,北京:团结出版社2009年版。

罗光乾:《走近古都》,北京:京华出版社2009年版。

〔战国〕孟子等:《四书五经》,北京:中华书局2009年版。

段鹏琦:《汉魏洛阳故城》,北京:文物出版社2009年版。

杭州市方志办编:《乾隆杭州府志》,北京:中华书局2009年版。

王微著,白庚胜编:《古代城市》,北京:中国文联出版社2009年版。

贾珺:《北京四合院》,北京:清华大学出版社2009年版。

阎铁成:《商代殷都考》,《中原文物》2009年第1期。

中国社会科学院考古研究所:《中国考古学·秦汉卷》,北京:中国社会科学出版社2010年版。

薛凤旋:《中国城市及其文明的演变》,北京:世界图书出版公司北京公司2010年版。

张晓虹:《古都与城市》,南京:江苏人民出版社2011年版。

刘顺安:《古都开封》,杭州:杭州出版社2011年版。

周维权:《中国古典园林史》,北京:清华大学出版社2011年版。

关乃侨:《环境能量》,武汉:武汉大学出版社2011年版。

高桂莲、施连芳编著:《传奇老北京〈日下旧闻考〉解读》,北京:中共党史出版社2011年版。

王炬:《谷水与洛阳诸城址的关系初探》,《考古》2011年第10期。

冯青:《朱子语类学归》,南昌:江西人民出版社2011年版。

〔汉〕班固撰,〔唐〕颜师古注:《汉书》,北京:中华书局2012年版。

张世亮、钟肇鹏、周桂钿译注:《春秋繁露》,北京:中华书局2012年版。

徐卫民:《秦汉都城研究》,西安:三秦出版社2012年版。

贺从容编著:《古都西安》,北京:清华大学出版社2012年版。

〔汉〕班固撰,颜师古注:《汉书》,北京:中华书局2012年版。

段智钧:《古都南京》,北京:清华大学出版社2012年版。

李路珂编著:《古都开封与杭州》,北京:清华大学出版社2012年版。

田春涛:《大古都》,北京:中国青年出版社2012年版。

王丹丹:《北京公共园林的发展与演变历程研究》,北京林业大学,博士学位论文,2012年。

姜贝:《圆明园规划布局及其结构研究》,天津大学,硕士学位论文,2012年。

杨林、裴安平、郭宁宁、梁博毅:《洛阳地区史前聚落遗址空间形态研究》,《地理科学》2012年第8期。

顾凯:《江南私家园林》,北京:清华大学出版社2013年版。

孟凡人:《明朝都城》,南京:南京出版社2013年版。

朱金、潘嘉虹、朱晓峰:《北宋东京城市商业空间发展特征研究——基于对〈清明上河图〉的解读》,《城市规划》2013年第5期。

汪德华:《中国城市规划史》,南京:东南大学出版社2014年版。

张国刚:《唐代家庭与社会》,北京:中华书局2014年版。

张状:《恭王府建筑文化沿革考》,北京:中国建材工业出版社2014年版。

北京市古代建筑研究所:《坛庙》,北京:北京美术摄影出版社2014年版。

〔清〕阿克当阿修:《重修扬州府志》,扬州:广陵书社2014年版。

朱福烓:《扬州发展史话》,扬州:广陵书社2014年版。

赵克强:《周易解析》,北京:华夏出版社2015年版。

〔西汉〕刘向著,张丽丽主编:《战国策》,北京:北京教育出版社2015年版。

张雪冰:《西安明城区现代商业建筑传统风格特征研究》,西安建筑科技大学,硕士学位论文,2015年。

陈晓虎:《明清北京城墙的布局与构成研究及城垣复原》,北京建筑大学,硕士学位论文,2015年。

司高玮:《满族文化对清代皇家园林营建的影响研究》,北京林业大学,硕士学位论文,2015年。

刘晓光:《象征与建筑》,北京:中国建筑工业出版社2015年版。

杨建华:《明清扬州城市发展和空间形态研究》,华南理工大学,博士学位论文,2015年。

王思豪、许结:《圣域的图写:从〈上林赋〉到〈上林图〉》,《复旦学报(社会科学版)》2015年第5期。

胡平生、陈美兰译注:《礼记・孝经》,北京:中华书局2016年版。

陈晓芬译注:《论语》,北京:中华书局2016年版。

许维遹撰,梁运华整理:《吕氏春秋集释》,北京:中华书局2016年版。

韩欣宇、董瑞曦:《两周时期齐临淄城市山水格局营建研究》,《新建筑》2016年第5期。

后　记

本书是陈望衡教授主持的2013年度国家社会科学基金重大项目“中国古代环境美学史研究”的子课题研究成果，侧重于从自然科学与技术科学的维度分析中国古代不同历史时期，城市空间形态与环境的关系。整个研究从拟定项目开始到确定框架、收集资料、实地调研，再到图纸绘制、成果撰写，历时五年，凝聚了李军教授所领导团队的大量心血。

各章节撰写人员情况如下：

研究思路及内容、研究路径及框架、核心思想、全文审定由李军完成。本卷引论由李军撰写，第一章由黄俊、李军撰写，第二章由黄俊、张娅薇撰写，第三章至第五章由黄俊、李军撰写。分析图由黄俊绘制，杨璐炜、罗维洋同学参与图纸及文字完善工作。